U0826465

全国高等教育自学考试指定教材
计算机网络专业（独立本科段）

计算机网络管理

Jisuanji Wangluo Guanli

（含：计算机网络管理自学考试大纲）

（2016 年版）

全国高等教育自学考试指导委员会　组编

主　编　孙卫真

高等教育出版社·北京

扫描微信二维码
关注自考教材服务

图书在版编目（C I P）数据

计算机网络管理 / 孙卫真主编；全国高等教育自学考试指导委员会组编．--北京：高等教育出版社，2016.3（2021.12 重印）
ISBN 978-7-04-045094-1

Ⅰ．①计… Ⅱ．①孙… ②全… Ⅲ．①计算机网络管理-高等教育-自学考试-教材 Ⅳ．①TP393.07

中国版本图书馆 CIP 数据核字（2016）第 065591 号

策划编辑 雷旭波　　责任编辑 何新权　　版式设计 马 云
责任校对 陈旭颖　　责任印制 田 甜

出　　版 高等教育出版社
社　　址 北京市西城区德外大街 4 号
邮政编码 100120
印　　刷 北京市鑫霸印务有限公司
开　　本 787mm×1092mm 1/16
印　　张 16.75
字　　数 390 千字
咨询电话 400-810-0598
网　　址 http://www.hep.edu.cn
http://www.hep.com.cn
版　　次 2016 年 3 月第 1 版
印　　次 2021 年 12 月第 5 次印刷
定　　价 31.00 元

本书如有质量问题，请与教材供应部门联系。

物 料 号 45094-00

组编前言

21世纪是一个变幻莫测的世纪，是一个催人奋进的时代。科学技术飞速发展，知识更替日新月异。希望、困惑、机遇、挑战，随时都有可能出现在每一个社会成员的生活之中。抓住机遇，寻求发展，迎接挑战，适应变化的制胜法宝就是学习——依靠自己学习、终身学习。

作为我国高等教育组成部分的自学考试，其职责就是在高等教育这个水平上倡导自学、鼓励自学、帮助自学、推动自学，为每一个自学者铺就成才之路。组织编写供读者学习的教材就是履行这个职责的重要环节。毫无疑问，这类教材应当适合自学，应当有利于学习者了解、掌握新知识和新信息，有利于学习者增强创新意识、培养实践能力、形成自学能力，也有利于学习者学以致用、解决实际工作中所遇到的问题。具有如此特点的书，我们虽然沿用了“教材”这个概念，但它与那类仅供教师讲、学生听，教师不讲、学生不懂，以“教”为中心的教科书相比，在内容安排、编写体例、行文风格等方面已经大不相同了。希望读者对此有所了解，以便从一开始就树立起依靠自己学习的坚定信念，不断探索适合自己的学习方法，充分利用已有的知识基础和实际工作经验，最大限度地发挥自己的潜能，达到学习的目标。

欢迎读者提出意见和建议！

祝每一位读者自学成功！

全国高等教育自学考试指导委员会

2014年7月

目　录

计算机网络管理自学考试大纲

计算机网络管理

全国高等教育自学考试
计算机网络专业(独立本科段)

计算机网络管理自学考试大纲

全国高等教育自学考试指导委员会 制定

出版前言

为了适应社会主义现代化建设事业的需要，鼓励自学成才，我国在20世纪80年代初建立了高等教育自学考试制度。高等教育自学考试是个人自学、社会助学和国家考试相结合的一种高等教育形式。应考者通过规定的专业课程考试并经思想品德鉴定达到毕业要求的，可获得毕业证书；国家承认学历并按照规定享有与普通高等学校毕业生同等的有关待遇。经过30多年的发展，高等教育自学考试为国家培养造就了大批专门人才。

课程自学考试大纲是国家规范自学者学习范围、要求和考试标准的文件。它是按照专业考试计划的要求，具体指导个人自学、社会助学、国家考试、编写教材及自学辅导书的依据。

为更新教育观念，深化教学内容方式、考试制度、质量评价制度改革，更好地提高自学考试人才培养的质量，全国考委各专业委员会按照专业考试计划的要求，组织编写了课程自学考试大纲。

新编写的大纲，在层次上，专科参照一般普通高校专科或高职院校的水平，本科参照一般普通高校本科水平；在内容上，力图反映学科的发展变化以及自然科学和社会科学近年来研究的成果。

全国考委电子电工与信息类专业委员会参照普通高等学校相关课程的教学基本要求，结合自学考试计算机网络专业的实际情况，组织制定的《计算机网络管理自学考试大纲》，经教育部批准，现颁发施行。各地教育部门、考试机构应认真贯彻执行。

全国高等教育自学考试指导委员会

2016年1月

Ⅰ. 课程性质与课程目标

一、课程性质和特点

“计算机网络管理”是计算机网络专业(独立本科段)的一门重要的专业课。该课程的特点是理论和实际密切结合,一方面,通过本课程的学习,使考生能利用学过的网络知识理解计算机网络管理的基本概念,熟悉现行的网络管理标准;另一方面也要求考生学会利用网络管理软件解决一般的网络管理问题,具有安装配置和管理维护网络的能力。

二、课程目标

通过本课程的学习,学生应能达到如下目标:

1. 掌握网络管理的基本概念,掌握现行的网络管理标准。
2. 了解网络管理系统的体系结构和工作原理。
3. 了解网络管理软件的结构,掌握简单的编程开发技巧。
4. 了解不同网络管理软件的安装配置,掌握其操作技能,能解决简单网络管理问题。

三、与相关课程的联系和区别

“计算机网络管理”是一门理论性和实用性兼顾的课程。理解网络管理的各种标准和网络管理系统的体系结构要用到广域网和局域网的基础知识,包括开放系统互连(Open System Interconnection,OSI)网络模型和 Internet 的有关概念和原理。学习本课程之前应学好“计算机网络基本原理”“网络操作系统”和“局域网技术与组网工程”等课程,掌握联网设备的操作技术(交换机、路由器的配置等)。本课程还要求考生学会网络管理软件的基本编程技巧和操作技能,能够解决简单网络管理问题。

通过本课程的学习,考生可以加深对以上课程所学知识的理解,并发展综合应用能力。

四、课程的重点和难点

在学习本课程时一定要熟悉计算机网络的基础知识,例如,IEEE 802 标准、TCP/IP 协议、网络接入技术等,并结合这些知识深入理解网络管理的基本概念和基本原理。要认真、仔细地阅读网络管理信息库等相关文本,了解各种管理对象在网络运行中的作用。在此基础上掌握基本的编程技巧和网络管理软件的操作技能,并能在实际工作中得到应用。

Ⅱ. 考核目标

考核目标按照识记、领会、掌握和应用四个层次规定本课程应达到的能力要求。四个能力层次是递升的关系,后者必须建立在前者的基础上。各能力层次的含义是:

识记(Ⅰ):要求考生能够识别和记忆本课程中有关网络的结构及模型(如定义、图表、关系等),并能够根据考核的不同要求,做正确的表述、选择和判断。

领会(Ⅱ):要求考生能够领悟和理解本课程中有关网络管理的基本概念,理解各类标准(如 SNMP 协议、ASN.1、编码结构等)的内涵与外延,各种不同版本的适用条件,理解相关知识点(如 RMON),并能根据考核的不同要求对上述问题进行逻辑推理,作出正确的判断、解释和说明。

简单应用(Ⅲ):要求考生能够根据已知的网络条件以及数据表格,对网络管理问题进行分析和配置,得出正确的结论或作出正确的判断,并能把分析过程正确地表达出来。还可利用实例分析和解决一般应用问题,如简单的计算、绘图和分析等。

综合应用(Ⅳ):要求考生能够面对具体、实际的网络管理情境发现问题,并能探究解决问题的方法,建立合理的解决模型,根据具体问题设置相关数据库,会用简单的程序解决问题,或根据结果得出结论,如分析、计算、绘图和操作等。

Ⅲ. 课程内容与考核要求

第1章 网络管理概论

一、课程内容

1.1 网络管理的基本概念
- 1.1.1 网络管理概述
- 1.1.2 网络管理的目标
- 1.1.3 网络管理的对象
- 1.1.4 网络管理的标准

1.2 网络管理的体系结构
- 1.2.1 网络管理的基本模型
- 1.2.2 网络运行管理模式
- 1.2.3 网络管理软件的体系结构

1.3 网络管理的功能
- 1.3.1 故障管理
- 1.3.2 配置管理
- 1.3.3 安全管理
- 1.3.4 性能管理
- 1.3.5 计费管理

二、学习目的与要求

本章介绍了计算机网络管理方面的基本概念。学习本章的目的是要对全书的主要内容有一个总体的了解。通过本章的学习,要理解网络管理的目标、对象和标准;掌握网络管理的基本模型和网络管理软件的体系结构;了解网络管理的功能及其性能指标;同时对网络管理的历史发展过程有所了解。

三、考核内容与考核要求

1. 网络管理的基本概念,要求达到"识记"层次

(1) 了解跨平台的网络管理与局域网管理的区别

（2）了解 TCP/IP 网络管理系统的发展和应用情况
（3）了解网络管理平台的基本概念
（4）了解网络管理的需求和网络管理的目标
2. 网络管理系统体系结构，要求达到“领会”层次
（1）了解网络管理系统的层次结构及其与 OSI 参考模型的关系
（2）掌握网络管理系统的框架结构和管理信息库的功能
（3）理解管理站和代理的基本概念及其功能和作用
（4）了解网络管理系统提供的操作
（5）了解网络管理的对象和被管理的资源，以及访问被管理资源的方式
（6）掌握网络管理系统的配置、网络管理应用和网络管理实体的区别
（7）了解集中式网络管理与分布式网络管理的区别
（8）了解委托代理的基本概念及其实现和应用
（9）掌握网络管理软件的组成，以及用户接口软件、管理专用软件和管理支持软件的作用
（10）了解管理应用元素、MIB 访问模块的基本功能
3. 网络管理功能，要求达到“识记”层次
（1）了解五大管理功能的基本构成和模块
（2）了解安全管理中的信息危害的方式、威胁以及解决方法
（3）掌握性能管理的测评方式
（4）掌握网计费管理的类型和管理对象
4. 网络管理标准，要求达到“领会”层次
（1）了解国际标准化组织制定的 OSI 系统管理标准的组成
（2）了解 TCP/IP 网络管理标准的发展情况
（3）了解各种网络管理标准的开发现状和适用范围

四、本章的关键问题

本章的重点和难点是计算机网络管理系统的模型及软件的体系结构。

第 2 章　抽象语法表示 ASN.1

一、课程内容

2.1　网络数据表示及编码
2.2　ASN.1 语法
　2.2.1　抽象数据类型
　2.2.2　子类型
　2.2.3　应用类型
2.3　ASN.1 基本编码规则 BER
　2.3.1　BER 编码结构

2.3.2 BER 字段扩充
2.3.3 应用举例
2.4 ASN.1 的宏定义
2.4.1 模块定义
2.4.2 宏表示
2.4.3 应用举例

二、学习目的与要求

本章介绍 ASN.1 的基本概念及其在网络管理中的应用。通过本章的学习，学生应该了解表示层的功能；了解 ASN.1 定义的简单类型和构造类型；掌握用基本编码规则表示简单类型的方法，以及利用 ASN.1 的宏定义表示网络管理对象类型的方法。

三、考核内容与考核要求

1. 网络数据表示，要求达到“识记”层次
(1) 了解表示层的功能
(2) 了解应用实体、表示实体、抽象语法和传输语法的基本概念
2. ASN.1 的基本概念，要求达到“领会”层次
(1) 了解 ASN.1 的文本约定
(2) 了解抽象数据类型的基本概念，掌握用简单类型表示结构型数据的一般方法
(3) 了解 ASN.1 定义的各种通用类型，掌握对象标识符类型(OBJECT IDENTIFIER)的构成形式
(4) 了解 ASN.1 定义的各种简单类型的定义及其应用
(5) 掌握各种标签(APPLICATION、IMPLICIT、EXPLICIT、上下文专用标签)的用法
(6) 掌握集合类型与序列类型的区别及其实际应用
(7) 掌握构造子类型的各种方法
3. 基本编码规则，要求达到“简单应用”层次
(1) 了解基本编码规则的结构，掌握用 TLV 规则表示简单类型的方法
(2) 掌握对标签值和长度字段扩充的方法
4. ASN.1 宏定义，要求达到“简单应用”层次
(1) 掌握 ASN.1 定义模块的方法
(2) 掌握 ASN.1 宏定义的结构
(3) 掌握由宏定义得到宏实例的方法

四、本章的关键问题

本章的重点是 ASN.1 定义的数据类型及它们在网络管理中的应用，难点是基本编码规则及其字段扩充的方法。

第3章 管理信息结构

一、课程内容

3.1 SNMP 的基本概念
3.1.1 TCP/IP 协议簇及管理框架
3.1.2 SNMP 体系结构
3.2 SNMP 管理信息结构
3.2.1 标量对象和表对象
3.2.2 对象实例的标识
3.2.3 词典顺序
3.3 MIB 树结构
3.3.1 MIB 简介
3.3.2 MIB 中的数据类型
3.3.3 管理信息结构的定义
3.4 MIB-2 功能组
3.4.1 系统组
3.4.2 接口组
3.4.3 地址转换组
3.4.4 IP 组
3.4.5 ICMP 组
3.4.6 TCP 组
3.4.7 UDP 组
3.4.8 EGP 组
3.4.9 传输组(Transmission group)
3.5 MIB-2 的局限性

二、学习目的与要求

这一章讲述管理信息库 MIB-2 的结构,它包含的管理对象及其在网络管理中的应用。通过本章的学习,要求考生了解 SNMP 系统的体系结构,掌握 MIB-2 的组成、表对象和标量对象的表示方法、表对象实例的词典顺序等基本概念,并且通过安装 Windows 中的 SNMP 服务,查看 MIB-2 包含的信息,结合 TCP/IP 协议深入理解 MIB-2 在网络管理中的应用。

三、考核内容与考核要求

1. SNMP 的基本概念,要求达到“识记”层次
(1) 熟悉 TCP/IP 协议簇中的主要协议和 PDU 的参数
(2) 了解 TCP/IP 网络管理框架的定义和规范文件
(3) 了解简单网络管理协议体系结构

（4）理解 SNMP 中团体的概念，以及委托代理的作用

2. MIB 结构，要求达到“领会”层次

（1）掌握被管理对象的分层结构，以及对象标识符的组成

（2）了解 internet 下面 4 个结点（directory、mgmt、experimental、private）包含的信息，掌握它们的含义及应用

（3）掌握 RFC 1155 定义的应用类型、计数器和计量器的区别

（4）掌握 RFC 1212 定义的管理对象结构，各个部分的含义及其应用

3. 标量对象和表对象，要求达到“简单应用”层次

（1）掌握定义表对象的方法

（2）掌握对象标识符和对象实例标识符的区别，标量对象和表对象实例的表示方法

（3）掌握索引对象的作用及把索引对象实例转换成子标识符的方法

（4）掌握表对象标识符的词典顺序

4. MIB-2 功能组，要求达到“简单应用”层次

（1）深入理解系统组中的管理对象及其在网络管理中的应用

（2）深入理解接口组中的管理对象及其在网络管理中的应用

（3）深入理解 IP 组中的管理对象及其在网络管理中的应用

（4）深入理解 ICMP 组中的管理对象及其在网络管理中的应用

（5）深入理解 TCP 组中的管理对象及其在网络管理中的应用

（6）深入理解 UDP 组中的管理对象及其在网络管理中的应用

（7）深入理解 EGP 组中的管理对象及其在网络管理中的应用

四、本章的关键问题

本章的重点是管理信息结构的定义和 MIB-2 中的主要功能组，难点是管理对象的抽象语法描述。

第 4 章　简单网络管理协议

一、课程内容

4.1　SNMP 的演变

　4.1.1　SNMPv1

　4.1.2　SNMPv2

　4.1.3　SNMPv3

4.2　SNMPv1

　4.2.1　协议数据单元

　4.2.2　报文发送与接收

　4.2.3　SNMPv1 支持的操作

　4.2.4　SNMP 功能组

　4.2.5　SNMPv1 的局限性

4.3 SNMPv2
4.3.1 SNMPv2 管理信息结构
4.3.2 SNMPv2 管理信息库
4.3.3 SNMPv2 协议数据单元
4.3.4 管理站之间的通信
4.4 SNMPv3
4.4.1 SNMPv3 管理框架
4.4.2 SNMP 管理站和代理
4.5 SNMP 的不足

二、学习目的与要求

本章讲述 SNMP 协议。通过本章的学习,要求考生掌握 SNMPv1 和 SNMPv2 报文格式、协议数据单元的结构、报文序列和通信过程;掌握 SNMP 中表的操作、对象的词典顺序、检索管理信息库的方法,以及 SNMPv3 定义的安全协议和访问控制协议。

三、考核内容与考核要求

1. SNMP 的演变,要求达到"识记"层次
(1) 了解 SNMP 协议演变的轨迹
(2) 理解 SNMP 的 3 个版本的区别以及应用情况
(3) 了解定义 SNMP 协议的 RFC 文档
2. SNMP 协议数据单元,要求达到"领会"层次
(1) 了解 SNMPv1 支持的操作
(2) 掌握 SNMPv1 PDU 的格式、各个字段的含义和提供的错误状态
(3) 了解 SNMP 报文的应答序列
(4) 理解报文的发送和接收过程
3. SNMPv1 的操作,要求达到"综合应用"层次
(1) 掌握检索简单对象的方法
(2) 掌握检索未知对象的方法
(3) 掌握检索表对象的方法
(4) 掌握表的更新和删除操作
(5) 理解陷入操作的原理、SNMPv1 规定的 6 种陷入条件,以及设备制造商定义的陷入
4. SNMP 功能组,要求达到"领会"层次
理解 SNMP 功能组对象的含义及在网络管理中的作用
5. 实现问题,要求达到"领会"层次
(1)了解管理站提供的功能
(2) 掌握影响轮询频率的因素及计算轮询频率的方法
(3) 了解 SNMPv1 的局限性
6. SNMPv2 管理信息结构,要求达到"简单应用"层次
(1) 了解 SNMPv2 关于管理对象的宏定义及其与 SNMPv1 的区别

(2) 了解 SNMPv2 关于表的定义,掌握允许删除和生成行的表与禁止删除和生成行的表的区别

(3) 掌握 SNMPv2 中关于表的操作,生成表行的两种方法

(4) 掌握表行挂起和删除操作的语义

(5) 了解通知模块和信息模块的定义及其在网络管理中的作用

(6) 了解 SNMPv2 对 MIB-2 各功能组的改进

7. SNMPv2 协议数据单元,要求达到"简单应用"层次

(1) 了解管理站之间的操作及其在网络管理中的应用

(2) 了解 SNMPv2 发送报文的过程

(3) 了解 SNMPv2 通信过程中各种错误状态的含义

(4) 掌握 Get Bulk Request PDU 的应用,及其变量绑定表的构造

(5) 了解管理站数据库的组成

8. SNMPv3,要求达到"简单应用"层次

(1) 了解 SNMPv3 的管理框架

(2) 了解 SNMP 引擎的概念,掌握 SNMP 引擎的功能和结构,各个构成部分的作用

(3) 了解 SNMPv3 定义的基于用户的安全模型

(4) 了解 SNMPv3 定义的基于视图的访问控制方法

(5) 掌握 SNMPv3 定义的时间序列模块

(6) 掌握 SNMPv3 定义的密钥更新算法

四、本章的关键问题

本章的重点是检索管理信息库的方法,难点是表对象的检索顺序。

第 5 章 远程网络监视

一、课程内容

5.1 RMON 的基本概念

  5.1.1 远程网络监视的目标

  5.1.2 表管理原理

  5.1.3 多管理站访问

5.2 RMON 管理信息库

  5.2.1 以太网的统计信息

  5.2.2 令牌环网的统计信息

  5.2.3 警报组

  5.2.4 过滤组和通道组

  5.2.5 包捕获和事件记录

5.3 RMON2 管理信息库

  5.3.1 RMON2 MIB 的组成

5.3.2 RMON2 增加的功能

5.4 RMON2 的应用

5.4.1 协议的标识

5.4.2 协议目录表

5.4.3 用户定义的数据收集机制

5.4.4 监视器的标准配置法

二、学习目的与要求

远程网络监视是 SNMP 标准的重要补充。本章要求：掌握远程网络监视的基本概念，熟悉以太网统计信息的收集机制，以及报警、过滤、通道、包捕获和事件记录等功能的工作原理；掌握 RMON MIB 的结构及 9 个功能组在远程网络监视中的作用；了解 RMON2 新增加的功能组在网络上层管理中的应用。

三、考核内容与考核要求

1. RMON 的基本概念，要求达到“领会”层次

(1) 了解远程网络监视的目标

(2) 掌握表管理操作（行增加、行删除和行修改）的原理

(3) 了解多管理站访问中出现的问题及其解决的办法

2. RMON 管理信息库，要求达到“综合应用”层次

(1) 掌握与以太网统计信息收集有关的功能组及其在网络管理中的应用

(2) 掌握警报对象的作用，以及警报的工作原理

(3) 掌握过滤测试的规则、通道的定义与操作，以及有关的功能组

(4) 掌握包捕获方式和事件记录的工作原理

3. RMON2 管理信息库，要求达到“简单应用”层次

(1) 了解 RMON2 MIB 的组成

(2) 理解 RMON2 增加的新功能

(3) 掌握 RMON2 MIB 在网络上层管理中的作用

4. RMON2 的应用，要求达到“领会”层次

(1) 掌握协议标识符的组成

(2) 了解协议目录表的构造

(3) 掌握 RMON2 提供的历史数据收集方法

(4) 了解监视器的标准配置方法

四、本章的关键问题

本章重点是网络统计信息的收集机制，难点是表操作。

第 6 章 网络管理开发技术

一、课程内容

6.1 网络管理开发概述
6.1.1 网络管理应用程序的基本功能
6.1.2 SNMP 编程任务
6.1.3 基于 SNMP 的网络管理应用开发方法
6.2 Windows SNMP 服务
6.2.1 Windows SNMP 服务基本概念
6.2.2 Windows SNMP 服务的安装配置和测试
6.3 Windows 网络管理应用程序开发
6.3.1 Windows SNMP 应用程序接口
6.3.2 Win SNMP 编程概念
6.3.3 Win SNMP 编程模式
6.4 SNMP++软件包
6.4.1 SNMP++简介
6.4.2 SNMP++软件包中的类介绍

二、学习目的与要求

通过本章的学习,认识网络管理软件的开发过程,了解网络管理软件开发的相关技术,掌握 SNMP 编程的基本方法。熟悉 WinSNMP API 的常用接口,了解网络管理程序开发的基本方法。考生要学会能够利用 C、C++、Java 等多种语言进行一些简单的开发。

三、考核内容与考核要求

1. 设计网络管理应用程序的内容,要求达到“领会”层次
(1) 了解被管理节点的网络地址
(2) 了解远程节点的网络端口号和陷入端口号
(3) 了解如何确定团体名
(4) 掌握确定定时器等待的时间间隔、失败重复请求的次数和轮询时间的间隔
2. 网络管理应用程序的基本功能,要求达到“综合应用”层次
(1) 了解网络管理的基本内容
(2) 了解 SNMP 编程内容,以及 SNMP 变量、MIB 表操作等
(3) 掌握基于 SNMP 的网络管理应用开发方法
3. Windows SNMP 服务,要求达到“综合应用”层次
(1) 了解 Windows Server 2003 及后续的操作系统中的 SNMP 服务
(2) 掌握 Windows Server 2003 及后续的操作系统中 TCP/IP 协议体系结构
(3) 掌握 Windows SNMP 服务的安装配置和测试

4. Windows 网络管理应用程序开发,要求达到“综合应用”层次

(1) 掌握 Windows SNMP 应用程序接口的使用

(2) 掌握 Windows SNMP 应用程序接口的编程方法

(3) 掌握 SNMP 实用工具 API 函数

(4) 掌握 Win SNMP 编程技巧及其编程模式

(5) 了解 SNMP++软件包

四、本章的关键问题

本章偏重实际操作,重点掌握 Windows SNMP 应用程序接口的编程方法。

第 7 章 实用网络管理系统

一、课程内容

7.1 网络管理系统概述

7.1.1 网络管理系统基本概念

7.1.2 网络管理系统发展趋势

7.2 网络管理系统软件(平台)

7.2.1 CiscoWorks

7.2.2 HP OpenView

7.2.3 IBM Tivoli NetView

7.2.4 华为 Quidview

7.2.5 SNMPc 网络管理系统

7.2.6 Cabletron Spectrum

7.2.7 SolarWinds Orion

7.2.8 StarView 网络管理系统

7.3 Cacti 图形化网络管理系统

7.3.1 Cacti 系统特点

7.3.2 Cacti 使用说明

7.3.3 拓扑管理器

7.3.4 事件管理器

7.3.5 性能管理器

7.4 使用 Cacti 管理网络

7.4.1 实验网络规划设计

7.4.2 Cacti 设备管理实例

7.4.3 Cacti 拓扑管理实例

7.4.4 Cacti 性能管理实例

二、学习目的与要求

本章介绍网络管理系统的基本概念和发展趋势，介绍常见的商用网络管理系统，详细介绍了 Cacti 网络管理系统的特点和功能以及使用方法。要求考生熟悉各类商用网络管理软件的配置和使用，学会 Cacti 的安装、配置，了解各类软件的构造，通过实例对网络运行进行管理。

三、考核内容与考核要求

1. 网络管理系统，要求达到“领会”层次

了解网络管理系统的基本概念和发展趋势

2. 网络管理系统软件(平台)，要求达到“领会”层次

(1) 掌握安装和使用 CiscoWorks 软件的方法

(2) 掌握安装和使用 HP OpenView 软件的方法

(3) 掌握安装和使用 IBM Tivoli NetView 软件的方法

(4) 掌握安装和使用华为 Quidview 软件的方法

(5) 掌握安装和使用 SNMPc 网络管理系统软件的方法

(6) 掌握安装和使用 Cabletron Spectrum 软件的方法

(7) 掌握安装和使用 SolarWinds Orion 软件的方法

(8) 掌握安装和使用 StarView 网络管理系统软件的方法

3. Cacti 图形化网络管理系统，要求达到“综合应用”层次

(1) 了解 Cacti 系统特点和使用说明

(2) 掌握拓扑管理器、事件管理器和性能管理器的使用

4. 使用 Cacti 管理网络，要求达到“综合应用”层次

了解和掌握 Cacti 使用，可以进行规划设计并进行配置

四、本章的关键问题

本章偏重实际应用，重点掌握安装和使用各类商用网络管理软件，并可以利用开源软件 Cacti 对网络进行规划、设计及配置、使用。

第 8 章　网络管理通用技术

一、课程内容

8.1　网络故障维护

　8.1.1　网络故障的分类

　8.1.2　网络故障的维护方法

　8.1.3　网络故障维护的步骤

8.2　常用网络测试命令及应用

　8.2.1　网络状态测试命令

8.2.2 网络流量监视命令
8.2.3 网络路由监视命令
8.3 SNMP MIB 工具
8.3.1 SNMP MIB 浏览器
8.3.2 SNMP 命令行工具
8.3.3 SNMP Sniff 工具
8.4 局域网中常见故障
8.4.1 局域网故障诊断技术
8.4.2 局域网常见故障分析与排除
8.5 IPv6 环境下的网络管理
8.5.1 IPv6 网络简介
8.5.2 IPv6 地址管理
8.5.3 IPv6 路由管理
8.5.4 IPv6 安全管理

二、学习目的与要求

本章主要介绍了计算机网络故障的分类及维护方法和步骤,阐述了网络测试命令以及局域网故障的诊断和排查方法。这一章要求考生对网络故障的分析和排查能够通过相应软件进行判定和操作,通过实例对网络故障进行排除。

三、考核内容与考核要求

1. 网络故障维护,要求达到“领会”层次
了解网络故障的分类和维护的基本步骤
2. 常用网络测试命令及应用,要求达到“简单应用”层次
(1) 掌握网络状态测试命令的使用
(2) 掌握网络流量监视命令和网络路由监视命令的使用
3. SNMP MIB 工具,要求达到“综合应用”层次
(1) 掌握使用 SNMP MIB 浏览器
(2) 掌握使用 SNMP 命令行工具
(3) 了解 SNMP Sniff 工具
4. 局域网中常见故障,要求达到“综合应用”层次
(1) 掌握不同的局域网故障诊断技术
(2) 掌握各种局域网常见故障分析与排除方法
5. IPv6 网络管理,要求达到“领会”层次
(1) 了解 IPv6 的基本概念
(2) 掌握 IPv6 地址管理的方法
(3) 掌握 IPv6 路由管理的方法
(4) 掌握 IPv6 安全管理的方法

四、本章的关键问题

本章的重点是掌握各类常用网络测试命令及应用，难点是需要实验配合，考生应注意多多参与实验，巩固所掌握的知识并能加以灵活应用。

Ⅳ. 关于大纲的说明与考核实施要求

一、自学考试大纲的目的和作用

课程自学考试大纲是根据专业自学考试计划的要求，结合自学考试的特点制订，其目的是对个人自学、社会助学和课程考试命题进行指导和规定。

课程自学考试大纲明确了课程自学内容及其深广度，规定出课程自学考试的范围和标准，是编写自学考试教材的依据，是社会助学的依据，是个人自学的依据，也是进行自学考试命题的依据。

二、关于自学教材

《计算机网络管理》，全国高等教育自学考试指导委员会组编，孙卫真主编，高等教育出版社，2016 年出版。

三、关于考核内容及考核要求的说明

1. 课程中各章的内容均由若干知识点组成，在自学考试命题中知识点就是考核点。因此，课程自学考试大纲中所规定的考核内容是以分解为考核知识点的形式给出的。因各知识点在课程中的地位、作用及知识自身的特点不同，自学考试将对各知识点分别按四个认知(或能力)层次确定其考核要求(认知层次的具体描述请参看Ⅱ.考核目标)。

2. 按照重要性程度不同，考核内容分为重点内容和一般内容。为有效地指导个人自学和社会助学，本大纲已指明了课程的重点和难点，在各章的“学习目的与要求”中一般也指明了本章内容的重点和难点。在本课程试卷中重点内容所占分值一般不少于 60%。

3. 本课程共 3 学分。

四、关于自学方法的指导

为了更好地掌握知识，在自学过程中，应注意以下几点：

1. 计算机网络管理是一门理论和实践紧密结合的技术课程，它的主要特点在于其实践性和可操作性。教材中既有抽象的 ASN.1 描述和严格的网络标准规范，也有具体网络设备的物理特性和网络通信的实现过程，因此在自学中，一方面应不断提高抽象思维能力，另一方面也要勤于动手，加强实践，在理论和实践的结合点上来理解和应用学到的知识。

2. 计算机网络管理这门课程中大量地用到有关局域网、广域网、TCP/IP 和 Internet 方面的基础知识。在学习过程中要及时复习有关课程的内容，或结合有关课程学习，互相参照,加深理解,方能收到事半功倍的效果。

3. 教材中有大量的管理信息的描述,这些管理对象对理解网络管理的机制和实质是十分重要的。考生应仔细阅读书中实例和 RFC 中规定的内容,应能记住其中的主要内容,熟悉它们的相互关系。这是本课程的基本要求之一。

4. 由于本课程的实用性特点,考生在条件允许时应通过上机练习和实验室操作熟悉联网设备和操作系统的操作和配置方法,以求学用结合,提高动手能力。相关软件均可以通过公开的方式获得。

5. 自学时间分配

章	课 程 内 容	建议自学时数/小时
1	网络管理概论	6
2	抽象语法表示 ASN.1	6
3	管理信息结构	12
4	简单网络管理协议	18
5	远程网络监视	12
6	网络管理开发技术	12
7	实用网络管理系统	12
8	网络管理通用技术	6
	总时数	84

五、考试指导

1. 有计划的学习是考试成功的必要条件

好的计划和组织是学习成功的法宝。学习中,考生一定要跟紧课程并完成作业。若能预先进行预习将为你的学习节省不少时间。为了在考试中做出满意的回答,你必须对所学课程内容有很好的理解。例如使用“学习计划表”来监控你的学习进展。学习时需要做读书笔记,该方法对理解知识点、前后融会贯通起到特殊的作用。学习中,如有需要重点注意的内容,可以用彩笔来标注。例如:红色代表重点;绿色代表需要深入研究的领域;黄色代表可以运用在工作之中;等等。也可以在空白处记录相关网站、文章。

2. 如何考试

卷面整洁非常重要。书写工整,段落与间距合理,卷面赏心悦目有助于教师评分,教师只能为他能看懂的内容打分。要回答所问的问题,而不是回答你自己乐意回答的问题,避免超过问题的范围。

3. 如何处理紧张情绪

正确处理对失败的惧怕,要正面思考。如果可能,请教已经通过该科目考试的人。考试前合理膳食,保持旺盛精力,保持冷静。在考试中,若看到试卷后出现脉搏加快、惊慌失措等现象,这时不要忙于动笔,先强迫自己冷静下来,做深呼吸放松,这有助于使头脑清醒,缓解紧张情绪。

4. 如何克服心理障碍

这是一个普遍问题！如果你在考试中出现这种情况，试试下列方法：考试之前，根据考试大纲的要求将课程内容总结为“记忆线索”，当你阅读考卷时，一旦有了思路就快速记下。按自己的步调进行答卷。为每个或部分考题分配合理时间，并按此时间安排进行。

六、对社会助学的要求

1. 应熟悉考试大纲的总体要求和各章的知识点。

2. 应掌握各知识点的认知层次和考核目标要求。

3. 应以指定教材为基础，以考试大纲为依据，不得随意增删内容。

4. 在讲解课程内容的同时应对考生的学习方法给予必要的指导，提倡认真阅读和刻苦钻研教材，并提倡主动争取帮助，依靠自学掌握知识。

5. 帮助考生分析考试要求，做好应考准备。

6. 应具备必要的实验条件，结合教学进度安排一定的实验时间。

七、关于考试命题的若干规定

1. 本大纲规定的基本要求、知识点及知识点下面的知识细目都属于考试内容，考试命题要覆盖各章，并适当突出重点章节，加大重点内容的覆盖密度。

2. 本课程考试中对不同能力层次要求的分数比例为：识记占 15%，领会占 30%，简单应用占 35%，综合应用占 20%。

3. 要合理安排试题的难易程度。试题难度可分为易、较易、较难和难 4 个等级。试卷中不同难度试题的分数比例应为 2 : 3 : 3 : 2。注意，试题难度和能力层次以及重点内容是不同的概念，在各个能力层次中都存在不同难度的问题，重点内容也是同样，考生切勿混淆。

4. 本课程采用闭卷考试，考试时可带墨水笔、铅笔、直尺、橡皮及无存储功能的计算器，答卷必须用蓝、黑色墨水笔或签字笔，考试时间为 150 分钟。

5. 课程考试命题的主要题型有单项选择题、填空题、问答题和应用题等。

V. 题型举例

一、单项选择题(在每小题后的四个备选项中只有一个是符合题目要求的,请将其选出并将代码填写在题后的括号内)

1. 表示分组排队长度的对象类型是 [ ]

A. 对象标识符　　B. 计数器　　C. 计量器　　D. 整数

2. 以下 Windows 命令中,可以用于识别分组传送路径的是 [ ]

A. ping　　B. traceroute　　C. tracert　　D. routeprint

二、填空题(请在题目空白处填写正确内容)

1. 常用的 ping 程序利用了 ICMP 的__________报文和__________报文。

2. 管理站的 UDP 端口号是__________,代理的 UDP 端口号是__________。

三、问答题

1. SNMPv1 和 SNMPv2 的区别是什么?

2. 什么是陷入机制下的轮询?这种轮询方式有什么优点?

四、应用题

1. 以太网的数据数率为 10 Mbps,采样区间长 1 800 s,假设当接收到 100 个数据包,每包字节数为 50 KB,请问以太网的利用率是多少?

2. 在 Internet 节点下定义了哪些子树?请画出简单的示意图。

后　记

本大纲是根据全国高等教育自学考试指导委员会电子电工与信息类专业委员会制定的《高等教育自学考试计算机网络专业(独立本科段)考试计划》和全国高等教育自学考试指导委员会《关于修订高等教育自学考试课程自学考试大纲的几点意见》的精神制定的。

本大纲提出初稿后,曾聘请专家通审,并由电子电工与信息类专业委员会在北京组织召开审稿会进行审稿,根据审稿会意见由编者作修改,最后由电子电工与信息类专业委员会定稿。

本大纲由首都师范大学孙卫真副研究员负责编写。参加审稿并提出修改意见的有北京航空航天大学李云春教授,中国科学技术大学张信明副教授。

对参与本大纲编写和审稿的各位专家表示感谢。

全国高等教育自学考试指导委员会

电子电工与信息类专业委员会

2016 年 1 月

全国高等教育自学考试指定教材
计算机网络专业（独立本科段）

计算机网络管理

全国高等教育自学考试指导委员会　组编
主　编　孙卫真

编者说明

《计算机网络管理》是全国高等教育自学考试指导委员会参照普通高等学校“计算机网络管理”课程的教学基本要求，结合高等教育自学考试计算机网络专业（独立本科段）的实际情况，并根据《计算机网络管理自学考试大纲》组织编写的教材。计算机网络管理作为计算机网络专业（独立本科段）的主要课程，主要面向高等教育自学考试的学生，同时也适合高等学校计算机专业本科、专科学生的学习，还可作为相关专业师生和技术人员学习、研究计算机网络管理的参考。

近年来，计算机网络的快速发展使得网络设备的品种日益增加，网络结构日益复杂，网络应用愈加多样，因此对计算机网络管理提出了更高的要求。网络管理的提出始于20世纪80年代，初步成型于20世纪90年代，而且还在不断完善。各种标准以及协议繁复纷杂，各有特色。其中，SNMP协议虽然存在安全性等方面的问题，但由于其简单性而在网络管理领域中得到了各大厂商的支持，应用较广。目前许多主流网络设备都内置了MIB数据库，较大的厂商都开发了相适用的网络管理软件，从而使网络管理逐步变得更加容易且费用低廉。因此，为了适应网络技术的发展，对计算机网络管理课程的内容进行了重新编写。

本书在重新编写过程中，保留了原来SNMP的基础理论知识，精简了部分内容，增加了对国内外主流厂商的网络管理软件的内容介绍。考虑到参加自考的同学更需要的是学会使用网络管理工具来实现网络的运营、维护和管理，因此，本书综合了网络管理软件简单的开发技术（考虑到异构系统中软件配接问题）和商品软件的应用技术。

本书作者根据知识点的重要性、难易程度和实用意义分为5级，用★和☆进行表示，★★★☆☆表示5级分级制中的第3级，以便于读者学习。

本书主要内容如下：

（1）第1章介绍了网络管理的基本概念、体系结构和网络管理的功能。

（2）第2章讲述了网络管理的技术基础。

（3）第3章至第5章重点介绍了网络管理的特点，包括管理信息结构、网络管理协议以及远程网络监视。

（4）第6章介绍了简单的网络开发技术。

（5）第7章介绍了各种不同的实用网络管理系统。

（6）第8章介绍了网络管理的通用技术，并对IPv6环境下的网络管理进行了简单介绍。

在内容方面，删除或压缩一些较陈旧的方法和技术，相应地增加一些新的方法和技术。

新编写的计算机网络管理教材，语言通俗，适合自学；结构合理，概念准确，逻辑性强，有利于学生掌握、了解新知识和新信息；实例部分紧紧贴合实际，有利于学生增强创新意识、培养实践能力并形成良好的自学能力，同时也有利于学习者学以致用、解决实际工作中所遇到的问题。

本书第6章至第8章由刘羽编写，其余部分由孙卫真编写。北京航空航天大学李云春教授和中国科学技术大学张信明副教授参加审稿，从制定大纲到全书的内容和文字的修改都得到了两位专家的悉心指导，编者受益良多，不胜感激。

由于编者的水平所限，书中仍然难免有疏漏和错误，敬请读者不吝指正。

编者

2016年1月

第1章　网络管理概论

学习目标

通过本章的学习，理解网络管理的基本概念，认识网络管理的目标和对象，了解网络管理的相关标准及其发展的历史和现状，掌握网络管理的体系结构（网络管理的基本模型、网络管理系统的模式、网络管理的软件体系结构），掌握网络管理的五大功能，即故障管理、配置管理、安全管理、性能管理和计费管理。

- 计算机网络管理的基本概念：介绍计算机网络管理的必要性和现状。
- 计算机网络管理的体系结构：阐述了网络管理的模型、管理模式及软件结构。
- 网络管理的功能：五大管理功能。

建议学时

6学时。

学习方法

通过预习，理清网络管理经历的发展过程、现状和特点；通过阅读，识记网络管理的模型；通过思考和练习，掌握网络管理的功能。

1.1　网络管理的基本概念

计算机网络管理是指采用计算机软、硬件技术对由客户端计算机、服务器、存储和交换机、路由器等网络设备及相关软件组成的网络和信息系统进行管理的工作。

近年来，计算机网络的发展呈现出加速的态势，网络节点的规模越来越大，类型越来越多（无线的、有线的、局域的、城域的，等等）；网络设备种类越来越复杂（防火墙、漏洞扫描、网闸等）；各种异构型网络设备、多协议栈网络互联方法，以及不同的网络业务需求使得网络管理的复杂度和工作量急剧增加。因此，研究网络管理的理论、开发网络管理的技术及使用网络管理的工具成为网络管理的基本工作。

1.1.1　网络管理概述★☆☆☆☆

网络管理系统是随着计算机、网络及通信等学科的理论和技术的发展而发展的。一方面，网络管理系统必须跟进，并满足现有网络的管理需求；另一方面，网络的发展又反过来促进了网络管理系统的发展。

最初的网络管理起源于 19 世纪末,话务员可以认为是管理电信交换网络的最早的管理员,尽管管理的内容非常有限,但话务员至少能对电信交换网络的资源进行分配和控制。1969 年,美国国防部高级研究计划署网络(Advanced Research Projects Agency Network, ARPA Net)的建立可以认为是现代计算机网络的标志,为运行该网络,初步的网络管理系统随之建立起来了。

随着网络的发展,各个活跃于网络前沿的厂商也推出了自己的私有协议网络及网络管理系统,如 IBM 的 SNA、DEC 的 DNA、Apple 的 AppleTalk 等。各生产厂商在市场的竞争下都根据自己的网络系统开发出了相应的网络管理的软、硬件系统。由于各厂商的标准并不一致,因此,各厂商的网络系统、通信设备,以及软、硬件等相互之间难以进行统一管理,这种状况也影响到了网络的发展。

20 世纪 80 年代,Internet 的发展对网络管理提出了更迫切的需求和更高的功能要求。到 90 年代末,随着各种网络管理的国际标准陆续推出,市场上陆续出现了符合国际标准的商用网络管理软件,如 IBM 的 Tivoli NetView、HP 的 OpenView、Fujitsu 的 NetWalker 和 Cisco 的 CiscoWorks 等。它们都已在各种实际应用环境下得到了一定的应用,并已有了相当的影响。国内发展较快的厂商也开发了符合国际标准且具有自主知识产权的网络管理系统,如华为的 QuidView、锐捷的 StarView 等。

进入 21 世纪以来,除了网络管理软件继续完善和发展以外,各种相关的硬件也层出不穷,如防火墙、漏洞扫描器等。这些设备丰富了网络管理的产品线,降低了网络管理的压力,也增加了网络管理的复杂度。

对网络管理来讲,其需要完成的任务有两个:一是对网络的运行状态进行监视;二是对网络的运行进行控制。通过监视,了解当前网络状态是否存在问题;通过控制,对网络资源进行调配,从而优化网络性能,提高服务质量,保证网络安全。

随着网络技术的发展,网络管理的范围已扩大到网络中的通信活动,以及网络的规划、组织实施、运营和维护等各个方面。因此,网络管理系统需要解决以下 4 个方面问题。

(1) 网络设备的复杂性问题。网络设备的复杂性是指网络设备的功能、端口、规格等不统一,增加了使用和管理的难度,因此需采用先进有效的网络管理工具进行自动化管理。

(2) 网络的可靠性问题。网络发展到现在已经成为一个极其庞大且超越国界的互联系统,网络提供了多种服务、管理及控制功能,网络能否及时、可靠地正常运行已经与经济、政治密切相关,因此对网络管理系统和管理者提出了较高的要求。

(3) 网络的安全性问题。随着网络的发展,网络上的各种信息价值越来越高,影响越来越大,因此如何保护网络运行的安全,而不受自然灾害的影响,不被有意或无意地窜改、破坏,或发生事故后能及时恢复并提供服务,也对网络管理系统充满了期待。

(4) 网络的可扩充性问题。网络管理系统的不断完善和发展也是网络本身发展的必然结果。当前的网络管理理论和技术还不能完全满足日益增长的网络规模和网络应用的需求,没有任何一个网络管理系统可以解决所有问题,因此网络和网络管理系统互相影响,互相支撑,在应用中完善,在建设中发展。

1.1.2 网络管理的目标★★★☆☆

网络管理的根本目标是最大限度地满足网络管理者和网络用户对计算机网络的有效性、可靠性、开放性、综合性、安全性和经济性的要求。

(1) 有效性:网络要能准确而及时地传递信息,为用户提供服务。

(2) 可靠性:网络必须要保证能够持续稳定地运行,要具有对各种故障、自然灾害,以及内、外部攻击的抵御能力和一定的自愈能力。

(3) 开放性:网络要能够兼容各个厂商的不同类型的复杂设备,适应各种新技术。

(4) 综合性:网络能够提供各种不同的综合业务功能,如网络监视、远程控制等业务。

(5) 安全性:必须对网络中的信息进行保护,避免泄漏重要信息,防止黑客入侵、窃取、窜改和破坏数据,同时也需要避免由于管理者的误操作而造成网络的故障。

(6) 经济性:尽量减少运行费用,节能环保,对环境友好。

为此,网络管理首先需要根据初始化要求和监测到的数据调整网络运行配置,使网络的性能达到最优化状态;其次,应能够预知网络潜在的故障和安全风险,采取必要的措施加以预防和处理,保证网络正常运行;最后,能够依据网络模型的理论指导扩充和规划网络。

1.1.3 网络管理的对象★★☆☆☆

在网络管理中涉及的资源依其形态主要分为两大类,即硬件资源和软件资源。

硬件资源是指物理介质、计算机设备和网络设备。物理介质通常是物理层和数据链路层设备,如网卡、双绞线、同轴电缆、光纤和无线收发器等。计算机设备包括处理机、内存、外存储设备和打印机等其他计算机外围设备。网络互联设备包括中继器、网桥、交换机、路由器和网关等,有些简单的固化在设备中的软件(简称固件)也归为硬件设备。

软件资源主要包括操作系统、应用软件和通信软件。操作系统是计算机和网络运行的基础;应用软件是除操作系统外,用于完成业务工作的所有软件(如数据库、中间件和备份软件等);通信软件是应用软件的特殊部分,特指实现通信协议的软件(如 FDDI、ATM 等)。路由器、网桥和交换机等内部安装的各类嵌入式操作系统,较大、较复杂的应用软件,以及通信软件也是需要管理的对象。

在网络环境下的资源一般采用"被管对象"(Managed Object,MO)来表示。国际标准化组织(ISO)认为,被管对象是从网络参考模型(OSI)角度所看到的 OSI 环境中的资源,这些资源可以通过使用 OSI 管理标准而被管理。系统中所有资源,包括管理软件本身都可以是被管对象。

被管对象的集合称为管理信息库(Manage Information Base,MIB),网络中所有相关的被管对象信息都集中在 MIB 中。MIB 只是一个概念上的数据库,其数据分布在网络各处。网络管理系统的实现主要依靠 MIB 作为基础,所以它是网络管理中非常重要的概念。

1.1.4 网络管理的标准★★★☆☆

网络管理的标准较多,其中主要的标准是 OSI 参考模型、TCP/IP 参考模型、电信管理网(Telecommunications Management Network,TMN)参考模型、IEEE LAN/MAN 以及基于 Web 的管理,以下分别介绍。

早期的网络管理研究者们开发了许多网络管理的系统，包括 HLEMS（High Level Entity Management System）、NetView、LANManager 等，但是都是较简单的管理系统。

1. OSI 参考模型

20 世纪 80 年代末，国际标准化组织（ISO）和国际电报电话咨询委员会（CCITT）联合制定了网络管理的国际标准。ISO 首先在 1989 年颁布了 ISO/IEC 7498-4（X.700）文件，定义了网络管理的基本概念和总体框架，之后在 1991 年发布的两个文件中规定了网络管理提供的服务和网络管理协议，即 ISO 9595 公共管理信息服务（Common Management Information Service，CMIS）的定义和 ISO 9596 公共管理信息协议（Common Management Information Protocol，CMIP）的规范；在 1992 年公布的 ISO 10164 文件中规定了系统管理功能（System Management Functions，SMF），而 ISO 10165 文件则定义了管理信息结构（Structure of Management Information，SMI）。这些文件共同组成了 ISO 的网络管理标准。由于这是一个非常复杂的协议体系，因而有关 ISO 管理的实现进展缓慢，至今少有适用的网络产品。

2. TCP/IP 参考模型

1987 年底，管理 Internet 策略和方向的核心管理机构 Internet 体系结构委员会（Internet Architecture Board，IAB）意识到，需要在众多的网络管理方案中选择适合于 TCP/IP 协议的网络管理的体系结构和框架。

IAB 于 1987 年 11 月提出了简单网关监视协议（Simple Gateway Monitoring Protocol，SGMP）。

到 1988 年 3 月，IAB 又制定了 Internet 管理策略，即采用 SGMP 作为短期的 Internet 的管理解决方案，并在适当的时候转向 ISO 的 CMIS 和 CMIP。同时，IAB 还分别成立了相应的工作小组，对这些方案进行适当的修改，使它们更适合 Internet 的管理。

到了 1988 年和 1989 年，Internet 工程任务组（Internet Engineering Task Force，IETF）先后推出了简单网络管理协议（Simple Network Management Protocol，SNMP）和基于 TCP/IP 的公共管理信息服务与协议（CMIS/CMIP Over TCP/IP，CMOT）。但实际情况的发展并非如 IAB 所计划的那样，SNMP 推出就受到用户的广泛支持，而 CMOT 的实现却由于其复杂性和实现代价太高而遇到了困难。

1990 年 Internet 工程任务组在 Internet 标准草案 RFC 1155（Request For Comments）中正式公布了管理信息结构（Structure of Management Information，SMI），在 RFC 1157 中公布了 SNMP，在 RFC 1212 中定义了 MIB 和在 RFC 1213 中定义了 MIB-2 规范。

1993 年 4 月在 RFC 1441 中发布了 SNMPv2 的简介，在 RFC 1902—1908 中规范了 SNMPv2 的结构。

1998 年 1 月在 RFC 2271-2275 中发布了 SNMPv3。

由于 SNMP 简单且易于实现，因此得到了主流厂商 IBM、HP、Fujitsu、SUN 等的广泛支持，得到了广泛应用，成为网络管理事实上的标准。只要适合于 TCP/IP 的网络，无论是采用那个厂商生产的联网设备，运行那种网络操作系统，都能采用 SNMP 进行有效的网络管理。

同时，ISO 也在不断地修改 CMIS/CMIP 使其更加成熟。而 IAB 的 CMOT 可以应付未来更复杂的网络配置，提供更全面的管理功能，所以它更适合于管理结构复杂、规模庞大的异构型网络，因而它代表了未来网络管理发展的方向。

1991 年，远程网络监视（Remote MONitoring version1，RMONv1）出现了，至 1995 年发展为 RMONv2。这组标准定义了监视局域网网络通信的管理信息库，是 SNMP 管理信息库的扩充,与 SNMP 配合可以提供更有效的管理性能,因而得到了广泛应用。

3. TMN 参考模型

电信行业也提出了相应的网络管理需要。国际电信联盟远程通信标准化组织(ITU-T)在 1989 年定义了M.30建议蓝皮书,即电信管理网络 TMN 标准。TMN 最初是为了满足电信服务供应商管理电信网络的需要,它的基础是 OSI 的 CMIS/CMIP 规范。TMN 扩展了管理的概念,使管理超出了管理网络和网络组件的范畴,它同时解决了服务和商业配置的问题。

4. IEEE LAN/MAN 参考模型

电气和电子工程师协会(IEEE)定义的局域网(LAN)/城域网(MAN)的管理标准,即 IEEE 802.1b LAN/MAN 管理标准。这个标准用于管理物理层和数据链路层的 OSI 设备,称为 CMOL(CMIP Over LLC)。

5. Web 参考模型

基于 Web 技术的网络管理模型是 1996 年起始的,基于 Web 的企业管理(Web-Based Enterprise Management,WBEM)和 Java 管理扩展(Java Management eXtension,JMX)。桌面管理任务组(Desk Management Task Force,DMTF)专为 WBEM 开发标准,致力于将各种不同的管理协议集成在一起。DMTF 选择了面向对象的管理模型,在单一的规程下对管理结构和管理服务进行定义。它由原先的 Java 管理 API(JMAPI)发展而来。JMX 是由 SUN Microsystems 开发的基于 Java 互联网小程序的专用子集,运行于网络组件中。

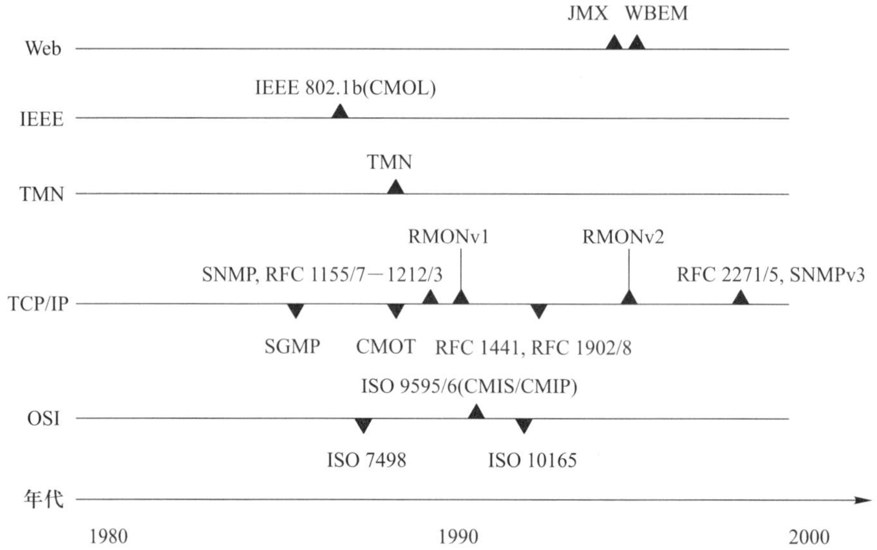

图 1-1　网络管理标准的演变发展

> **思考:** 网络管理的对象有哪些? 网络管理的协议又有哪些? 为什么网络协议的设计标准和实际使用之间存在较大的差异? 这说明了什么问题?

1.2　网络管理的体系结构

网络管理的体系结构是一套定义了网络管理系统的结构及系统成员间相互关系的规

范,它是建立网络管理系统的基础。不同的管理体系结构会带来不同的管理能力、管理效率和经济效益,也决定了网络管理系统的复杂度、灵活度和兼容性。

ISO 提出的基于远程监控的管理框架是现代网络管理体系结构的核心。这一管理框架的目标是,打破不同业务和不同厂商设备之间的界限,建立统一的综合网络管理系统,将现场的物理操作变为远程的逻辑操作。在这一管理框架中,网络资源的状态和活动用数据来定义和表示。远程监视和控制系统对网络资源的管理操作变为简单的数据库操作。

在远程监控的管理框架下,OSI 参考模型提出了以一对相互通信的系统管理实体为核心,使管理进程与一个远程系统相互作用,实现对远程资源进行控制的网络管理系统体系结构。

两种不同的参考模型形成了两种主要的网络管理体系结构,即基于 OSI 参考模型的公共管理信息协议(CMIP)体系结构与基于 TCP/IP 参考模型的简单网络管理协议(SNMP)体系结构。

CMIP 体系结构是一个通用的模型,它能够适用于各种开放系统之间的管理通信和操作,开放系统之间既可以是平等关系,也可以是主从关系,因此它既能够进行分布式的管理,也能够进行集中式的管理。该体系结构设计得较全面,但是结构较复杂,如图 1-2(a)所示。

SNMP 体系结构最初是一个集中式模型。在一个系统中只有一个顶层管理站,管理站下设有多个管理代理,管理站运行管理进程,管理代理运行代理进程,两者的角色不能互换。从 SNMPv2 开始,该结构可以用于分布式模型。在这种模型中可以有多个顶层管理站,这些管理站又被称为管理服务器或管理者。在管理站和管理代理之间又加入了中间服务器。管理站运行管理进程,管理代理运行代理进程,中间服务器在与管理站通信时运行代理进程,在与管理代理通信时运行管理进程。它是参照 CMIP 对 SNMP 的一个补充。如图 1-2(b)所示。

CMIP 体系结构和 SNMP 体系结构各有优点。CMIP 的优点是它的通用性和完备性,而 SNMP 体系结构的优点是它的简单性和实用性。CMIP 在电信管理网络标准(TMN)中得到了应用,而 SNMP 在计算机网络管理,尤其是 Internet 的管理中得到了应用。随着 Internet 的广泛应用,SNMP 的影响日益扩大,其自身也得到了较快的改善和发展。

目前,网络管理技术仍在不断发展,Internet 体系结构委员会的长期目标是研究和开发 OSI 的网络管理标准,并希望最终使这些协议同时适用于 TCP/IP 和 OSI 网络环境,即 CMOT(CMIP Over TCP/IP),何时能实现取决于技术的发展和用户的需求。

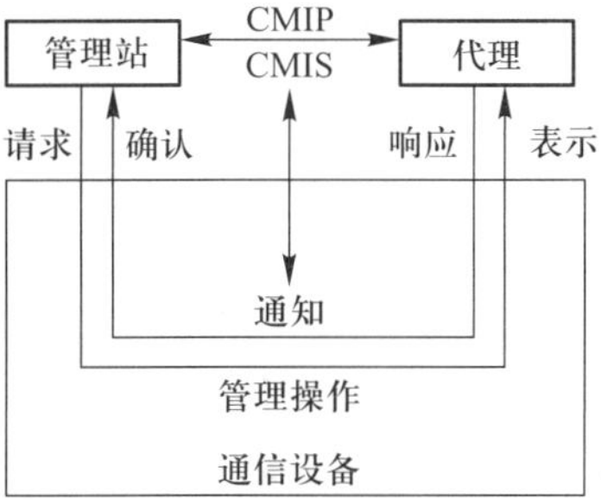

(a) CMIP管理体系结构

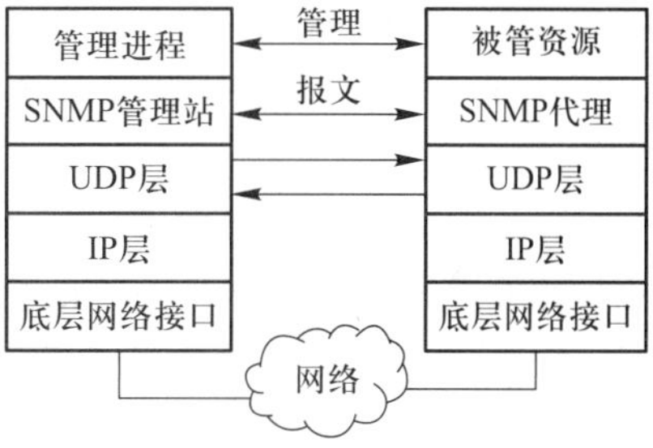

(b) SNMP管理体系结构

图 1-2　网络管理的体系结构

1.2.1 网络管理的基本模型★★★★☆

在网络管理中，不同的体系结构其模型也会不同。采用管理站-管理代理的模型如图1-3所示。

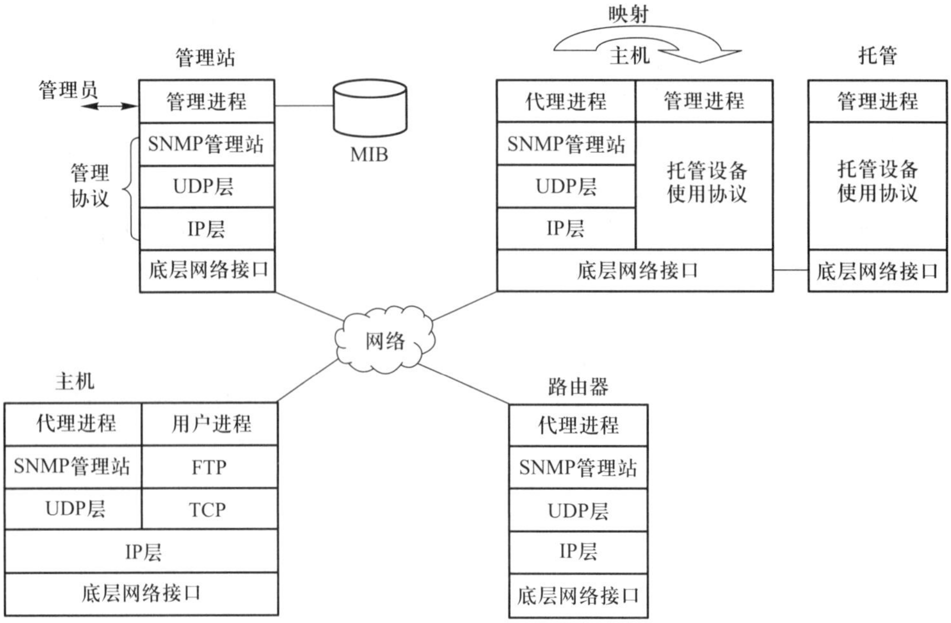

图1-3 管理站-管理代理模型

网络管理模型的核心是一对相互通信的系统管理实体，它采用独特的方式使两个管理进程之间相互作用，即管理进程与一个远程系统相互作用，实现对远程资源的监控。在这种简单的体系结构中，一个系统中的管理进程担当管理站角色，而另一个系统中的对等实体担当代理角色，代理负责提供对被管对象的访问。前者称为网络管理站（Network Manager）（也称管理者、管理进程），后者被称为管理代理（Managed Agent）（简称代理）。管理站将管理要求通过管理操作指令传送给位于被管理系统中的代理，对网络内的各种设备、设施和资源实施监视和控制，管理代理则负责管理指令的执行，并且以通知的形式向管理站报告被管对象发生的一些重要事件。

现代网络管理系统由以下四个要素组成：管理站、管理代理、网络管理协议（Network Management Protocol，NMP）、管理信息库MIB。

1. 管理站

管理站是一个逻辑的概念，通常由软件来实现，其安装实体可以是工作站、个人计算机等，一般位于网络系统的主干或接近主干的位置，负责发出管理操作的指令，被管设备中的管理代理对这些指令进行响应，自动或按用户规定去收集管理代理管理的有关主机的运行状态、配置及性能数据等信息。这些信息被用来确定独立的网络设备、部分网络或整个网络运行的状态是否正常；管理站也可以在接收到被管理设备的告警信息后采取一定的措施；或者通过这些管理操作的指令对网络进行控制。

管理站和管理代理通过交换管理信息来进行工作，信息分别驻留在被管设备和管理站的管理信息库中，这种信息交换通过网络管理协议来实现。具体的交换过程是通过协议数据单元(Protocol Data Unit，PDU)进行的。通常是管理站向管理代理发送请求 PDU，管理代理响应管理站以 PDU 回答，管理信息包含在 PDU 参数中。在有些情况下，管理代理也可以向管理站发送通知，管理站可根据报告的内容决定是否作出回答。

2. 管理代理

管理代理具有两个基本功能：一是从 MIB 中读取各种变量值；二是在 MIB 中修改各种变量值。两个功能分别对应于网络监视和网络控制。

MIB 是被管对象结构化组织的一种抽象，它是一个概念上的数据库，由管理对象组成，各个管理代理管理 MIB 中属于本地的管理对象，各管理代理控制的管理对象共同构成全网的管理信息库。

在网络管理系统模型中，管理站角色与管理代理角色不是固定的，而是由每次通信的性质所决定的。

管理站和管理代理之间的信息交换分为两种：一种是从管理站到代理的管理操作(命令)；另一种是从代理到管理站的事件通知(报告)。

担当管理站角色的进程向担当管理代理角色的进程发出操作请求，担当管理代理角色的进程对被管对象进行操作，并将被管对象发出的通报传向管理站。管理代理运行于被管理设备内部，负责把来自管理站的命令或信息请求转换为被管理设备特有的指令，完成管理站的指示或返回它所在被管理设备的信息。管理代理也可能因为某种原因拒绝管理站的指令。另外，管理代理也可以把在自身系统中发生的事件主动报告给管理站。

一个管理站可以和多个管理代理进行信息交换，而一个管理代理也可以接受来自多个管理站的管理操作。在这种情况下，管理代理需要处理来自多个管理站的多个操作之间的协调问题。例如可以通过权限、优先级等来决定优先接受哪个管理站的命令。

一般的管理代理都是返回它本身的信息，另外一种称为委托代理的管理代理能提供关于其他系统或其他设备的信息。通过这种委托代理，管理站可以管理多种类型的设备。管理站和管理代理之间使用的是一种通信协议，对于不能理解这种通信协议的设备，则可以通过委托代理完成通信。委托代理还可以提供到多个设备的管理访问。管理站只需和一个委托代理通信，就可以管理多个设备。这种方式通常用于不同厂商之间异构的设备管理。

3. 网络管理协议

在管理站-管理代理的模型中，如果各个厂商提供的管理站和代理之间的通信方式各不相同，将会大大影响网络管理系统的通用性，影响不同厂商设备间的互联，因此需要制定一个管理站和管理代理之间通信的标准。用于管理站和管理代理之间完成信息交换的通信规约就称为网络管理协议。管理站通过网络管理协议从管理代理那里获取所需的信息或向管理代理发送命令；管理代理也可以经由网络管理协议主动报告紧急情况。

目前，应用最为广泛的网络管理协议是简单网络管理协议 SNMP 及公共管理信息服务与公共管理信息协议 CMIS/CMIP，它们代表了目前两大网络管理的解决方案。其中 SNMP 流传最广，应用最多，获得支持也最广泛，已经成为事实上的工业标准。CMIS/CMIP 主要是针对 OSI 七层参考模型的传统环境而设计的，需要高性能处理器和大容量存储器，目前支持它的产品较少。但是，CMIP 是通过事件报告进行工作的，因此具有及时性的特点，并且相对于 SNMP 而言 CMIP 更具安全性。

SNMP 最大的优点是简易性与可扩展性，它体现了网络管理系统的一个重要准则，即网络管理功能的实现不能影响网络的正常功能，不给网络附加过多的开销。

SNMP 设计为一种基于用户数据报协议（User Datagram Protocol，UDP）的应用层协议，它是 TCP/IP 协议簇的一部分。SNMP 的管理站根据管理需要产生三种类型的 SNMP 消息，GetRequest、GetNextRequest 和 SetRequest，前两种实现 Get 功能，后一种实现 Set 功能。所有这三种消息在代理方面均以 GetResponse 消息确认，并传递给管理应用。

网络管理协议中最重要的部分一是定义了管理站和管理代理间的通信方法；二是规定了管理信息库的存储结构、信息库中关键词的含义及各种事件的处理方法。

网络管理协议中的通信机制主要有两种，一种称为轮询（Polling），一种称为事件报告（Even Reporting）。

轮询是一种询问机制，即由管理站向管理代理发出问询请求，管理代理响应管理站的请求，从它所保存的管理信息库中取得管理站所请求的信息，返回给管理站。请求可以采用各种不同的形式，例如，列出一些变量的名字，要求代理返回变量的值；或者给出一种匹配模式，要求管理代理搜索与模式匹配的所有变量的值。管理站可能要查询它所管理的系统的配置，或者周期地询问被管理系统配置改变的情况；管理站也可能在收到一个报警后用轮询详细调查某个区域的真实情况，或者根据用户的要求通过轮询生成多个配置报告。

事件报告是由管理代理主动发送给管理站的消息。管理代理可以根据管理站的要求（周期、内容等）定时地发送状态报告，也可能在检测到某些特定事件（例如，状态改变）或非正常事件（例如，出现故障）时生成事件报告，发送给管理站。事件报告对于及时发现网络中的问题是很有用的，特别是对于状态信息不经常改变的管理对象更有效。

在已有的各种网络监控系统中都设置了轮询和事件报告两种通信机制，但重点有所不同。OSI 系统管理中的 CMIS/CMIP 主要依赖事件报告，而 SNMP 强调轮询方法。然而无论是 OSI 还是 SNMP，以及某些专用的管理系统都允许用户根据具体情况决定使用何种通信方式。

影响通信方式选择的主要因素如下：

（1）传送信息引起的通信量。

（2）对危急情况下的处理能力。

（3）对网络管理站的通信时延。

（4）被管理设备需要处理的工作量。

（5）消息传输的可靠性。

（6）网络管理应用的特殊性。

（7）在发送消息之前通信设备失效的可能性。

4. 管理信息库

管理信息库 MIB 是一个信息存储库，是对通过网络管理协议可以访问信息的精确定义，所有与被管对象相关的网络信息都放在 MIB 中。被管对象是网络资源的抽象表示，一个资源可以表示为一个或多个被管对象。MIB 的描述采用了结构化的管理信息定义，称为管理信息结构 SMI，它规定了如何识别管理对象以及如何组织管理对象的信息结构。MIB 中的对象按层次进行分类和命名，整体表示为一种树形结构，所有被管对象都位于树的子结点，中间结点为该结点下的对象的组合。如图 1-4 所示。

管理信息库是一个逻辑结构，其数据可以分为三类。

结构数据：结构数据是静态信息，描述网络的物理和逻辑构成，包括网络拓扑结构、交换机和中继线的配置、路由器的端口数和端口编号、工作站的标识和 CPU 类型、数据密钥、用户记录等，这些数据是网络配置管理和安全管理的基本数据。

动态数据：动态数据是测量到的网络状态数据，是通过网络的监测过程获得的原始信息，包括结点队列长度、重发率、链路状态、分组数、呼叫统计等，这些数据是网络的计费管理、性能管理和故障管理的基本数据。

控制数据：控制网络的运行设置，网络中可调整参数的设置和调整，如中继线的最大流量、交换机输出链路业务分配比率、路由表等，这些数据主要用于网络的性能管理。

包含管理对象数据的 MIB 对物理资源没有限制，实际上，任何信息都可以包含到 MIB 中。

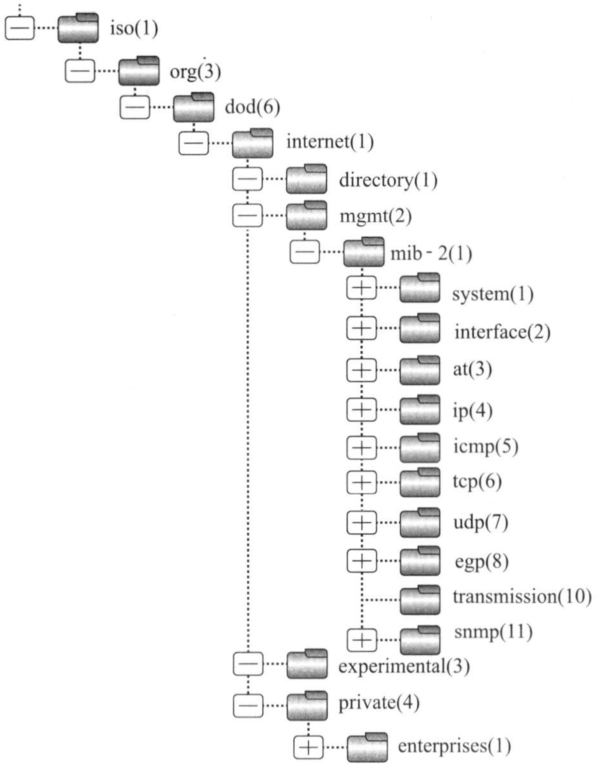

图 1-4　管理信息库的树形结构（括号中的数字代表该目录下某功能组的序号）

1.2.2　网络运行管理模式★★★☆☆

网络运行管理模式分为集中式网络管理模式、分布式网络管理模式以及混合管理模式三种。它们各有自身的特点，适用于不同的网络系统结构和不同的应用环境。

1. 集中式网络管理模式

集中式网络管理模式是目前使用最为普遍的一种模式，如图 1-5 所示，由一个管理站对整个网络的管理负责。管理站处理所有来自被管理系统上的代理的通信信息，为全网提供集中的决策支持，并控制和维护管理站上的信息存储。

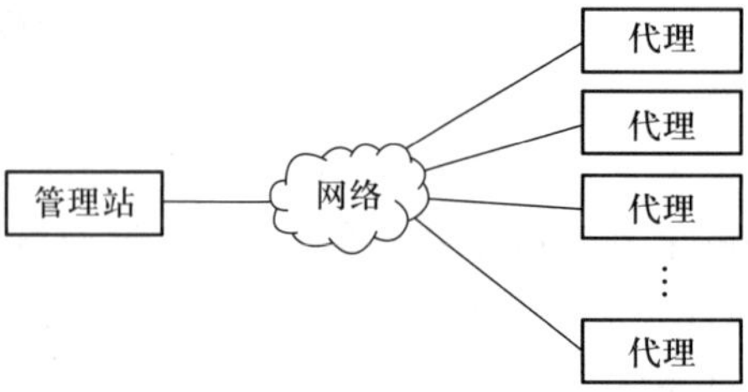

图 1-5 集中式网络管理模式

集中式网络管理模式有一种变化形式，即基于平台的形式，如图 1-6 所示，将唯一的管理站分成管理平台和管理应用两部分。管理平台是对管理数据进行处理的第一阶段，主要进行数据采集，并能对底层管理协议进行屏蔽，为应用程序提供一种抽象的统一的视图。管理应用在数据处理的第二层，进行决策支持和执行一些比信息采集和简单计算更高级的功能。这两部分通过应用程序接口(Application Programming Interface，API)进行通信。这种结构易于维护和扩展，也可简化异构的、多厂家的、多协议网络环境的集成应用程序的开发。但总体而言，它仍是一种集中式的管理体系，应用程序一旦增多到一定程度，管理平台就成为了管理系统的“瓶颈”。

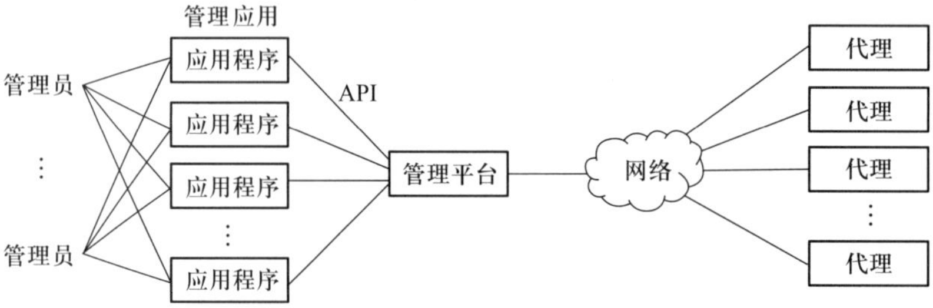

图 1-6 基于平台的集中式网络管理模式

集中式管理模式所具备的结构简单、低价格以及易维护等特性使其成为普遍的网络管理模式。但随着网络规模的日益扩大，其局限性越来越显著，主要表现在以下几个方面。

(1) 不可扩展性。所有的信息都向中央管理站传输，当网络规模扩大、被管对象种类增多后，管理信息传输量也将增大，必然会引起拥塞现象。

(2) 功能固定、不灵活。集中式管理服务器功能模块都是在建立时装入的，若要修改或增加新的功能，则必须重新编译、安装和服务器进程初始化。

(3) 不可靠性。管理站一旦出现故障，整个网络管理系统都将崩溃；或者连接两部分的中间某一设备出现问题，则后面的网络也就失去了管理功能。

(4) 传输中的瓶颈。在图 1-7 所示的一个典型的复杂广域网络中，网络 A、网络 B 通过路由器连接。在集中式管理条件下，位于网络 A 的管理站对网络 A 和网络 B 上的所有代理进行管理。路由器显然是瓶颈之一，一旦路由器发生故障，网络 A 中的管理站发出的网络管理信息包就不能到达网络 B，这样整个网络 B 就成为一个不可管理的网络。

根据以上的特点，集中式网络管理模式比较适合于以下几种网络。

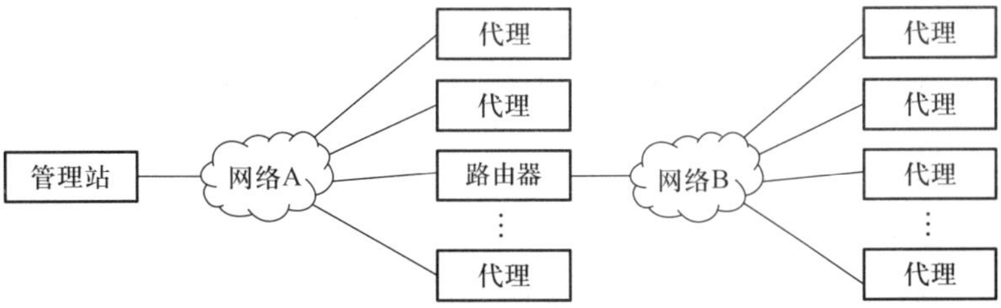

图 1-7　集中式网络管理中的瓶颈

(1) 小型局域网。由于网络的节点不多,覆盖范围有限,集中管理比较容易。

(2) 部门专用网络。特别是对于一些行政管理上比较集中的部门,如军事机关、公安系统、医疗机构等。

(3) 统一经营的公共服务网。从经营、经济核算方面考虑,用集中式网络管理模式比较适宜。

(4) 专用网。采用专用客户机和服务器,客户机的结构已经简化,与服务器呈主从关系,网络管理功能集中于网络服务器。

(5) 企业互联网。网络中存在较多的专用网络设备,如路由器、交换机、集线器等,应用集中的网络管理节点对它们进行统一管理较好。

从集中式网络管理模式的自身特点可以看出,集中式网络管理模式的优点是管理集中,有专人负责,有利于从整个网络系统的全局对网络实施较为有效的管理;缺点是管理信息集中汇总到网络管理中心节点上,导致网络信息流比较拥挤,管理不够灵活,管理节点如果发生故障有可能影响全网正常工作。一般这种网络的规模都不是很大,因此这种管理模式在数量上占多数。

2. 分布式网络管理模式

为了减少中心管理节点、局域网连接和广域网连接,以及管理信息系统不断增长的负担,将信息智能分布到网络各处,使管理变得更加自动化,在最靠近问题源的地方能够作出基本的决策,这就是分布式管理的核心思想。

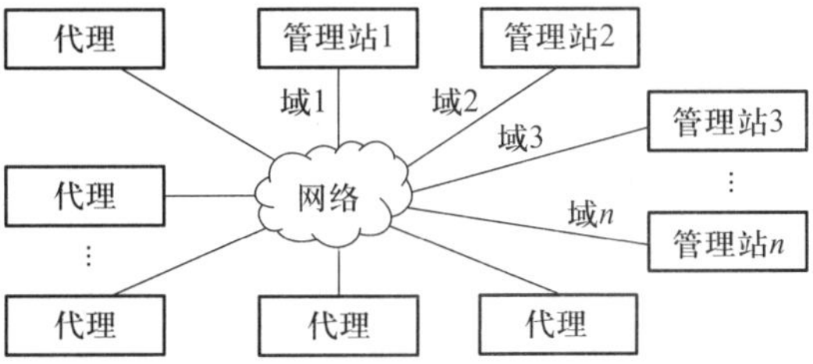

图 1-8　分布式网络管理模式

分布式网络管理模式如图 1-8 所示,网络的管理功能分布到某个被管设备,即将局部管理任务、存储能力和部分数据库转移到被管设备中,使被管设备成为具有一定自我管理能力的自治单元,而网络管理系统则侧重于网络的逻辑管理。按分布式网络管理方法组成的管理结构是一种对等式的结构,有多个管理站,每个负责管理一个域,相互通信都在对等系统内部进行。

分布式管理将数据采集、监视以及管理分散开来,它可以从网络上的所有数据源采集数据而不必考虑网络的拓扑结构,为网络管理员提供了更加有效的、大型的、地理分布广泛的网络管理方案。

分布式网络管理模式主要具有以下特点:

(1) 自适应基于策略的管理。自适应基于策略的管理是指对不断变化的网络状况作出响应并建立策略,使得网络能够自动与之适应,提高解决网络性能及安全问题的能力,减少网络管理的复杂性。

(2) 分布式的设备查找与监控。分布式的设备查找与监控是指将设备的查找、拓扑结构的监控以及状态轮询等网络管理任务从管理站分配到一个或多个远程网站的能力。这种重新分配既降低了中心管理站的工作负荷,又降低了网络主干和广域网连接的流量负荷。采用分布式管理,安装有网络管理软件的网站可以配置成“采集网站”或“管理网站”。采集网站是负责监视功能的网站,它们向有兴趣的管理站通告它们所管理网络的状态变化或拓扑结构变化。每个采集网站负责对一组用户可规范的管理型对象(称为域)进行信息采集。采集网站跟踪在它们的域内所发生的网络设备的增加、移动和变化。在规律性的间歇期间,各网站的数据库将与同一级或高一级的网站进行同步调整,这使得在远程网址的信息系统管理员在监视自己资源的同时,也能了解到全网络范围目前设备的现有状况。

(3) 智能过滤。通过优先级控制,不重要的数据就会从系统中排除,从而使得网络管理控制台能够集中处理高优先级的事务。为了在系统中的不同地点排除不必要的数据,分布式管理采用设备查找过滤器、拓扑过滤器、映像过滤器与报警和事件过滤器。

(4) 阈值监视。阈值事件监视有助于网络管理员先于用户感觉到有网络故障,并在故障发生之前将问题检测出来并加以隔离。采集网站可以独立地向相关的对象采集到 SNMP 及 RMON 趋势数据,并根据这些数据引发阈值事件措施。采集网站还将向其他需要上述信息的采集网站及管理网站提供这些信息,同时还有选择地将数据转发给中心控制台,以便进行容量规划、趋势预测,以及为服务级别协议建立档案。

(5) 轮询引擎。轮询引擎可以自动地和自主地调整轮询间隙,从而在出现异常高的读操作或出现网络故障时,获得对设备或网段的运行及性能更精准的状态显示。

(6) 分布式管理任务引擎。分布式管理任务引擎可以使网络管理更加自动和独立。其典型功能包括分布式软件升级及配置、分布式数据分析和分布式地址管理。

分布式网络管理模式的重要特点就是能容纳整个网络的增长和变化,因为随着网络的扩展,监控职能及任务职责会同时不断地分布开来,既提供了很好的扩展性,同时也降低了管理的复杂性。将管理任务都分布到各域的管理站,使网络管理更加稳固可靠,也提高了网络性能,并且使网络管理在通信和计算方面的开销大大减少。

3. 混合管理模式

混合管理模式是集中管理模式和分布式管理模式相结合的产物。

当今计算机网络系统正向进一步综合开放的方向发展,因此,网络管理模式也在向分布式与集中式相结合的方向发展。集中式或分布式管理模式,分别适用于不同的网络环境,各有优缺点。目前,计算机网络向着局域网与广域网相结合、专用网与公用网结合、专用 C/S 与互动 B/S 结构结合的综合互联网方向发展。计算机网络的这种发展趋势,也促使网络管理模式向集中式与分布式相结合的方向发展,以便取长补短,更有效地对各种网络进行管理。按照系统科学理论，大系统的管理不能过于集中，也不能过于分散，采用集中式与分布式相结合的混合管理模式应是计算机网络系统管理的基本方向。

采用混合管理模式，应采用以下管理策略和方法。

（1）主从模式。以分布式管理模式为基础，指定某个或某些节点为网络管理主节点，给予其较高的特权，可以对网络中的其他从节点进行监控管理，其他从节点的报告信息也向指定主节点汇总。

（2）部分集中，部分分布。网络中计算机节点，尤其是处理能力较强的中、小型计算机，仍按分布式管理模式配置，它们相互之间协同配合，实行网络分布式管理，保证网络的基本运行。同时在网络中设置专门的网络管理节点，重点管理那些专用网络设备，同时也对全网的运行进行有效的监控。这种集中式与分布式相结合的网络管理模式是在多企业网络中形成的一种网络管理体制。

（3）联邦制管理模式。在一些大型跨部门、跨地区的互联网结构中，各部门有各自的网络，使用自己相对集中的管理模式，一般情况下，互相并不干预。整个互联网结构中并没有一个总的集中管理实体，当涉及互联网正常运行、安全和性能优化等全局问题时，可通过各部门网络管理实体之间的通信来协调解决。

（4）分级网中的分组管理。在一些大型企业或部门，本身的行政体制就是分级树形管理模式，这些部门所建的网络在管理模式上也是一种分级管理模式。在这种分级管理模式中，基层部门有自己相对独立和集中的网络，它们的上级部门也有自己的网络管理。同时对它们的下属网络还具有一定的指导及干预能力。

1.2.3　网络管理软件的体系结构★★★★☆

网络管理软件包括用户接口软件、管理专用软件和管理支持软件三个部分，如图 1-9 所示。

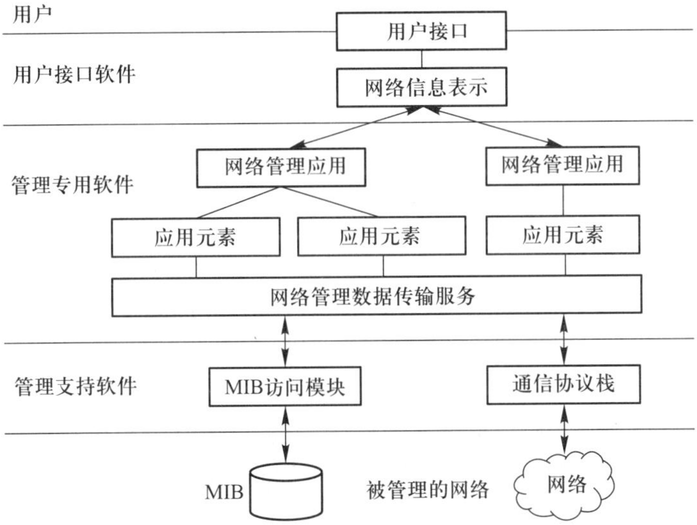

图 1-9　网络管理软件结构

1. 用户接口软件

用户通过网络管理接口与管理专用软件交互作用，监视和控制网络资源。接口软件不但存在于管理主机上，而且也可能出现在代理系统中，以便对网络资源实施本地配置、测试和排错。

如果要实施有效的网络管理，则需要统一的用户接口，而不用考虑主机和设备的生产厂家以及操作系统，这样才可以方便地对异构型网络进行监控。接口软件还要具备一定的信息处理能力，对大量的管理信息要进行过滤、统计、汇总和化简，以免传递的信息量太大而阻塞网络通道。

2. 管理专用软件

网络管理软件可以支持多种网络管理应用，适用于各种网络设备和网络配置。网络管理软件的结构还表达了用大量的应用元素支持少量管理应用的设计思想。应用元素实现初等的通用管理功能（如产生报警、对数据进行分析等），可以被多个应用程序调用。网络管理软件利用这种服务接口可以检索设备信息，配置设备参数，代理则通过服务接口向管理站通告设备事件。

3. 管理支持软件

管理支持软件包括 MIB 访问模块和通信协议栈。代理中的 MIB 包含反映设备配置和设备行为的信息，以及控制设备操作的参数。管理站的 MIB 中除保存本地节点专用的管理信息外，还保存着管理站控制的所有网络代理的有关信息。MIB 访问模块具有基本的文件管理功能，使得管理站或代理可以访问 MIB，同时该模块还能把本地的 MIB 数据转换成适用于网络管理系统传送的标准格式。通信协议栈支持节点之间的通信。由于网络管理协议位于应用层，因而原则上任何通信体系结构都能胜任，但具体的实现可能有特殊的通信要求。

> **思考：**什么是管理站、管理代理、网络管理协议和网络信息库？网络管理协议中的通信机制有哪些？CMIS/CMIP 模型的通信方式是不是只有事件报告？网络管理的模式有哪几种？它们各是什么？网络管理的软件结构是什么样的？

1.3 网络管理的功能

ISO 在 ISO/IEC 7498-4 文件中定义了网络管理的五个功能域：故障管理（Fault Management）、配置管理（Configuration Management）、安全管理（Security Management）、性能管理（Performance Management）和计费管理（Accounting Management）。

1.3.1 故障管理★★★★☆

故障管理是为了尽快发现故障，找出故障的原因，以便及时采取补救措施，即对计算机网络中的问题或故障进行定位的过程。它包含故障检测和报警功能、故障预测功能、故障诊断和定位功能三个模块。

1. 故障检测和报警功能

故障检测代理要随时记录网络系统出错的情况和可能引起故障的事件，并把这些信息存储在运行日志数据库中，在采用轮询通信的系统中，管理应用程序定期访问运行日志记录，以便发现故障。为了及时检测重要的故障问题，代理也可以主动向有关管理站发送出错事件报告。另外,对出错报告的数量、频率要进行适当的控制,以免加重网络负载。

2. 故障预测功能

对各种可能引起故障的参数建立门限值并随时监视参数值变化,一旦超过门限值,就发送警报。例如,由于出错产生的分组碎片数超过一定值时发出警报,表示线路通信恶化,出错率上升。

3. 故障诊断和定位功能

对设备和通信线路进行测试,找出故障原因和地点。测试可以包括:连接测试、数据完整性测试、协议完整性测试、数据饱和测试、连接饱和测试、环路测试、功能测试、诊断测试等。

故障管理还需要有效的用户接口软件,使得故障发现、诊断、定位、排除等一系列操作都可以交互地进行。

1.3.2 配置管理★★★★☆

配置管理是指设备初始化、维护和关闭网络设备或子系统等操作。被管理的网络资源包括物理设备(如服务器、工作站、路由器)和底层的逻辑对象。配置管理功能可以设置网络参数的初始值和默认值,使网络设备初始化时自动形成预定的互联关系。当网络运行时,配置管理监视网络设备的工作状态,并根据用户的配置命令或其他管理功能的请求改变网络配置参数。例如,当性能管理检测到响应时间延长,并分析出性能降级的原因是由于负载失衡,则配置管理将通过重新配置(如调整路由表)以缩短系统响应时间。

1. 网络配置信息

网络配置信息主要包括以下几种。

(1) 网络设备的拓扑关系:即存在性和连接关系。

(2) 网络设备的域名、IP 地址:即寻址信息。

(3) 网络设备的运行特性:即运行参数。

(4) 网络设备的备份操作参数:即是否备份、备份启用条件。

(5) 网络设备的配置更改条件。

2. 配置管理的主要功能

(1) 定义配置信息。配置信息描述网络资源的特征和属性,这些信息对其他管理功能是有用的。网络资源包括物理资源(例如,主机、路由器、网桥、通信链路、调制解调器等)和逻辑资源(例如,定时器、计数器、虚电路等)。设备的属性包括名称、标识符、地址、状态、操作特点和软件版本。配置信息可以有多种组织方式。简单的配置信息组织成由标量组成的表,每一个标量值表示一种属性值(SNMP 采用这种方法)。在 OSI 系统管理中,管理信息定义为面向对象的数据库。对象的值表示被管理设备的特性,对象的行为(例如,通知)代表了管理操作,对象之间的包含关系和继承关系规范了它们之间的相互作用。另外还有一些系统用关系数据库表示管理信息。

管理信息存储在与被管理设备最接近的代理或委托代理中,管理站通过轮询或事件报告访问这些信息。网络管理员可以在管理站提供的用户界面上说明管理信息值的范围和类型,用以设置被管理资源的属性。网络控制功能还允许定义新的管理对象,在指定的代理中生成需要的管理对象或数据元素。产生新数据的过程可以是联机的、动态的,或是脱机的、静态的。

(2) 设置和修改设备属性。配置管理允许管理站远程设置和修改代理中的管理信息值。但是修改操作要受到两种限制,一是只有授权的管理站才可以执行修改操作;二是有些属性值反映了硬件配置的实际情况,不可更改,如路由器的端口数等。

对配置信息的修改可以分为以下三种类型。

① 只修改数据库。管理站向代理发送修改命令,代理修改配置数据库中的一个或多个数据值,如果修改操作成功,则向管理站返回肯定应答,否则返回否定应答。

② 修改数据库,也改变设备的状态。例如,把路由器端口的状态值设置为"disable",则所有的网络通信不再访问该端口。

③ 修改数据库,同时引起设备的动作。例如,路由器数据库中有一个初始化参数。取值为 TRUE,则路由器开始初始化。过程结束时重置该参数为 FALSE。

(3) 定义和修改网络元素间的互联关系。关系是指网络资源之间的联系、连接以及网络资源之间相互依存的条件,如拓扑结构、物理连接、逻辑连接、继承层次和管理域等。继承层次是管理对象之间的继承关系,而管理域是被管理资源的集合,这些网络资源具有共同的管理属性或者受同一管理站控制。

配置管理应该提供联机修改关系的操作,即用户在不关闭网络的情况下可以增加、删除或修改网络资源之间的关系。例如,在 LAN 中,节点之间逻辑链路控制子层(LLC)的连接可以由管理站来修改。一种 LLC 连接叫做交换连接,即节点的 LLC 实体接受上层软件的请求或者响应终端用户的命令,与其他节点建立 SAP 之间的连接;另外,管理站还可以建立固定(或永久)连接,管理软件也可以按照管理命令的要求,释放已建立的固定连接或交换连接,或者为一个已有的连接指定备份连接,以便在主连接失效时替换它。

(4) 启动和终止网络运行。配置管理给用户提供启动与关闭网络和子网的操作。启动操作包括验证所有可设置的资源属性是否已正确设置。如果有设置不当的资源,则要通知用户;如果所有的设置都正确无误,则向用户发回肯定应答。同时,关闭操作完成之前应允许用户检索设备的统计信息或状态信息。

(5) 发行软件。配置管理还提供向端系统(主机、服务器和工作站等)和中间系统(网桥、路由器和应用网关等)发行软件的功能,即给系统装载指定的软件、更新软件版本和配置软件参数等功能。除了装载可执行的软件之外,这个功能还包括下载设备的数据表,如路由器和网桥中使用的路由表。如果出于计费、安全或性能管理的需要,则路由决策中的某些特殊情况不能仅根据数学计算的结果处理,可能需要人工干预。因此还应提供人工修改路由表的用户接口。

(6) 检查参数值、互联关系和报告配置现状。管理站通过轮询随时访问代理保存的配置信息,或者代理通过事件报告及时向管理站通知配置参数改变的情况。

1.3.3 安全管理★★★★☆

安全管理是网络管理中最复杂的部分,其目的是确保网络资源不被非法使用,防止网络资源由于入侵者攻击而遭受破坏。

安全管理的主要内容包括:与安全措施有关的信息分发(如密钥的分发和访问权设置等),与安全有关的通知(如网络有非法侵入、无权用户对特定信息的访问企图等),安全服务措施的创建、控制和删除，与安全有关的网络操作事件的记录、维护和查询日志管理工作等。

安全管理需要维护计算机和网络以下三方面的安全性：

（1）保密性（Confidentiality）。计算机网络中的信息只能由授予访问权限的用户读取（包括显示、打印等，也包含暴露“信息存在”这样的事实）。

（2）数据完整性（Integrity）。计算机网络中的信息资源只能由被授予权限的用户修改。

（3）可用性（Availability）。具有访问权限的用户在需要时可以利用计算机网络资源。

计算机网络中的信息流被危害主要有四种情况：

（1）中断（Interruption）。通信被中断，信息变得无用或者无法利用，这是对可用性的威胁。例如，破坏信息存储硬件，阻塞或切断通信线路，侵犯文件管理系统等。

（2）窃取（Interception）。未经授权的入侵者访问了网络信息，这是对保密性的威胁。入侵者可以是个人、程序或计算机，可通过搭线捕获线路上传送的数据，或者非法拷贝文件和程序等。

（3）窜改（Modification）。未经授权的入侵者不仅访问了信息资源，而且窜改了信息，这是对数据完整性的威胁。例如，改变文件中的数据，改变程序的功能，修改网上传送的报文等。

（4）假冒（Fabrication）。未经授权的入侵者在网络信息中加入了伪造的内容，这也是对数据完整性的威胁。例如，向网络用户发送虚假的消息，在文件中插入伪造的记录等。

安全管理目前面临三方面的安全威胁，主要有：

（1）伪装的用户。没有得到授权的一般用户企图访问网络管理应用和管理信息。

（2）假冒的管理程序。无关的计算机系统可能伪装成网络管理站实施管理功能。

（3）侵入管理站和代理间的信息交换过程。网络入侵者通过观察网络活动窃取了敏感的管理信息，更严重的危害是可能窜改管理信息，或中断管理站和代理之间的通信。

一个完善的计算机网络管理系统必须制定网络管理的安全策略，并根据这一策略设计实现网络安全管理系统。安全管理采用信息安全措施来保护网络中的系统、数据和业务。一般的网络安全管理系统包含风险分析功能、安全告警和日志管理功能、安全审计跟踪功能、安全访问控制功能、网络管理系统保护功能等。下面主要分两个方面来讨论安全管理的问题。

1. 安全信息维护

网络管理中的安全管理是指保护管理站和代理之间信息交换的安全。安全管理使用操作与其他管理使用的操作相同，差别在于使用的管理信息的特点不同。有关安全的管理对象包括密钥、认证信息、访问权限信息以及有关安全服务和安全机制的操作参数信息等。安全管理要跟踪进行中的网络活动和试图发动的网络活动，以便检测未遂或成功的攻击，并挫败这些攻击，恢复网络的正常运行。对安全信息的维护主要包括以下功能：

（1）记录系统中出现的各类事件（如用户登录、退出系统、文件复制等）。

（2）追踪安全试验，自动记录有关安全的重要事件。例如，非法用户持续试验不同口令文字企图登录等。

（3）报告和接收侵犯安全的警示信号，在怀疑出现威胁安全的活动时采取防范措施。例如，封锁被入侵的用户账号或强行停止恶意程序的执行等。

（4）经常维护和检查安全记录，进行安全风险分析，编制安全评估报告。

（5）备份和保护敏感的文件。

（6）研究每个正常用户的活动规律，预先设定敏感资源的使用规则，以便检测授权用户的异常活动和对敏感资源的滥用行为。

2. 资源访问控制

资源访问控制包括认证服务和授权服务，以及对敏感资源访问授权的决策过程。访问控制的目的是保护各种网络资源，这些资源中与网络管理有关的主要内容包括：安全编码、源路由和路由记录信息、路由表、目录表、报警门限、计费信息等。

随着网络的结构越来越复杂，规模越来越庞大，内容越来越重要，攻击越来越频繁，网络安全的形势越来越显得严峻，因此对网络安全管理的要求也就越来越高。安全管理的研究者众多，方法各异，逐步形成了相关的理论和方法，有兴趣的读者可以参阅相关文献。

1.3.4 性能管理★★★★☆

性能管理是持续地测评网络运行中的主要性能指标，以检验网络服务是否达到了预定的水平，找出已经发生或潜在的网络瓶颈，报告网络性能的变化趋势，为网络管理决策提供依据。为了达到这些目的，网络性能管理功能需要维护性能数据库、网络模型，需要与性能管理功能域保持连接，并完成自动的网络管理。

典型的性能管理可以分为两部分：性能监视与网络控制。性能监视指网络工作状态信息的收集和整理，而网络控制则是为改善网络设备的性能所采取的动作和措施。

在 OSI 性能管理标准中明确定义了网络或用户对性能管理的需求，以及度量网络或开放系统资源性能的标准，定义了用于度量网络负荷、吞吐量、资源等待时间、响应时间、传播延时、资源可用性与表示服务质量变化的参数。性能管理包括一系列管理对象状态的收集、分析与调整，保证网络可靠、连续的通信能力。

1. 性能管理的基本功能

（1）实时采集与网络性能相关的数据。跟踪系统、网络或业务情况，为判别性能收集合适的数据，及时发现网络拥塞或性能不断恶化的状况。提供一系列的数据采集工具，以便对网络设备和线路的流量、负载、丢包、温度、内存、延迟等性能进行实时监视并可随意设置数据的采集间隔。

（2）分析和统计数据。对实时数据进行分析，判断是否处于正常水平，从而对当前的网络状况作出评估，并自动形成管理报表，以图形方式直观地显示网络的性能状况。分析和统计历史数据，绘出历史数据的图形。

（3）维护并检查系统的运行日志。

（4）性能的预警。决定是否为每个重要的指标设定一个适当的阈值，当性能指标超过该阈值时，就表明出现了值得怀疑的网络故障。管理实体会不断监视性能指标，当超过某阈值时就会报警，并将警告发送到网络管理系统中。

（5）生成性能分析报告。性能分析报告包括性能趋势曲线和性能统计分析报表。性能分析报告主要包括以下几类：

① 路由器性能。主要包括端口流量、温度、CPU 利用率和内存余量等。

② 实时性能监控。主要包括流量、丢包率、延迟、温度、内存余量和 CPU 利用率等。

③ 统计分析。扫描数据文件，绘制性能分布图。

2. 常用的网络性能测评指标

(1) 可用性。表征通信网作为一个整体的性能。它意味着在用户取得对网络访问权并能够获得/提供服务的时间值,通常用平均无故障时间(Mean Time Between Failures, MTBF)来衡量。

(2) 响应时间。对用户来说,响应时间包括思考时间和输入时间,各部分的时间长短依赖于要完成的任务。对于网络来说,响应时间包括内部、外部和处理时间。

(3) 吞吐量。指单位时间内通过网络设备的平均比特数,单位是 bps(比特每秒)。

(4) 包(帧)延迟。它是指数据分组(帧)的最后一位到达输入端口或输出数据分组的第一位出现在端口的时间间隔,即后进先出(Last In First Out, LIFO)延迟。对于交换机来说,延迟是衡量交换机性能的主要指标,延迟越大说明交换机处理帧的速度越慢。

(5) 丢包(帧)率。它是指在正常稳定的网络状态下,本来应该转发而没有转发的数据包(帧)所占的百分比。丢包率的大小表示网络的稳定性及可靠性,丢包(帧)率可以用来描述过载状态下交换机的性能,也是衡量防火墙性能的一个重要参数。

(6) 利用率。它是网络资源使用频度的动态参数,它提供的是现实运行环境下吞吐量的实际限制。网络管理系统通常给出各种网络部件的利用率,如线路、节点和节点处理机的利用率。

其中,(1)、(2)项是面向服务的性能指标,(3)~(6)项是面向效率的性能指标。网络最主要的目标是向用户提供满意的服务,因而面向服务的性能指标应具有较高的优先级。

3. 网络性能的测评方法

获得网络性能参数值的方法主要是对网络中的设备和设施进行测量和测试,但由于局域网操作系统平台的多样性,网络设备、传输介质及网络拓扑结构都有很大的区别,因此网络性能的测评非常复杂,一般有以下几种测评方法:

(1) 直接测量法。对网络的信道利用率、碰撞分布、吞吐率等参数进行动态数据统计,以得到测评结果。

(2) 模拟法。给网络建立数学模型,运用仿真程序通过数学计算得出网络相关参数指标。同时也可以与实测结果进行比较,经过多次校正得到真实的测评结果。

(3) 分析法。采用概率论、过程论和排队论等对各种网络进行模拟,其分析结果可用于对未来的网络进行优化设计。

1.3.5　计费管理★★★★☆

对于各种网络信息服务系统来说,用户必须为使用网络的服务而交费。计费管理是所有网络通信服务公司与互联网服务提供商(Internet Service Provider, ISP)所要选择的重要功能模块,网络管理系统则需要对用户使用网络资源的情况进行记录并核算费用。计费管理的主要任务是根据网络管理部门指定的计费策略,按用户对网络资源的使用情况收取费用。计费管理的目的是正确地计算和收取用户使用网络资源及服务的费用。另外,计费管理还要进行网络资源利用率的统计和网络的成本效益核算。

计费管理记录网络资源的使用,目的是控制和监测网络操作的费用和代价。它可以估算出用户使用网络资源可能需要的费用和代价。网络管理员还可以规定用户可使用的最大费用,控制用户过多地占用和使用网络资源,从而提高网络的效率。

网络服务计费信息主要计算用户对硬件资源类、软件和系统资源类、网络服务与网络设施 4 种网络资源的使用。

1. 计费管理功能

通常，计费管理应该包括以下几个功能：

(1) 计算网络建设及运营成本，包括设备、网络服务、人工费用等成本。

(2) 统计网络及其所包含的资源的利用率，确定计费标准。

(3) 将应该缴纳的费用通知用户。

(4) 支持用户费用上限的设置。

(5) 在必须用多个通信实体才能完成通信时，能把使用多个管理对象的费用结合起来。

(6) 保存收费账单及必要的原始数据，以备用户查询和质疑。

2. 计费管理的类型

根据网络资源的种类可以将目前的计费管理分为 3 类。

(1) 基于网络流量计费。根据用户的网络或者用户的主机在一段时间内使用的网络流量收取用户费用的一种计费方式，主要用于专线(如 DDN、E1、X.25 线路等)接入用户。

(2) 基于使用时间计费。根据用户使用网络的时间长短来收取用户费用的一种计费方式，主要用于用电话线或 ISDN、ADSL 接入网络的用户。

(3) 基于网络服务计费。根据用户使用网络服务的次数或时间来收取用户费用的一种计费方式。收取费用的服务包括电子邮件、数据库信息查询、光盘检索、网络游戏等。

3. 计费管理的子过程

如果进一步划分，计费管理可以分为以下 3 个子过程：

(1) 使用率度量过程。

(2) 计费处理过程。

(3) 账单管理过程。

4. 计费管理的管理对象

计费管理的对象主要包括以下 3 个方面：

(1) 使用率度量控制对象。该对象控制计费数据的收集过程，决定对哪些管理对象收费，以及怎样收费(收费策略)。该对象还控制计费过程的开始、挂起、恢复和停止，定义触发计费过程的事件。

(2) 使用率度量数据对象。该对象记录资源的使用率数据，并且可以发出计费通知。每个使用率度量数据对象监视一个可计费对象。

(3) 使用率记录。该管理对象是事件日志记录的子类，除具有事件日志记录对象的属性外，还具有一些与使用率度量数据对象有关的属性。这种记录的内容是从使用率度量数据对象发出的通知中得到的，存储在运行日志中，由运行日志控制功能管理。

思考： 网络管理的功能有哪些？对网络的安全威胁有哪些？实用的网络安全技术有哪些？性能管理中的主要指标是什么？

小　结

计算机网络管理是指对网络的运行状态进行监视和控制，最大限度地满足管理站和网络用户对计算机网络的有效性、可靠性、开放性、综合性、安全性和经济性的要求。

网络管理体系结构有两种，即基于OSI参考模型的公共管理信息协议(CMIP)体系结构与基于TCP/IP参考模型的简单网络管理协议(SNMP)体系结构。

网络管理的基本模型是“管理站-管理代理”的管理系统，它包括四个要素，分别是管理站、管理代理、管理信息库和网络管理协议。

网络管理模式有三种，即集中式、分布式和混合式网络管理模式。

ISO在ISO/IEC 7498-4文件中将网络管理的任务划分为五个功能域，即故障管理、性能管理、配置管理、安全管理、计费管理。

习 题 1

1-1 什么是网络管理？网络管理的目标是什么？

1-2 网络管理的标准有哪些？

1-3 ISO制定的网络管理标准有哪些文件？其内容是什么？

1-4 TCP/IP网络管理标准有哪些主要的RFC文件？其内容是什么？

1-5 简述网络管理的基本模型以及各个组成部分的功能。

1-6 什么是管理站？什么是管理代理？管理代理可以向管理站发送信息吗？

1-7 在网络管理的基本模型中管理站的作用是什么？管理代理的作用是什么？

1-8 网络管理协议主要有哪些？

1-9 MIB中包括了哪些信息？

1-10 集中式网络管理和分布式网络管理有什么区别？各有什么优缺点？

1-11 简述网络管理的软件结构。

1-12 网络管理的五大功能是什么？分别对每个功能进行简单的描述。

1-13 网络管理对于网络的正常运行有什么意义？

1-14 局域网管理与网络管理有什么不同？试举出几种管理功能。

1-15 被管理的网络设备主要有哪些？

1-16 网络管理系统分为哪些层次？

1-17 网络管理框架的主要内容有哪些？在管理站和管理代理中应配置哪些软件实体？

1-18 什么是委托代理？

1-19 性能测试报告应包括哪些内容？

1-20 故障管理可分为哪些功能模块？

1-21 网络计费的管理有哪些？计费日志应包括哪些信息？

1-22 配置管理应包含哪些功能模块？设备的配置信息有哪些？

1-23 计算机网络的安全需求有哪些？

1-24 对计算机网络的安全威胁有哪些？对网络管理的安全威胁有哪些？

1-25 计算机网络的安全管理应包含哪些内容？

第 2 章　抽象语法表示 ASN.1

学习目标

抽象语法表示(Abstract Syntax Notation,ASN.1)是一种形式语言,它提供统一的网络数据表示,通常用于定义应用数据的抽象语法和应用层协议数据单元的结构。在网络管理中,无论是 OSI 的管理信息结构,或是 SNMP 管理信息库,都是用 ASN.1 定义的。用 ASN.1 定义的应用数据在传送过程中要按照一定的规则变换成比特串,这种规则就是基本编码规则(Basic Encoding Rule,BER)。本章讨论 ASN.1 和 BER 的基本概念及其在网络管理中的应用。

- 网络数据表示 ASN.1。
- 基本编码规则 BER。
- 相关应用实例。

建议学时

6 学时。

学习方法

通过预习了解 ASN.1 的整体构成。通过阅读识记 ASN.1 的语法。通过思考和习题掌握基本编码规则。

2.1　网络数据表示及编码

在 OSI 的七层模型中,表示层的功能是提供统一的网络数据表示。在互相通信的终端系统(简称端系统)中至少有一个应用实体(例如,FTP、TELNET、SNMP 等)和一个表示实体(即 ASN.1)。表示实体定义了应用数据的抽象语法,这种抽象语法类似于通常程序设计语言定义的抽象数据类型。应用协议按照预先定义的抽象语法构造协议数据单元,用于和对等系统的应用实体交换信息。表示实体则对应用层数据进行编码,将其变成二进制的比特串,例如把十进制数变成二进制数、把字符变成 ASCII 码等。比特串由下层的传输实体在网络中传送。把抽象数据变换成比特串的编码规则称为传输语法。在各个端系统内部,应用数据被映像成本地的特殊形式,存储在磁盘上或显示在用户终端上,如图 2-1 所示。

抽象语法是独立于任何编码技术的,只与应用有关。抽象语法要能满足应用的需要,能

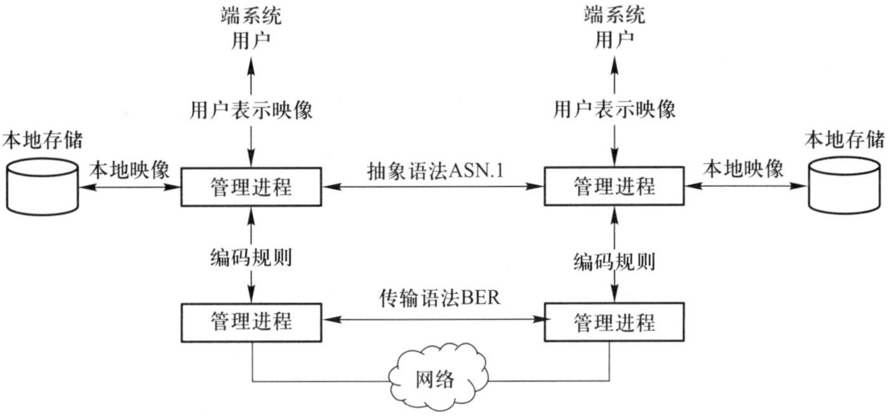

图 2-1　关于信息表示的通信系统模型

够定义应用需要的数据类型和表示这些类型的值。也即这种定义能够包含网络管理所需的各种要求，例如网络设备参数、系统配置情况、控制命令等。ASN.1 是根据当前网络应用的需求制定的标准（CCITT X.208 和 ISO 8824），随着网络应用的发展，将来还会开发出新的表示层标准。一种抽象语法可以选择不止一种传统语法。对传统语法的基本要求是支持对应的抽象语法，另外还可以有其他一些属性，例如，支持数据加密或压缩，或者两者都支持。

思考：为什么要制定网络数据表示和基本编码规则？

2.2　ASN.1 语法

ASN.1 有严格的巴科斯范式（Backus-Naur Form，BNF）定义。ISO 8824/X.208 标准说明了 ASN.1 的规范。本节将自底向上地解释 ASN.1 的基本概念，然后给出一个抽象数据类型的例子。

下面列出 ASN.1 文本的书写规则，这些规则叫做文本约定（Lexical Conventions）。

（1）多个空格和空行等效于一个空格，视同一个分隔符。

（2）用于表示值和字段的标识符、类型指针（类型名）和模块名由大小写字母、数字和短线“-”组成。

（3）标识符以小写字母开头。

（4）类型指针和模块名以大写字母开头。

（5）ASN.1 定义的内部类型全部用大写字母表示。

（6）关键字全部用大写字母表示。

（7）注释以一对短线“--”开始，以一对短线“--”或行尾结束。

ASN.1 是由原 CCITT 和 ISO 共同开发的标准语言，它与应用层一起使用，可在系统间进行数据的传输。在 ASN.1 中为每个应用所需的所有数据结构类型进行定义，并将它们组成库。当一个应用想发送一个数据结构时，可以将数据结构与其对应的 ASN.1 标识一起传给表示层。以 ASN.1 定义作为索引，表示层便知道数据结构的域的类型及大小，从而对它们编码传输；在另一端，接收表示层查看此数据结构的 ASN.1 标识，从而了解数据结构的域的类型及大小。这样，表示层就可以实现从通信线路上所用的外部数据格式到接收计算机所用的内部数据格式的转换。

每个应用层协议中的抽象语法与一个能对其进行编码的传输语法的组合，就构成一个表示上下文(Presentation Context)。表示上下文可以在连接建立时协商确定，也可以在通信过程中重新定义。表示层提供定义表示上下文的功能。

在 ASN.1 中定义了多种符号。表 2-1 所示为 ASN.1 的符号。

表 2-1 ASN.1 符号

符 号	含 义	例
::=	定义为、赋值	week ::= INTEGER
|	或、选择、列表选项	“0” | “1”
-	标记号	-4
--	注释	--Router--
{ }	列表的开始和结束	OBJECT{0}
[ ]	标记的开始和结束	[UNIVERSAL2]INTEGER
( )	子类的开始和结束	OCTET STRING(SIZE(32))
..	范围	0..7

常用的 ASN.1 关键字如表 2-2 所示。

表 2-2 常用的 ASN.1 关键字

关 键 字	主 要 释 义
BEGIN	ASN.1 模块的开始
CHOICE	替代清单
DEFINITIONS	数据类型或管理对象的定义
END	ASN.1 模块的结束
EXPORTS	可以输出数据类型到其他模块中
IDENTIFIER	非负数的排列
IMPORTS	输入在外部模块中定义的数据类型
INTEGER	整数(含零)
NULL	空(占位)
OBJECT	与 IDENTIFIER 一起使用，识别唯一对象
OCTET	无限的二进制数据，8 位
STRING	与 OCTET 一起使用，指明 8 位的字符组成的串
SEQUENCE	制作排列好的列表
SEQUENCE OF	排列好的重复数据数组
SET	制作无序的列表
SET OF	重复数据的无序列表

2.2.1　抽象数据类型★★★☆☆

在 ASN.1 中，每一个数据类型都有一个标签（tag），标签有类型和值（见表 2-3），数据类型是由标签的类型和值唯一决定的。

ASN.1 定义的数据类型有 20 多种，其标签类型都是 UNIVERSAL，如表 2-3 所示。这些数据类型可分为 4 大类：

（1）简单类型。由单一成分构成的原子类型，包括 INTEGER、BOOLEAN、REAL、ENUMERATED、BITSTRING、OCTET STRING、NULL、OBJECT IDENTIFIER、CHARACTER STRING。

（2）构造类型。构造类型由两种以上成分构成，包括 SEQUENCE、SEQUENCE OF、SET、SET OF。

（3）标签类型。由已知类型定义的新类型。

（4）其他类型。包括 CHOICE 和 ANY 两种类型。

表 2-3　ASN.1 定义的通用数据类型

标　　签	类　　型	值　集　合
UNIVERSAL1	BOOLEAN	TRUE，FALSE
UNIVERSAL2	INTEGER	整数（含 0）
UNIVERSAL3	BIT STRING	0 个或多个比特组成的序列
UNIVERSAL4	OCTET STRING	0 个或多个字节组成的序列
UNIVERSAL5	NULL	空
UNIVERSAL6	OBJECT IDENTIFIER	对象标识符
UNIVERSAL7	OBJECT DESCRIPTOR	对象描述符
UNIVERSAL8	EXTERNAL	外部文件定义的类型
UNIVERSAL9	REAL	实数
UNIVERSAL10	ENUMERATED	整数值的表，每个整数有一个名字
UNIVERSAL11..15	RESERVED	为 ISO 8824 保留
UNIVERSAL16	SEQUENCE，SEQUENCE OF	序列
UNIVERSAL17	SET，SET OF	集合
UNIVERSAL18	NUMERIC STRING	数字 0~9 和空格
UNIVERSAL19	PRINTABLE STRING	可打印字符串
UNIVERSAL20	TELETEX STRING	由原 CCITT T.61 建议定义的字符
UNIVERSAL21	VIDEOTEX STRING	由原 CCITT T.100 和 T.101 建议定义的字符
UNIVERSAL22	IA5 STRING	国际标准字符集 5（相当于 ASCII 码）
UNIVERSAL23	UTC TIME	时间
UNIVERSAL24	GENERALIZED TIME	时间

续表

标　　签	类　　型	值　集　合
UNIVERSAL25	GRAPHIC STRING	由 ISO 8842 定义的字符
UNIVERSAL26	VISIBLE STRING	由 ISO 646 定义的字符
UNIVERSAL27	GENERAL STRING	通用字符集
UNIVERSAL28..	RESERVED	为 ISO 8824 保留

下面解释这些数据类型的含义。

1. 简单类型

表 2-3 中除了 UNIVERSAL16 和 UNIVERSAL17 之外都是简单类型。这些类型的共同特点是可以直接定义它们的值的集合，可以把这些类型作为原子类型构造的新的数据类型。

简单类型还可以分为 4 组。第一组包括 BOOLEAN、INTEGER、BITSTRING、OCTET STRING、REAL 和 ENUMERATED 等。这一组可以叫做基本类型，它们的值已经在表 2-3 中列出了。

(1) INTEGER。整数类型，ASN.1 中没有限制整数的位数，可以是任意大小的整数。

【例 2-1】 number ::= INTEGER

在 ASN.1 中，用符号"::="表示产生式，读作"定义为"。

(2) BOOLEAN。布尔类型，取值为 TRUE(真)或 FALSE(假)。

【例 2-2】 married ::= BOOLEAN

(3) REAL。实数类型，ASN.1 中对实数的精度没有限制，REAL 可以表示所有的实数。实数可以表示为科学计数法：$M \times B^E$，其中尾数 M 和指数 E 可以取任何正或负整数值，基数 B 可以取 2 或 10。

(4) ENUMERATED。枚举类型，实际上是一组个数有限的整数值，可以给每个整型值赋予不同的意义。枚举类型不能进行任何算术运算，也就是说，枚举类型的值只是用整数表示的一个符号，而不具有整数的性质。

【例 2-3】 ethernetAdapterStatus ::= ENUMERATED{normal(0), degraded(1), offline(2), failed(3)}

其中 ethernetAdapterStatus 可以取值 0、1、2、3，分别表示 4 种不同状况。

【例 2-4】 ethernetNumberCollisionsRange ::= INTEGER{minimum(0), maximum(1000)}

其中 ethernetNumberCollisionsRange 类型的变量只能取两个整数值：0 和 1 000。

【例 2-5】 week ::= ENUMERATED{

```
Monday      (1),
Tuesday     (2),
Wednesday   (3),
Thursday    (4),
Friday      (5),
Saturday    (6),
Sunday      (7)}
```

其中 week 的取值和含义非常清晰，不必过多解释。

【例 2-6】　对于 SNMP 的 MIB 中，在获取响应信息中的错误状态如下所示。

```
errorStatus ::= ENUMERATED{
                    noError       (0),
                    tooBig        (1),
                    noSuchname    (2),
                    badValues     (3),
                    readOnly      (4),
                    genError      (5)}
```

其中 errorStatus 也是自解释的。

(5) BITSTRING。位串类型，由 0 个或多个比特组成的有序位串。位串的值可以由对应的二进制或十六进制串表示。例如，10100010B 或 A2H 都是位串类型的有效数值。

(6) OCTET STRING。8 位位组串，由 0 个或多个 8 位位组组成的有序串。和位串类型一样，8 位位组串也可以用对应的二进制或十六进制串表示。

(7) OBJECT IDENTIFIER。对象标识符。在 ASN.1 中对象集合按照树形结构组织，树的每个分支被赋予一个整数标识。对象标识符是从根结点开始到对象结点路径上标识的顺序连接，它是对象的唯一标识。根结点以下有 3 个结点，分别是 ccitt(0)、iso(1)、joint-iso-ccitt(2)，它们向下又可细分，如 iso 的子结点包括 standard(0)、registration-authority(1)、member-body(2)、org(3)。其中 org(3)下面的子结点 internet 就定义了最常使用的管理对象。

【例 2-7】　internet OBJECT IDENTIFIER ::= {

```
                    iso     (1)
                    org     (3)
                    dad     (6)
                    1       }
```

对象标识符值由从对象树的根结点开始到对象所在结点路径上的对象标识符组成，对象标识符的值是 1,3,6,1。在例 2-7 中，internet 是对象标识符，它的 4 个对象标识符成分是 iso、org、dad 和 1。对象标识符有两种形式，名字形式和数字形式。其中，数字形式是必须有的，名字形式是为了对对象结点加以说明而设置的标识符。例 2-7 中的 iso、org、dad 都是相应对象标识符的名字，而 1、3、6 是它们对应的数字形式。

(8) NULL。空值类型，它仅包含一个值即 NULL，主要用于位置的填充。如果某个时刻无法得知数据的准确值，简单的方法就是将这一数据定义为 NULL 类型。数据值为 NULL 时，表示该值还不知道。还可以用 NULL 表示序列中可能缺省的某个元素。

(9) CHARACTER STRING。字符串类型。ASN.1 中定义了一些字符集不完全相同的 CHARACTER STRING 类型，不同类型包含的字符集不同。标准 ASCII 字符可以分为 G 集（图形符号集，ASCII 字符编号范围是 33~126）和 C 集（控制符号集，ASCII 字符编号范围是 0~31）。空格符（编号 32）和删除符（编号 127）同时属于两个符号集。

2. 构造类型

构造类型有序列和集合两种，分别用 SEQUENCE 和 SEQUENCE OF 表示不同类型和相同类型元素的序列，分别用 SET 和 SET OF 表示不同类型和相同类型元素的集合。序列和集合的区别是前者的元素是有序的，而后者是无序的。

（1）SEQUENCE。序列类型，是包含 0 个或多个组成元素的有序列表。列表的不同元素可以分属于不同的数据类型。每个元素由元素名和元素类型组成，元素类型可以是简单类型，也可以是定义的其他构造类型。元素类型标识符后可以跟 OPTIONAL 或 DEFAULT 关键词。OPTIONAL 关键词表示在序列类型的实例中该元素项可以出现，也可以不出现。DEFAULT 关键词表示序列类型的实例中该元素具有事先指定的默认值。COMPONENTS OF 关键词表示它包含了给定序列中的所有组成元素。

【例 2-8】 dataCenter ::= SEQUENCE{

```
server        IA5 STRING,
storiage      IA5 STRING,

channel       SEQUENCE{
maximum       INTEGER,
occupied      INTEGER,
vacant        INTEGER},

dataport      SEQUENCE{
original      IA5 STRING,
switch[0]     IA5 STRING OPTIONAL,
switch[1]     IA5 STRING OPTIONAL,
destination   IA5 STRING},

optfiber      ENUMERTAED{
six           (6),
eight         (8),
ten           (10)},

close         BOOLEAN DEFAULT FALSE
}
```

它的一个实例是：

```
file1 dataCenter ::= {server "Dawn",
                      storiage "Huawei",
                      channel (20, 15, 5),
                      dataport (original "Shanghai", switch[0] "Nanjing",
                              switch[1] "Jinan", destination "Beijing"),
                      optfiber 10}
```

或

file1 ::= {"Dawn", "Huawei", {20, 15, 5}, {original "Shanghai", switch[0] "Nanjing", switch[1] "Jinan", destination "Beijing"}, 10}

上面的实例描述的是 file1 从上海传送到北京的过程，需要使用光纤 10 条，通道有 20 TB的容量，其中占用的带宽和空闲的带宽分别是 15 TB 和 5 TB。数据需要在南京转发一次，到济南再转发一次。由于 close 使用了默认值 FALSE，所以该传送没有被关闭。

(2) SEQUENCE OF。单纯序列（数组）类型，即序列中的各项都属于同一类型，可以看作是 SEQUENCE 类型的特例。例如通道数量 channel，因为通道都是整数，所以可以使用单纯序列类型。

【例 2-9】 channel ::= SEQUENCE OF INTEGER

(3) SET。集合类型，是包含 0 个或多个组成元素的无序集合。这些元素的顺序无任何意义，但是它们之间必须是不相同的。组成元素的类型可以为不同的 ASN.1 类型。

【例 2-10】

```
switcher ::= SET{
        number          INTEGER,
        name            IA5 STRING,
        year            INTEGER,
        mode            ENUMBERTED{master(0), slave(1)},
        manufacturer    IA5 STRING}
```

{20040320,"Kernel01", 2, {0}, "Huawei"}

{20040720,"Syntaxis09", 3, {1}, "H3C"}

/* 设备编号，主机名，使用年限，工作状态（主或备），制造厂家 */

它们都属于 switcher 类型的同一个实例。

(4) SET OF。单纯集合类型，是包含 0 个或多个组成元素的无序集合。同单纯序列类型类似，这些组成元素必须为相同的 ASN.1 类型。

【例 2-11】 router ::= SET OF INTEGER

router ::= {60, 80, 120}

3. 标签类型

标签的类型分为如下 4 种：

(1) 通用标签。用关键字 UNIVERSAL 表示，带有这种标签的数据类型是由标准定义的，适用于任何应用。

(2) 应用标签。用关键字 APPLICATION 表示，是由某个具体应用定义的类型。

(3) 上下文专用标签。用关键字 CONTEXT-SPECIFIC 表示，这种标签在文本的一定范围（例如，一个结构）中适用。

(4) 私有标签。用关键字 PRIVATE 表示，这是用户定义的标签。

标签类型由一个标签类（class）和一个标签号（class number）组成，标签号是十进制非负整数。

通用类标签是 ASN.1 标准定义的，除了 CHOICE 和 ANY 类型之外，所有的简单类型和结构类型都具有统一分配的唯一标签。

加标签后的类型实质上是一个新的类型,它和原来的类型在结构上是一样的,但是是不同的类型。

【例 2-12】 bandnumber ::= [UNIVERSAL 2]INTEGER

bandnumber ::= 200603

虽然 ASN.1 的所有类型都带有标签,但这里所谓标签类型是指应用或用户加在某个类型上的标签。

【例 2-13】 集合中有 3 个同样类型的元素,一个指管理员的名字,一个指客户的名字,一个指操作员的名字,分别为其指定不同的上下文专用标签[1]、[2]和[3],以示区别。

如,staff ::= SET{

```
administratorName[1]    IMPLICIT IA5 STRING,
guestName[2]            IMPLICIT IA5 STRING OPTIONAL,
operatorName[3]         IMPLICIT IA5 STRING OPTIONAL}
```

标签类型可以是隐含的或明示的,分别用关键字 IMPLICIT 和 EXPLICIT(可省略)表示。隐含标签的语义是用新标签替换老标签,所以编码时只编码新标签。例 2-13 中,3 个集合元素的上下文标签都是隐含的,因而编码时只对上下文专用标签编码。明示标签的语义是在一个基类型上加上新标签,从而导出一个新类型。

4. 其他类型

CHOICE 和 ANY 是两个没有标签的类型,因为它们的值是未定的,而且类型也是未定的。当这种类型的变量被赋值时,它们的类型和标签才确定了,可以说标签是运行时确定的。

(1) CHOICE。选择类型,包含一个可供选择的数据类型列表。CHOICE 类型的每个值都是其中某一数据类型的值。数据可能在不同情况下取不同的值,若这些可能的类型能够在事先都知道,那么就可以使用 CHOICE 类型。

【例 2-14】 connect ::= CHOICE{

```
port          IA5 STRING,
restricted    INTEGER,
switch        BOOLEAN}
```

由于连接的种类是可以预知的,分别为 switch TRUE、port "H3C_12"和 restricted 1024。

(2) ANY。与选择类型具有确定的数据类型选择范围不同,若在定义数据时不能确定数据的类型,可以使用 ANY 类型。

【例 2-15】 server ::= SEQUENCE{

```
hostname      IA5 STRING,
reference     ANY}
```

(hostname"PostStation", reference IA5 STRING "sinachina")和(hostname"PostStation", reference INTEGER 2008)都是 server 的正确实例。

CHOICE 是可选类型的一个表,仅其中一个类型可以被采用,产生一个值。事实上 CHOICE 类型是所有成分类型的联合,这些成分类型是已知的,但是在定义时尚未确定。CHOICE 类型定义为:

ChoiceType ::= CHOICE{AltemativeTypeList}

AlternativeTypeList ::= namedType | alternativeTypelist, namedType

2.2.2　子类型★★★☆☆

子类型是由限制父类型的值集合而导出的类型,所以子类型的值集合是父类型的子集。子类型还可以再产生子类型。产生子类型的方法有 6 种,如表 2-4 所示。

表 2-4　产生子类型的方法

类　　型	单个值	包含子类型	值区间	大小限制	可用字符	内部子类型
BOOLEAN	√	√				
INTEGER	√	√	√			
ENUMERATED	√	√				
REAL	√	√	√			
OBJECT IDENTIFIER	√	√				
BIT STRING	√	√		√		
OCTET STRING	√	√		√		
CHARACTER STRING	√	√		√	√	
SEQUENCE	√	√				√
SEQUENCE OF	√	√		√		√
SET	√	√				√
SET OF	√	√		√		√
ANY	√	√				
CHOICE	√	√				√

1. 单个值(Single Value)

这种方法就是列出子类型可取的各个值。例如,可以定义小素数为整数类型的子集。

【例 2-16】 SmallPrime ::= INTEGER(2 | 3 | 5 | 7 | 11 | 13 | 15 | 17 | 19 | 23 | 29)

表示 SmallPrime 可以取值 2、3、5、7、11、13、15、17、19、23、29 中的一个。

另外,如果定义 Months 为枚举类型,则可以定义 First-quarter 和 Second-quarter 为 Months 的子类型。

【例 2-17】 Months ::= ENUMERATED{January(1), February(2), March(3), April(4), May(5),June(6), July(7), August(8), September(9), October(10), November(11), December(12)}

则可以定义:

First-quarter ::= Months(January, February, March)

Second-quarter ::= Months(April, May, June)

2. 包含子类型(Contained Subtype)

从已有的子类型定义新的子类型,新子类型包含原子类型的全部可能的值。用关键字

INCLUDES 说明被定义的类型包含了已有类型的所有的值。

【例 2-18】 First-half ::= Months(INCLUDES First-quarter | INCLUDES Second-quarter)

另外,也可以直接列出被包含的值。

【例 2-19】 First-third ::= Months(INCLUDES First-quarter | April)

3. 值区间(Value Range)

这种方法只能应用于整数和实数类型,指出该类型可取值的区间。在下面的定义中,PLUS-INFINITY 和 MINUS-INFINITY 分别表示正负最大值,MAX 和 MIN 分别表示父类型可允许的最大值和最小值,区间可以是闭区间或开区间。如果是开区间,则加上符号"<"。

【例 2-20】 PositiveInteger ::= INTEGER(0<..PLUS-INFINITY)

PositiveInteger ::= INTEGER(1..PLUS-INFINITY)

PositiveInteger ::= INTEGER(0<..MAX)

PositiveInteger ::= INTEGER(1..MAX)

这 4 个定义是等价的。

【例 2-21】 NegativeInteger ::= INTEGER(MINUS-INFINITY..<0)

NegativeInteger ::= INTEGER(MINUS-INFINITY..-1)

NegativeInteger ::= INTEGER(MIN..<0)

NegativeInteger ::= INTEGER(MIN..-1)

同理,这 4 个定义也是等价的。

4. 可用字符(Permitted Alphabet)(也称允许字符)

这种方法只能用于字符串类型,限制字符集的取值范围。

【例 2-22】 TouchToneButtons ::= IA5 STRING(FROM("0"|"1"|"2"|"3"|"4"|"5"|"6"|"8"|"9"|"*"|"#"))

DigitString ::= IA5 STRING(FROM("0"|"1"|"2"|"3"|"4"|"5"|"6"|"8"|"9"))

表示该 DigitString 变量可取的值是纯数字组成的字符串。

【例 2-23】 DigitString ::= IA5 STRING(FROM("0"|"1"|"2"|"3"|"4"|"5"|"6"|"7"|"8"|"9") SIZE(5))

表示该 DigitString 变量可取的值是 5 个数字组成的字符串。

5. 限制大小(Size Constrained)

可以限制 5 种类型(BITSTRING、OCTET STRING、CHARACTERSTRING、SEQUENCE OF、SET OF)的规模大小。

【例 2-24】 X.25 公共数据网的地址由 5~14 个数字组成,这个规定可用下面的定义表示:

It1DataNumber ::= DigitString(SIZE(5..14))

下面的定义说明一个参数表包含最多 12 个参数:

ParameterList ::= SET SIZE(1..12) OF Parameter

6. 内部子类型(Inner Subtype)

适用于 SEQUENCE、SEQUENCE OF、SET、SET OF 和 CHOICE 类型,主要用于对这些结构类型的元素项进行限制。例如,假定有一种协议数据单元。

【例 2-25】 PDU ::= SET{alpha [0] INTEGER,
beta [1] IA5 STRING OPTIONAL,
gamma [2] SEOUENCE OF Parameter,
delta [3] BOOLEAN}

下面定义的子类型测试协议数据单元要求布尔值必须是 FALSE,整数值必须是负的。

【例 2-26】 TestPDU ::= PDU(WITH COMPONENS{…, delta(FALSE), alpha(MIN..<0)})

另外一个测试子类型要求 beta 参数必须出现,其值为 5 或 12 个字符组成的串。

【例 2-27】 FurtherTestPDU ::= TestPDU(WITH COMPONENTS{…, beta(SIZE 5|12) PRESENT})

内部子类型还可以用于序列。

【例 2-28】 Text-block ::= SEQUENCE OF VaribleString
Address ::= Text-block(SIZE(1..6) | WITH COMPONENT(SIZE(1..32)))

例 2-28 说明了地址包含 1~6 个 Text-block,每一个 Text-block 包含 1~32 个字符。

2.2.3 应用类型

下面是取自 CCITT X.208 的一个数据结构的例子。图 2-2(a)是关于个人记录的非形式描述,其中包括姓名、头衔、雇员编号、雇佣日期、配偶姓名和子女数等 6 项信息,而且对每个子女也要给出姓名和出生日期。

图 2-2(b)是用 ASN.1 描述个人记录的抽象语法。其中对雇员编号的定义为:

EmployeeNumber ::= [APPLICATION 2]IMPLICIT INTEGER

EmployeeNumber 被定义为整数类型,而且加上了应用标签 APPLICATION 2。IMPLICIT 表示隐含的,所以编码时只对应用标签编码,不必对整数类型的标签 UNIVERSAL2 编码。

对 Date 类型的定义也是类似的,它被说明为 ISO 646 定义的字符串类型,注释 YYYYMMDD 提示了日期的书写格式。

Name 是序列类型,由 3 个元素组成,各个元素的名字分别为 givenName、initial 和 familyName。

ChildInformation 是集合类型,其中的第一个元素没有名字,只有类型。第二个元素的名称为 dateofbirth,其类型为 Date。Date 类型还出现在 PersonnelRecord 的定义中,在这两个地方被分别赋予上下文专用的标签[0]和[1]。

最后,个人记录的整体结构被定义为含有 6 个元素的集合,该集合的最后一个成分为同类型元素的序列,默认值为空序列。ASN.1 不仅提供了表示数据结构的手段,而且给出了表示抽象数据类型值的方法,图 2-2(c)表示为个人记录的一个具体值。

另一个特定的应用具体到 SNMP,为此 RFC 1155 定义了以下应用类型。

(1) NetWorkAddress ::= CHOICE{InternetIpAddress}。这种类型用 ASN.1 的 CHOICE 构造定义,可以从各种网络地址中选择一种。目前只有 Internet 地址,即 IP 地址。

```
Name
Job title
Employee number
Date of hire
Name of spouse
Number of children

Child information
Name
Date of birth
…
Child information
Name
Date of birth
```

(a) 个人记录

```
PersonnelRecord ::= [APPLICATION 0]IMPLICIT SET
{                     Name,
title                 [0]VisibleString
number                EmployeeNumber
dateofhire            [1]Date
Nameofspouse          [2]Name
Children              [3]IMPLICIT SEQUENCE OF
                      ChildInformation DEFAULT{}
}
ChildInformation ::= SET
{                     Name,
dateofbirth           [0]Date
}
Name ::= [APPLICATION 1]IMPLICIT SEQUENCE
{givenName            VisibleString,
initial               VisibleString,
familyName            VisibleString
}
EmployeeNumber ::= [APPLICATION 2]IMPLICIT INTEGER
Date ::= [APPLICATION 2]IMPLICIT VisibleString--YYYYMMDD
```

(b) 个人记录的抽象语法

```
{               {givenName"Jone", initial "P", familyName "Smith"},
title           "Director",
number          51,
dateofhire      "19800425",
Nameofspouse    {givenName"Mary", initial "T", familyName "Smith"},
Children        {{{givenName "Ralph", initial "T", familyName "Smith"},
                 dateofbirth"20081001"},
                {{{givenName"Susan", initial "B", familyName "Jones"},
                 dateofbirth"20120812"}}
}
```

(c) 个人记录的一个值

图 2-2 ASN.1 表示的抽象语法

（2）IpAddress ::= [APPLICATION 0]IMPLICIT OCTET STRING(SIZE(4))。目前的 IPv4 地址是一个 32 位的值，所以定义为 4 个字节。

（3）Counter ::= [APPLICATION 1]IMPLICIT INTEGER(0..4294977295)。计数器类型是一个非负整数，其值可增加，但不能减少，达到最大值 $2^{32}-1$ 后清 0，再从 0 开始增加。计数器可用于计算收到的分组数或字节数。

（4）Gauge ::= [APPLICATION 2]INTEGER(0..4294977295)。计量器类型是一个非负整数，其值可增加，也可减少，最大值为 $2^{32}-1$。与计数器不同的是计量器达到最大值后不清 0,而是锁定在 $2^{32}-1$,直到复位。计量器可用于表示存储在缓冲队列中的分组数。

(5) TimeTicks ::=[APPLICATION 3]INTEGER(0..4294977295)。时钟类型是非负整数,从 1～$2^{32}-1$,时钟以 0.01 s 为最小单位递增,可表示从某个事件(如设备启动)开始到目前经过的时间。

(6) Opaque ::= [APPLICATION 4]OCTET STRING。不透明类型即未知数据类型,或者说可以表示任意类型。当数据以这种编码出现时按照 OCTET STRING 处理,管理站和代理能解释这种类型。

思考:ASN.1 抽象语法是如何实现的? 抽象数据类型分哪几种?

2.3　ASN.1 基本编码规则 BER

用 ASN.1 表示的变量必须转换为串行的字节流才能在网络中传输。转换文本 ASN.1 语法到传输码的算法,称为基本编码规则(Basic Encoding Rules,BER)。ASN.1 用 BER 来描述传输过程中的内容,BER 在 ISO 8825/X 标准中进行了定义。

2.3.1　BER 编码结构★★★★★

基本编码规则 BER 把 ASN.1 表示的抽象类型值编码为字节串,这种字节串的结构为(标签-长度-值)(Tag-Length-Value,TLV)三元组,简称 TLV,而且值 V 部分还可以递归地再编码为 TLV 结构,这样就具有了表达复杂结构的能力,如图 2-3 所示。

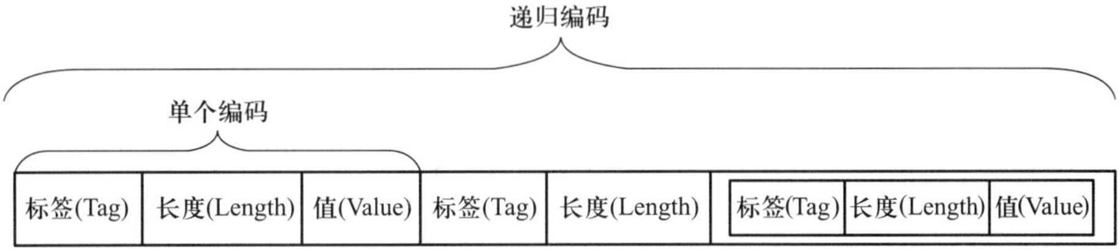

图 2-3　BER 编码结构

BER 传输语法是基于八位组(八位组由 8 比特组成,是编码的基本单位)大端编码的,其八位组中的二进制编号从 8 到 1,高 8 位在左,约定第 8 位是最高有效位,第 1 位是最低有效位。

1. 标签字段

标签字段对标签类型、标签号和编码格式进行编码,其格式如图 2-4 所示。

8	7	6	5	4	3	2	1
标签类型		P/C	标签号				

图 2-4　标签字段的结构

标签类型用 2 位来表示,共有 4 类标签。这 4 类标签的编码如表 2-5 所示。

表 2-5 标签的编码

标 签 类 别	位 8,7 的值
UNIVERSAL(通用标签)	0,0
APPLICATION(应用标签)	0,1
CONTEXT-SPECIFIC(上下文专用标签)	1,0
PRIVATE(私有标签)	1,1

用第 6 位 P/C 指明编码格式:0 代表简单类型,1 代表构造类型。

当标签号不大于 30 时,Tag 只在一个八位组中编码;当标签号大于 30 时,则 Tag 在多个八位组中编码。在多个八位组中编码时,第一个八位组后 5 位全部为 1,其余的后继八位组最高位为 1 表示后续还有,最后一个八位组最高位为 0,表示 Tag 结束,如图 2-5 所示。

	8	7	6	5	4	3	2	1
	标签类型		编码格式	标签号				
UNIVERSAL	0	0	0:简单类型 1:构造类型	标签号≤30,由低 5 位直接表示; 标签号>30 时,标签字段需要多个字节,第一个八位组后 5 位全为 1,后续八位组除最后一个外,最高位均为 1				
APPLICATION	0	1						
CONTEXT-SPECIFIC	1	0						
PRIVATE	1	1						

图 2-5 标签字段

2. 长度字段

BER 编码中长度(Length)表示值(Value)部分所占八位组的个数,格式主要有两大类:确定格式(Definite Form)和不确定格式(Indefinite Form)。在确定格式中,按照长度(Length)所占的八位组个数又分为短和长两种格式。

采用确定格式,当长度不大于 127 时,长度(Length)只在一个八位组中编码;当长度大于 127 时,在多个八位组中编码,此时第一个八位组低 7 位表示的是长度(Length)所占的长度,后续八位组表示值(Value)的长度。

采用不确定格式时,长度(Length)所在八位组固定编码为 0x80,但在值(Value)编码结束后以两个 0x00 结尾。这种方式使得可以在编码没有完全结束的情况下,先发送部分消息给对方。

一般来说,采用下面的规则使用不同的类型编码。

(1) 若编码是简单类型,则使用确定格式。

短格式:长度字段仅一个八位组,最高位为 0。

长格式:长度字段包含多个八位组,第 1 个字节最高位为 1,其余 7 位表示后面有多少字节来表示值字段的长度。

【例 2-29】 255_{10}可表示为 10000001 11111111。

(2) 若编码是构造类型,并且编码立即可用,则既可以使用确定格式,也可以使用非确定格式,由发送者选择。

(3) 若编码是构造类型,但编码不是立即可用,则使用非确定格式。

3. 值字段

值字段由零个或多个八位组组成,并根据不同类型数据值的不同规定对它们进行编码。

2.3.2　BER 字段扩充★★★☆☆

有两种字段需要扩充,一是当标签值大于 30 时类型字节需要扩充;二是当值部分大于一个字节的表示范围时长度字节需要扩充。对标签值的扩充方法为:用 5 位表示 0~30 的编码,当标签值大于 30 时 5 位全置 1,作为转义符,实际的标签值编码表示在后续字节中。后续字节的左边第 1 位表示是否为最后一个扩充字节,只有最后一个扩充字节的左边第 1 位置 0,其余扩充字节的左边第 1 位置 1。这样,每个扩充字节只用了 7 位表示标签值的编码,可表示为下面的形式:

```
×××00000 ┐
…………     │  表示标签值 0~30
×××11110 ┘
×××11111    用后续字节表示标签值
```

【例 2-30】 标签值 010111001010011111001 可编码为:××× 11111 10010111 1001010001111001,其中×××为 2 位标签类型和 1 位编码格式。

对长度字节的扩充方法是:小于 127 的数用长度字节的右边 7 位表示,最左边的 1 位置 0。大于等于 127 的数用后续若干字节表示,原来的长度字节第 1 位置 1,其余 7 位指明后续用于表示长度的字节数,即采用下面的形式:

```
00000000 ┐
…………     │  表示 0~126
01111110 ┘
1×××××××    指明后续用于表示长度的字节数
```

【例 2-31】 355_{10}可表示为:10000010 0000000101100011。

请注意,非扩充的长度字节可表示的最大值为 126,而不是 127,这个值是为以后扩充保留的。

按照以上规则,可以把图 2-2 的个人记录编码表示为图 2-6 的比特串。

```
T   L   V (PersonalRecord)
60  81  85  T   L   V(Name)
            60  10  T   L   V(VisibleString)
                    1A  04  "John"
                    T   L   V(VisibleString)
                    1A  01  "P"
                    T   L   V(VisibleString)
                    1A  05  "Smith"
            T   L   V(Title)
            A0  0A  T   L   V(VisibleString)
                    1A  08  "Director"
            T   L   V(EmployeeNumber)
```

```
42   01   33
T   L   V(DateOfHire)
A1  0A  T   L   V(Date)
        43  08   "19800425"
T   L   V(NameOfSpouse)
A2  12  T   L   V(Name)
        61  10  T   L   V(VisibleString)
                1A  04  "Mary"
                T   L   V(VisibleString)
                1A  01   "T"
                T   L   V(VisibleString)
                1A   05   "Smith"
T   L   V(Children)
A3  42  T   L   V(Set)
        31  1F  T   L   V(Name)
                61  11   T   L   V(VisibleString)
                         1A  05  "Ralph"
                         T   L   V(VisibleString)
                         1A  01  "T"
                         T   L   V(VisibleString)
                         1A  05  "Smith"
                T   L   V(DateOfBirth)
                A0  0A  T   L   V(Date)
                        43   08  "20081001"
A3   42   T   L   V(Set)
          31   1F   T  L   V(Name)
                    61  11   T  L   V(VisibleString)
                             1A 05   "Susan"
                             T  L   V(VisibleString)
                             1A  01"B"
                             T   L   V(VisibleString)
                             1A   05   "Jones"
                    T   L   V(DateOfBirth)
                    A0  0A  T  L   V(Date)
                            43  08   "20120812"
```

图 2-6 个人记录的编码

2.3.3 应用举例★★★★★

本节以 UNIVERSAL Tag 和短型 Value 为例，介绍各种类型的 BER 编码，重点是 Value 部分的表示。为便于阅读，其中数字部分用十六进制表示。

1. BOOLEAN

布尔值的编码是简单类型,其值由一个八位组组成。

【例 2-32】　布尔类型的编码为:

01 01 00

01 01 FF

布尔类型有两个值 FALSE 和 TRUE,都用一个字节表示,FALSE 是 00,TRUE 是 FF。其类型是简单类型,标签为 UNIVERSAL 1,即第一个字节 01。例 2-32 中第一项为 FALSE 编码,第二项为 TRUE 编码。其中第二个字节指明了值部分的长度为 1 个字节。

2. NULL

空值的编码是简单类型。不需要使用值八位组,相应的长度值为 0。空值的标签是UNIVERSAL 5。

【例 2-33】　空值的编码为:

05 00

第二个字节 00 表示值长度为 0。

3. INTEGER

整数值的编码是简单类型,其值由一个或多个八位组组成。整数值采用二进制补码形式编码。补码从高位到低位排列在值的第一字节的第 8 位到第 1 位,第二字节的第 8 位到第 1 位,以下按顺序类推。编码时取需要的最小字节数,因此不可能出现第一字节的所有位和第二字节的第 8 位为全 0 或全 1 的情况。

对于正数,如果最高比特位为 0 则直接编码;如果为 1,则在最高比特位之前增加一个全 0 的八位组。对于负数,取其补码的编码,即先取绝对值,再取反,最后加 1。

【例 2-34】　0 的编码:02 01 00

127 的编码:02 01 7F

其中第一个字节表示整数类型的标签(UNIVERSAL 2),第二个字节表示值部分的长度为一个字节。

128 的编码:　　02 02 00 80

256 的编码:　　02 02 01 00

其中第一个字节表示整数类型的标签(UNIVERSAL 2),第二个字节表示值部分的长度为两个字节,第三个字节和第四个字节表示值的大小。

-128 的编码:　　02 01 80

-129 的编码:　　02 02 FF 7F

图 2-7 所示为 127、256、-129 的 BER 编码。

	标签字段 Tag	长度字段 Length	值字段 Value
127 即 $(01111111)_B$	00000010_B	00000001_B	01111111_B
256 即 $(100000000)_B$	00000010_B	00000010_B	00000001_B, 00000000_B
-129 即 $(101111111)_B$	00000010_B	00000010_B	11111111_B, 01111111_B

图 2-7　整数值的编码示例

4. REAL

实数值的编码是简单类型,其值由一个或多个八位组组成。

如果实数值为0,则不需要使用值八位组,相应长度值为0,则编码为09 00。如果实数值不为0,则使用“B”作为编码的基。基可以由发送者选择。如果“B”是2、8或16,则选择二进制编码;如果“B”是10,则选择字符编码。

采用二进制编码时,分为尾数编码和指数编码两部分,如图2-8所示。

1	编码信息	指数编码	尾数编码

图2-8　实数值的二进制编码结构

尾数编码的部分信息和指数编码的长度由第一个值八位组指定,后面接着是指数编码字段,剩余的值字段是尾数编码的其他部分。如果尾数不为0,那么它由符号 S、非负整数值 D 和二进制比例因子 F 来表示,即 $M=S\times B\times 2^F$,$0\leqslant F<4$,$S=\pm 1$。

S 由第一个值八位组的第7位表示,第7位等于1则 $S=-1$,第7位等于0则 $S=1$。第6位和第5位根据基数 B 进行编码。基数为2,编码为00;基数为8,编码为11;基数为16,编码为10,编码为01无意义。第4位和第3位是比例因子的无符号二进制表示,从00到11表示0到3。第2位和第1位对指数编码的形式,如表2-6所示。

表2-6　实数二进制编码指数的编码

第1个值的八位位组	指　　数
bit2=0, bit1=0	使用第2个值的八位位组
bit2=0, bit1=1	使用第2、3个值的八位位组
bit2=1, bit1=0	使用第2、3、4个值的八位位组
bit2=1, bit1=1	使用第2个值的八位位组表示用于指数编码的八位位组

值字段的剩余部分将整数值 N 编码成无符号二进制。

当使用十进制编码(第8位和第7位等于00)时,按ISO 6093的规定进行编码。其中第一个值八位组的第6位到第1位规定使用ISO 6093的何种编码形式,如表2-7所示。

表2-7　十进制编码方式

bit6~bit1	数字表示
00　0001	ISO 6093 NR1形式
00　0010	ISO 6093 NR2形式
00　0011	ISO 6093 NR3形式

当对特别实数值进行编码(第8位和第7位等于01)时,只需要一个值八位组即可。特别实数值是指正无穷(PLUS-INFINITY)和负无穷(MINUS-INFINITY),它们的编码如表2-8所示。

表 2-8　特别实数值

第 1 个值的八位位组	特别实数值
0100　0000	PLUS-INFINITY
0100　0001	MINUS-INFINITY

5. BIT STRING

位串值的编码可以是简单类型,也可以是构造类型。

简单编码的值八位组包含一个初始八位组,取值为 0 到 7,表征这个值最后补位的个数。由发送方决定补位采用 0 还是 1。后面跟零个、一个或多个后继八位组。位串的第 1 位置于第一个后继八位组的第 8 位,以下顺序类推。

【例 2-35】　比特串 10101 的值在传输时要占用一个字节,5 个比特靠左存放,右边 3 位未用,所以在编码时要用一个字节说明未使用的比特数。于是对 10101 的编码为:

03 0203 A8

第一个字节 03 表示类型为简单类型的比特串,第二个字节 02 表示值部分为两个字节长,第三个字节 03 说明值部分的最后 3 个比特未用,最后的 A8(10101 000)是值部分。

【例 2-36】　位串值(0A 3B 5F 29 1C D)的简单编码为:

03 07 04 0A 3B 5F 29 1C D0

其中第一个字节表示位串类型的标签(UNIVERSAL 3),第二个字节表示值部分的长度为 7 个字节,在位串值前增加了一个八位组,取值为 04,表征这个值最后补位的个数,如图 2-9所示。

标签字段 Tag	长度字段 Length	值字段 Value
03_H	07_H	$040A3B5F291CD0_H$

图 2-9　位串值简单编码示例

构造编码的值八位组由零个、一个或多个数据值的完整编码组成。每个这样的编码都包括标识、长度和值字段。每个值的编码通常采用简单编码。

【例 2-37】　位串值(0A 3B 5F 29 1C D)的构造编码为:

23 08 03 03 00 0A 3B

　　03 05 04 5F 29 1C D0

将位串值拆为(0A 3B)和(5F 29 1C D)两部分,如图 2-10 所示。其中标签(UNIVERSAL 35)为 23_H,长度为 08,03 表示简单编码,下一个 03 及 05 表示长度,00 和 04 表示补 0 的个数,两组位串值分别为 0A 3B 和 5F 29 1C D0,D0 中的 0 为后补,共 4 个。

标签字段 Tag	长度字段 Length	值字段 Value		
23_H	08_H	03_H	03_H	$000A3B_H$
		03_H	05_H	$045F291CD0_H$

图 2-10　位串值构造编码示例

6. OCTET STRING

字节串值的编码与 BIT STRING 类似,但是不需要增加表征补充位个数的八位组。

【例 2-38】 字节串 ACE 可编码为：

04 02 AC E0

由于字节串总是占用整数个字节，所以不必说明未占用的比特数，没有说明值的位都认为是 0，故最后一个字节写为 E0，可见字节串类型也遵循靠左存放的原则。

【例 2-39】 字符串"ACE"的编码为：

16 03 41 43 45

其中标签第一个字节表示（UNIVERSAL 22），长度为 03，ASCII 码分别为 41 43 45，如图 2-11 所示。

	标签字段 Tag	长度字段 Length	值字段 Value
"ACE"	16_H	03_H	414345_H
$ACE0_H$	04_H	02_H	$ACE0_H$

图 2-11 字节串与字符串编码示例

7. OBJECT IDENTIFIER

对象标识符值的编码是简单类型，值八位组是互相连接的子标识符编码的表。每个子标识符标识为一个或多个八位组。每个八位组的第 8 位指示它是否是该系列的最后一个，最后八位组的第 8 位为 0，其他八位组的第 8 位为 1，第 1 至 7 位组合起来作为标识符的编码。

第一个编码子标识符的数值从被编码的对象标识符值中的前两个子标识符值得出，使用公式：$(X\times40)+Y$。其中 X 和 Y 是前两个子标识符的值。因此，编码子标识符数比实际对象全部字标识符数少 1。

【例 2-40】 对象标识符{jointq-iso-ccitt 100 3}，即{2 100 3}，计算得到 2×40+100=180，因此按照{180 3}编码为：06 03 813403_H。其中第一个字节表示对象标识符类型的标签（UNIVERSAL 6），第二个字节表示值部分的长度为 3 个字节。该对象标识符的 BER 编码如图 2-12 所示。说明一下，180 转为二进制是 10110100，按编码规则只能用 7 位二进制值加 1 位最高位表示。因此，上述二进制值拆为 1 0110100，组合后为 1000 0001 00110100，得出 8134_H。

	标签字段 Tag	长度字段 Length	值字段 Value
{2 100 3}	06_H	03_H	813403_H

图 2-12 对象标识符的编码

8. SEQUENCE

序列值的编码是构造类型。值八位组由序列类型 ASN.1 定义中列出的每个类型的一个数据值的完整编码组成，除非该类型带有关键字"OPTIONAL"或"DEFAULT"，否则这些值的编码可以不出现。

【例 2-41】 序列类型{name IA5 STRING ok BOOLEAN}，值{name "john"，ok TRUE}，可以编码为：30 0A 16 05 73 6D 69 74 68 01 01 FF。

按照序列结构可以展开为：

Seq Len Val

30 0A IA5 Len Val

16 05 73 6D 69 74 68

Bool Len Val

01 01 FF

【例 2-42】 序列类型 SEQUENCE{madeofwood BOOLEAN, length INTEGER}的值{madeofwood TRUE,length 62}可编码为:

31 06 01 01 FF 02 01 3E

按照序列的结构可展开如下:

Seq	Len	Val		
31	06	Bool	Len	Val
		01	01	FF
		Int	Len	Val
		02	01	3E

9. SET

与 SEQUENCE 类似,但是由于集合类型的元素是无序的,故有多种编码,成员顺序由发送者决定。

【例 2-43】 SET{breadth INTEGER,bent BOOLEAN}的值{breadth 7,bent FALSE}的编码为:

31 06 02 01 07 01 01 00

也可以是:

31 06 01 01 00 02 01 07

成员的顺序可以改变。

【例 2-44】 假设设计一个安全协议,在这个应用中定义了一个口令字类型,并赋予应用标签 27:

Password ::= [APPLICATION 27]OCTET STRING

对于这个类型的一个值"Sesame",可得到如下编码:

7B 08 04 06 53 65 73 61 6D 65

展开后为:

App	Len	Val							
7B	08	Oct	Len	Val					
		04	06	53	65	73	61	6D	65
				S	e	s	a	m	e

其中,应用标签和字节串标签都编码了,所以它是构造类型。为了减少编码中的冗余信息,可使用隐含标签,重新定义如下:

Password ::= [APPLICATION 27]IMPLICIT OCTET STRING

则相应的编码为:

5B 06 53 65 73 61 6D 65

从第一个字节 5B 看出它是简单类型了,因为只有一种类型信息。

思考:ASN.1 的编码规则是如何实现的?其结构是怎样的?它又是如何实现构造类型的?

2.4 ASN.1 的宏定义

ASN.1 提供了宏定义设施,可用于扩充语法,定义新的类型和值。下面首先说明在 ASN.1 中怎样定义模块。

2.4.1 模块定义★★★☆☆

ASN.1 宏提供了创建"模板"的功能,这也是引入 ASN.1 宏的原因。ASN.1 宏使得 ASN.1 语言具有良好的扩充性。

ASN.1 的基本单位是模块,用于定义一个抽象数据类型 ASN.1 模块。模块实际上是由一组类型定义和值定义组成。类型定义是说明类型的名称和类型的格式,值定义是规定将什么样的具体值赋给某一类型。模块定义的基本形式为:

```
<Modulereference> DEFINITIONS ::=
        BEGIN
          EXPORTS
          IMPORTS
          assignmentList
        END
```

其中,Modulereference 是模块名,模块名的第一个字母必须大写。EXPORTS 结构用于定义其他模块可以移植的类型或值,而 IMPORTS 结构规定了模块中某些定义是从其他模块中移植过来的。

assignmentList 部分包含模块定义的所有类型、值和宏定义。

【例 2-45】 RFC1155-SMI DEFINITIONS ::=

```
                BEGIN
                    EXPORTS   --EVERYTHING
                    internet, directory, mgmt, experimental,private, enterprises,
                    OBJECT-TYPE,ObjectName, Objectsyntax, SimpleSyntax,
                    ApplicationSyntax, NetworkAddress, Ipaddress,
                    Counter, Gauge, TimeTicks, Opaque;
                         --the path to the root
    internet        OBJECT IDENTIFIER ::= {iso(1) org(3) dod(6) 1}
    directory       OBJECT IDENTIFIER ::= {internet 1}
    mgmt            OBJECT IDENTIFIER ::= {internet 2}
    experimental    OBJECT IDENTIFIER ::= {internet 3}
    private         OBJECT IDENTIFIER ::= {internet 4}
    enterprises     OBJECT IDENTIFIER ::= {private 1}
```

```
        ObjectName ::= OBJECT IDENTIFIER
        ObjectSyntax ::= CHOICE{
                              simple              SimpleSyntax,
                              application-wide    ApplicationSyntax}
        SimpleSyntax ::= CHOICE{
                              number              INTEGER,
                              string              OCTET STRING,
                              object              OBJECT IDENTIFIER,
                              empty               NULL}
        ApplicationSyntax ::= CHOICE{
                              address             NetworkAddress,
                              counter             Counter,
                              gauge               TimeTicks,
                              arbitrary           Opaque}
        Network-Address ::= CHOICE{
                              internet            IpAddress}
        IpAddress ::= [APPLICATION 0] IMPLICIT OCTET STRING(SIZE(4))
        Counter ::= [APPLICATION 1] IMPLICIT INTEGER(0..4294967295)
        Gauge ::= [APPLICATION 2] IMPLICIT INTEGER(0..4294967295)
        TimeTicks ::= [APPLICATION 3] IMPLICIT INTEGER(0..4294967295)
        Opaque ::= [APPLICATION 4] IMPLICIT OCTET STRING
    END

RFC1213-MIB DEFINITIONS ::=
    BEGIN
        IMPORTS
        mgmt, NetworkAddress, IpAddress, Counter,Gauge, TimeTicks
        FROM RFC1155-SMI
        OBJECT-TYPE
        FROM RFC-1212;
        mib-2 OBJECT IDENTIFIER ::= {mgmt 1}
        ...
    END
```

在例 2-46 中,定义了两个模块 RFC1155-SMI 和 RFC1213-MIB,前者定义了 SNMPv1 的管理信息结构,主要是分配对象标识和定义各种数据类型。后者是在前者的基础上定义了具体的管理信息对象集合 MIB-2。两个模块的定义部分都在关键字 DEFINITIONS 后的 BEGIN 和 END 之间。模块 RFC1155-SMI 的开头用 EXPORTS 将本模块中定义的全部数据类型说明为外部类型,从而可以被其他定义 MIB 对象的模块使用;模块 RFC1213-MIB 的开头用 IMPORTS 说明本模块中使用了在 RFC1155-SMI 中定义的对象标识符 mgmt 和数据类型 NetworkAddress、IpAddress、Counter、Gauge、TimeTicks，以及模块 RFC1212 中定义的宏 OBJECT-TYPE。请注意例 2-45 中的大小写表示。

RFC 1155-SMI 和 RFC 1213-MIB 的其他部分分别定义了具体数据类型或管理对象的细节，这里不再赘述。

下面再举一个 IMPORTS 和 EXPORTS 都有的实例。

【例 2-46】

```
LanNetworkModule{iso org dod internet private enterprises Xenterprises 95}
DEFINITIONS EXPLICIT TAGS ::=
  BEGIN
    EXPORTS
     LanNetworkName ::= SEQUENCE OF RelativeDistinguishedName--end of EXPORTS
    IMPORTS
     RelativeDistinguishedName FROM InformationFramework{joint-iso-ccitt
       ds(5) modules(1) informationFramework(1)}   --End of IMPORTS
    MacAddresses ::= OCTET STRING(SIZE(6))
    LanWorkstationSerialNumbers ::= OCTET STRING(SIZE(32))
    LanSegment ::= SET OF LanWorkstationSerialNumbers
    EthernetNetworks ::= SET OF MacAddresses
    TokenRingNetworks ::= SET OF LanSegment
    LanNetwork ::= SET
     {etherNet[0] IMPLICIT EthernetNetworks,
      tokenNet[1] IMPLICIT TokenRingNetworks}
  END
```

例 2-46 定义的内容是自解释的，读者可以自行进行分析。

2.4.2 宏表示★★★☆☆

ASN.1 宏提供了创建“模板”用来定义宏的方法，MIB 对象就是采用宏定义模板来定义的。下面介绍定义宏的方法，为此需要区分 3 个不同的概念。

宏表示：ASN.1 提供的一种表示机制，用于定义宏。

宏定义：用宏表示定义的一个宏，代表一个宏实例的集合。

宏实例：用具体的值代替宏定义中的变量而产生的实例，代表一种具体的类型。

宏定义的模板形式为：

```
<MACRONAME>MACRO ::=
   BEGIN
       TYPE NOTATION ::= <user defined type notation>
       VALUE NOTATION ::= <user defined value notation>
       <supporting syntax>
   END
```

其中，MACRONAME 是宏的名字，必须全部大写。宏定义由类型表示（TYPE NOTA-

TION)、值表示(VALUE NOTATION)和支持产生式(supporting syntax)三部分组成,而最后部分是任选的,是关于宏定义体中类型的详细语法说明。这三部分都由 Backus-Naur 规范说明。当用一个具体的值代替宏定义中的变量或参数时就产生了宏实例,它表示一个实际的 ASN.1 类型(称为返回的类型),并且规定了该类型可取的值的集合(称为返回的值)。可见宏定义可以看作是类型的类型,或者说是超类型。另一方面,也可以把宏定义看作是类型的模板,用这种模板构造出形式相似、语义相关的许多数据类型。这就是宏定义的主要用处。

下面的例子是取自 RFC 1212 的关于对象类型的宏 OBJECT-TYPE 的定义,其中包含多个支持产生式。

【例 2-47】

```
OBJECT-TYPE MACRO ::=
    BEGIN
      TYPE NOTATION ::= "SYNTAX" type(TYPE ObjectSyntax)
                        "ACCESS" Access
                        "STATUS" Status
                        DescrPart
                        ReferPart
                        IndexPart
                        DefValPart
      VALUE NOTATION ::= value(VALUE ObjectName)
      Access ::="read-only" | "read-write" | "write-only" | "not-accessible"
      Status ::="mandatory" | "optional" | "obsolete"|"deprecated"
      DescrPart ::="DESCRIPTION" value(reference DisplayString) | empty
      ReferPart ::="REFERENCE" value(reference DisplayString) | empty
      IndexPart ::="INDEX" "{"IndexTypes"}" | empty
      IndexTypes ::= IndexType | IndexTypes"," IndexType
      IndexType ::= value(indexobject ObjectName) | type(indextype)
      DefValPart ::="DEFVAL" "{"value(defvalue ObjectSyntax)"}" | empty
      DisplayString ::= OCTET STRING SIZE(0..255)
    END
```

TYPE NOTATION 包含 7 个子句,其中前 3 个是必选的,每个子句都描述对象的不同属性,具体解释如下。

(1) SYNTAX:表示对象类型的抽象语法,在宏实例中关键字 type 应由 ObjectSyntax 代替,即上面提到的通用类型和应用类型。这里有:

```
ObjectSyntax ::= CHOICE{simple              SimpleSyntax,
                        application-wide    ApplicationSyntax}
```

SimpleSyntax 是指 5 种通用类型,而 ApplicationSyntax 是指 6 种应用类型。

(2) ACCESS:定义 SNMP 访问对象的方式。可选择的访问方式有只读(read-only)、读写(read-write)、只写(write-only)和不可访问(not-accessible)4 种,这是通过访问子句定义的。任何实现必须支持宏定义实例中定义的访问方式,可以增加其他访问方式,但不能减少。

(3) STATUS:说明实现是否支持这种对象。状态子句中定义了必要的(mandatory)和任选的(optional)两种支持程度。这时的 obsolete 是指旧标准支持而新标准不支持的类型。如果一个对象被说明为可取消的(deprecated),则表示当前必须支持这种对象,但在将来的标准中可能被取消。

(4) DescrPart:这个子句是任选的,用文字说明对象类型的含义。

(5) ReferPart:这个子句是任选的,用文字说明可参考在其他 MIB 模块中定义的对象。

(6) IndexPart:用于定义表对象的索引项。

(7) DefValPart:定义了对象实例的默认值,这个子句是任选的。

VALUE NOTATION 指明对象的访问名,即对象标识符。

最后一部分是值的产生式规则,该部分也是任选的。

2.4.3 应用举例★★★★☆

关于为什么要用宏定义,这里介绍一个比较深入的例子。假设我们经常需要使用整数对,于是我们定义一个 ASN.1 类型:

Pair-integers ::= SEQUENCE(INTEGER, INTEGER)

如果还需要使用字节串对,也可以定义相应的类型:

Pair-octet-string ::= SEQUENCE(OCTET STRING, OCTET STRING)

进一步假设我们可能需要使用各种各样的数对,例如,实数-实数对、整数-实数对、整数-字节串对、实数-布尔型对等,甚至数对中的一个成分还可能是另外一个数对或其他具有复杂构造的成分。简化类型定义的方法是使用宏定义。我们定义一个宏 PAIR,它是一个类型对:

```
PAIR TYPE-X = type
     TYPE-Y = type
```

对应的值表示采用下面的形式:

```
(X = value, Y = value)
```

用一个已有的类型代替其中的变量 type,可得到宏实例,即新的类型:

```
T1 ::= PAIR TYPE-X = INTEGER
            TYPE-Y = BOOLEAN
T2 ::= PAIR TYPE-X = VisibleString
            TYPE-Y = T1
```

则下面的值属于 T1 类型:

(X = 3, Y = TRUE)

下面的值是 T2 类型:

(X =“Name”, Y = (X = 4, Y = FALSE))

显然,只要用已知的类型代替关键字 type,就可以得到需要的数对类型。图 2-13 给出了 PAIR 的宏定义,关于其中的表示方法说明如下:

(1) 加引号的字符串在宏实例中保持不变,它的作用是指明类型变量的位置。

（2）可以用任何 ASN.1 类型名代替变量 Local-type-1 和 Local-type-2，从而产生一个代表新类型的宏实例。关键字 type 指明了实施这种替换的位置。

（3）在任何宏实例中 Local-value-1 位置包含一个 Local-type-1 类型的值。同理，Local-value-2 位置包含一个 Local-type-2 类型的值，这就是新类型的值。

（4）关键字 VALUE 用于指明一个位置，其后紧跟的类型就是值的类型，亦即对宏定义产生的任何值必须按照这种类型编码。

【例 2-48】

```
PAIR MACRO ::=
    BEGIN
        TYPE NOTATION ::=
            "TYPE-X" "=" type(Local-type-1)
            "TYPE-Y" "=" type(Local-type-2)
        VALUE NOTATION ::=
            "("
            "X" "=" value(Local-value-1 Local-type-1)
            "Y" "=" value(Local-value-2 Local-type-2)
            < VALUE SEQUENCE{Local-type-1 Local-type-2}
                ::= {Local-value-1 Local-value-2} >
            ")"
    END
```

图 2-13　宏的例子

【例 2-49】　下面分别是对象定义和对 Internet 控制报文协议流入的信息计数的实例。

```
tcpMaxConn OBJECT-TYPE
        SYNTAX      INTEGER
        ACCESS      read-only
        STATUS      mandatory
        "The limit on the total number of TCP connection the entity can support "
        ::= {tcp 4}

icmpIlMsgs OBJECT-TYPE
        SYNTAX      counter
        ACCESS      read-only
        STATUS      mandatory
        ::= {icmp 1}
```

思考：在对一个 ASN.1 的编码实现的时候需要注意哪些事项？它们都有哪些重要的数据类型？

小 结

抽象语法表示 ASN.1 定义了一组用来描述 OSI 网络上所传输的数据结构规则。ASN.1 是一种形式语言,它提供统一的网络数据表示,通常用于定义应用数据的抽象语法和应用协议数据单元的结构。在网络管理中,无论是 OSI 的管理信息结构或是 SNMP 管理信息库,都是用 ASN.1 定义的。

在 ASN.1 中,每一个数据类型都有一个标签(tag),标签有类型和值,数据类型是由标签的类型和值唯一确定的。有 4 种标签:通用标签 UNIVERSAL、应用标签 APPLICATION、上下文专用标签 CONTEX-SPECIFIC 和私有标签 PRIVATE。ASN.1 定义的数据类型有 20 多种,标签类型都是 UNIVERSAL。

用 ASN.1 定义的应用数据在传送过程中要按照一定的规则变换成比特串,这种规则就是基本编码规则(Basic Encoding Rule,BER)。

ASN.1 提供了宏定义功能,可用于扩充语法,定义新的类型和值。

习 题 2

2-1 表示层的功能是什么?抽象语法和传输语法各有什么作用?

2-2 用 ASN.1 表示一个协议数据单元(例如,IEEE 802.3 的帧)。

2-3 用基本编码规则对长度字段 L 编码:L=18,L=180,L=1 044。

2-4 用基本编码规则对下面的数据编码:标签值=1011001010,长度=255。

2-5 为什么要用宏定义?怎样由宏定义得到宏实例?

2-6 写出一个 ASN.1 的模块,该模块 ENUMERATED 数据类型定义了 Months Of Year,它的值从 1 到 12。

2-7 写出一个 ASN.1 的模块,该模块以 SEQUENCE 数据类型指定 Months Of Year,并以 VisibleString 类型指定一年中的每一个月(month1,month2,…)。写出 ASN.1 对于结构的描述,并写出对于值的描述。

2-8 子类型分为哪几种?分别举例说明。

2-9 为什么要用宏定义?怎样用宏定义得到宏实例?

2-10 RFC 1212 给出的宏定义由哪些部分组成?试按照这个宏定义产生一个宏实例。

第 3 章　管理信息结构

学习目标

Internet 是由 ARPANET 演变而来的，在这个网络上运行的通信协议称为 TCP/IP 协议簇。本章的主要内容以 TCP/IP 网络中的简单网络管理协议 SNMP 为基础，回顾 TCP/IP 协议簇的结构，分析 SNMP 管理信息库 MIB 和管理信息结构（Structure of Management Information，SMI）的主要内容。

- TCP/IP 协议簇和管理信息库 MIB。
- 定义和构建 MIB 的通用性框架结构，称为管理信息结构（SMI）。
- SMI 定义了 MIB 中被管对象使用的数据类型的表示和命名 MIB 中对象的方法。

建议学时

12 学时。

学习方法

通过预习了解 SNMP 协议的使用；通过阅读识记 TCP/IP 协议簇的结构；通过思考和习题掌握 SNMP 管理信息库 MIB 的使用。

3.1　SNMP 的基本概念

3.1.1　TCP/IP 协议簇及管理框架★★★☆☆

ARPANET 定义了 4 个协议层次，与 OSI/RM 的对应关系如图 3-1 所示。ARPANET 的设计者注重的是网络互联，允许通信子网采用已有的或将来的各种协议，所以没有提供网络访问层协议。因此，TCP/IP 协议可以运行在任何子网上，例如 X.25 分组交换网或 IEEE 802 局域网等，具有较大的灵活性。

OSI 分层较多，各层功能划分较具体。TCP/IP 协议簇允许同层协议实体（例如，IP 和 ICMP）之间互相作用，从而实现复杂的控制功能，也允许上层过程直接调用不相邻的下层过程。图 3-2 表示 TCP/IP 主要协议之间的调用关系。

在 Internet 中，主机（Host）一词泛指各种工作站、服务器、PC 机，甚至大型计算机。用于连接网络的设备叫 IP 网关或路由器。组成互联网的各个网络可能是 IEEE 802.3、802.5 或

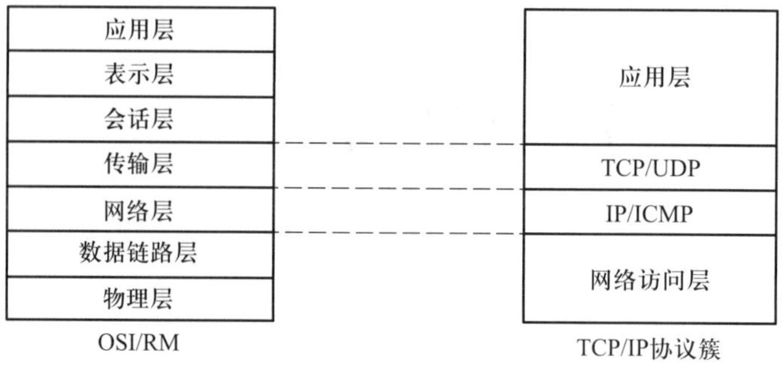

图 3-1　TCP/IP 协议栈

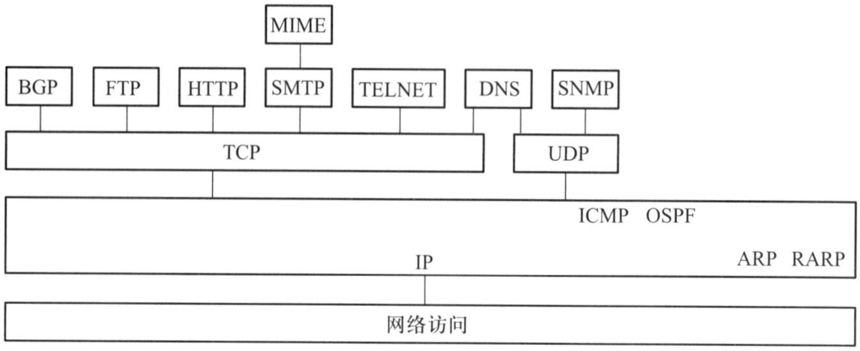

图 3-2　Internet 主要协议之间的调用关系

其他任何局域网,甚至广域网。互联网的组成如图 3-3 所示。

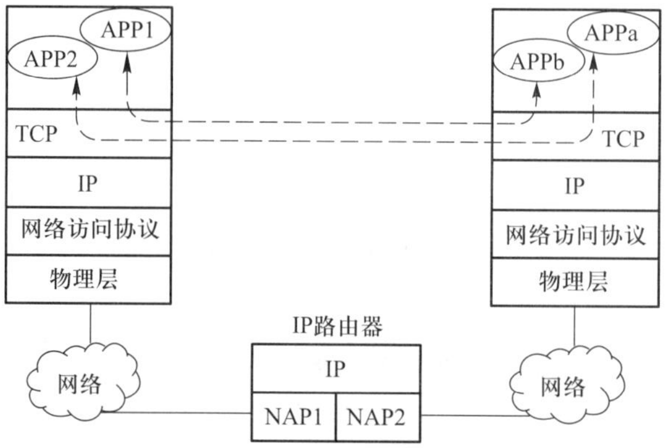

图 3-3　互联网中的通信结构

TCP 是端系统之间的协议,其功能是保证端系统之间可靠地发送和接收数据,并给应用进程提供访问端口。互联网中的所有端系统和路由器都必须实现 IP 协议。IP 的主要功能是根据全网唯一的地址把数据从源主机传送到目标主机。当一个主机中的应用进程选择传输服务(例如,TCP)为其传送数据时,以下各层实体分别加上该层协议的控制信息,形成协议数据单元,如图 3-4 所示。当 IP 分组到达目标网络目标主机后由下层协议实体逐层向上提交,沿着相反的方向一层一层剥掉协议控制信息,最后把数据交给应用层接收进程。

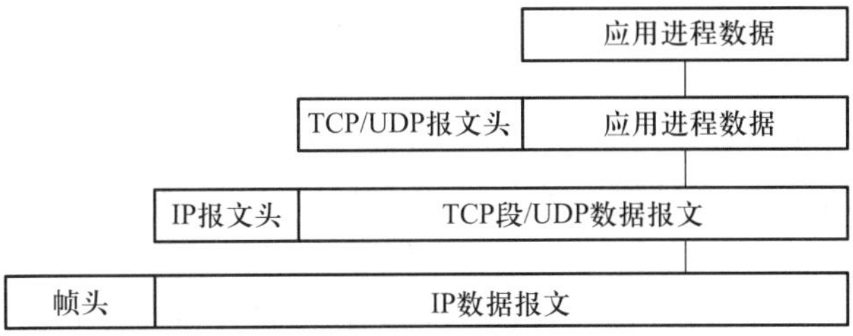

图 3-4　TCP/IP 体系结构中的协议数据单元

SNMP 管理 TCP/IP 协议的运行，与 TCP/IP 协议运行有关的信息按照 SNMP 定义的管理信息结构存储在管理信息库中。

在 Internet 中，对网络、设备和主机的管理叫做网络管理，网络管理信息存储在管理信息库 MIB 中。图 3-5 描述了 SNMP 的配置框架。SNMP 由两部分组成，一部分是管理信息库结构的定义，另一部分是访问管理信息库的协议规范。这两部分都非常重要。

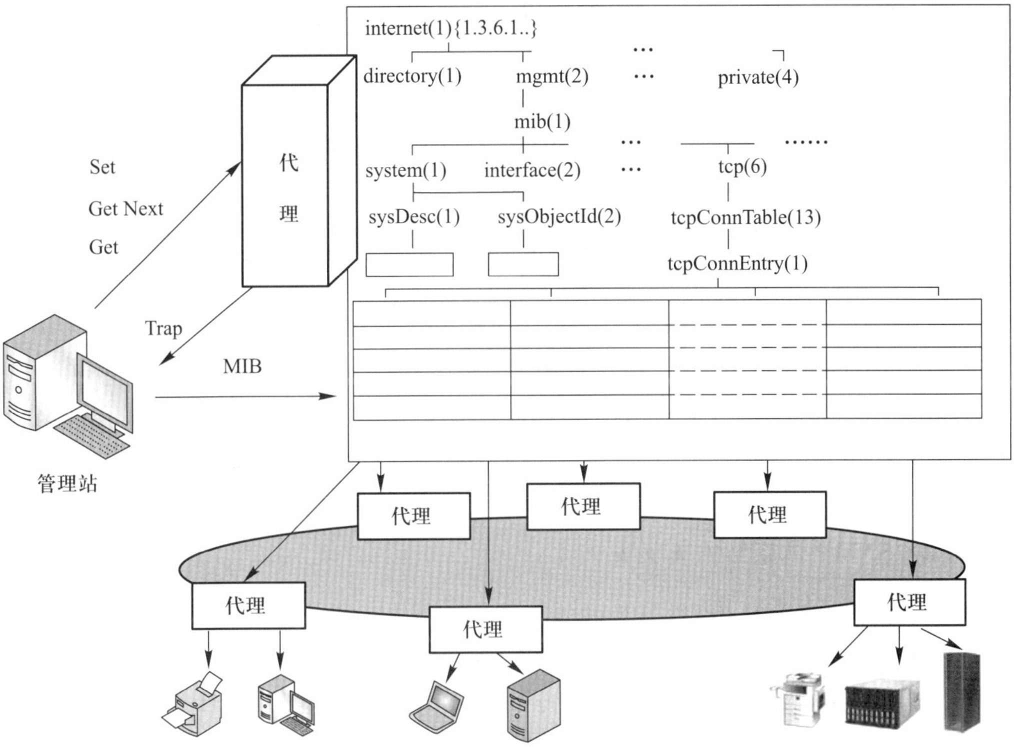

图 3-5　SNMP 的配置框架

图 3-5 中的第一部分是存放数据的 MIB 树。各个代理中的管理数据由系统末端树叶上的对象组成，树的中间结点的作用是对管理对象进行分类。例如，与某一协议实体有关的全部信息位于指定的子树上，例如 tcp(6)。树结构为每个叶结点指定唯一的路径标识符，这个标识符是从树根开始把各个数字串联起来形成的，例如{1.3.6.1.….…}。

图 3-5 中的另一部分是 SNMP 协议支持的服务原语，这些原语用于管理站和代理之间的通信，以便查询和改变管理信息库中的内容。Get 检索数据，Set 改变数据，而 GetNext 提

供扫描 MIB 树和连续检索数据的方法,Trap 则提供从代理进程到管理站的异步报告机制,类似一种中断。

网络管理的目的是使管理站能够及时而有效地对被管设备进行监视和控制,但是又不过分增加网络的通信负载,必须使用陷入(Trap)机制下的轮询过程。这个过程如下:管理站启动后,每隔一定时间用 Get 操作轮询一遍所有代理,以便得到某些关键的信息(例如,接口特性),或基本的性能统计参数(例如,在一段时间内通过接口发送和接收的分组数等)。一旦得到了这些基本数据,管理站就停止轮询,而由代理进程负责在必要时用 Trap 向管理站报告异常事件,例如,代理进程重启动、链路失效、负载超过门限等,这些信息是由陷入操作传送给管理站的。收到异常事件的报告后,管理站可以再次用 Get 或 GetNext 查询有关的代理,以便得到更具体的信息,对事件的原因做进一步的分析,必要时用 Set 进行控制。

Internet 最初的网络管理框架由 4 个文件定义,如图 3-6 所示,这就是 SNMP 第 1 版(SNMPv1)。RFC 1155 定义了管理信息结构(SMI),即规定了管理对象的语法和语义。SMI 主要说明了怎样定义管理对象和怎样访问管理对象。RFC 1212 说明了定义 MIB 模块的方法,而 RFC 1213 则定义了 MIB-2 管理对象的核心集合,这些管理对象是任何 SNMP 系统必须实现的。最后,RFC 1157 是 SNMPv1 协议的规范文件。

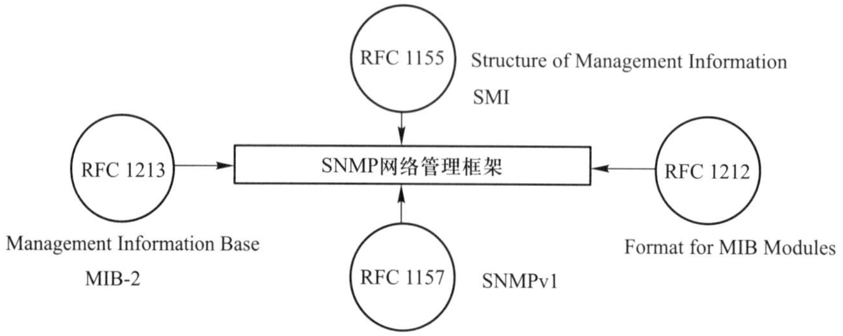

图 3-6 SNMPv1 网络管理框架的定义

3.1.2 SNMP 体系结构★★★☆☆

图 3-7 所示为 Internet 网络管理的体系结构。由于 SNMP 定义为应用层协议,所以它依赖于 UDP 数据报服务。同时,SNMP 实体向管理应用程序提供服务,它的作用是把管理应用程序的服务调用变成对应的 SNMP 协议数据单元,并利用 UDP 数据报发送出去。

之所以选择 UDP 协议而不是 TCP 协议,是因为 UDP 较简单,没有复杂的握手应答过程,实现网络管理不会太多地增加网络负载。但由于 UDP 可靠性较差,所以 SNMP 报文容易丢失。为此,对 SNMP 实现的建议是对每个管理信息要装配成单独的数据报独立发送,而且报文应尽量短,每个报文不超过 484 字节。

每个代理进程管理若干管理对象,并且与某些管理站建立团体(Community)关系,如图 3-8 所示。团体名作为团体的全局标识符,是一种简单的身份认证手段。同一团体的成员才是可以信任的。一般来说,代理进程不接受没有通过团体名验证的报文,这样可以防止假冒的管理命令。同时,在团体内部也可以实行专用的管理策略,以满足管理的需要。

SNMP 要求所有的代理设备和管理站都必须实现 TCP/IP 协议。对于不支持 TCP/IP 的

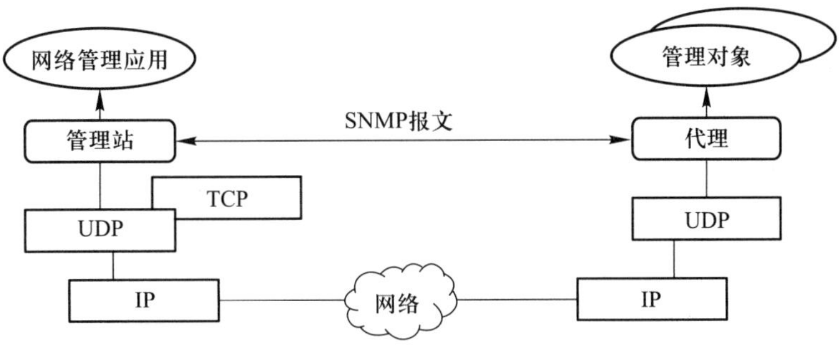

图 3-7　简单网络管理协议的体系结构

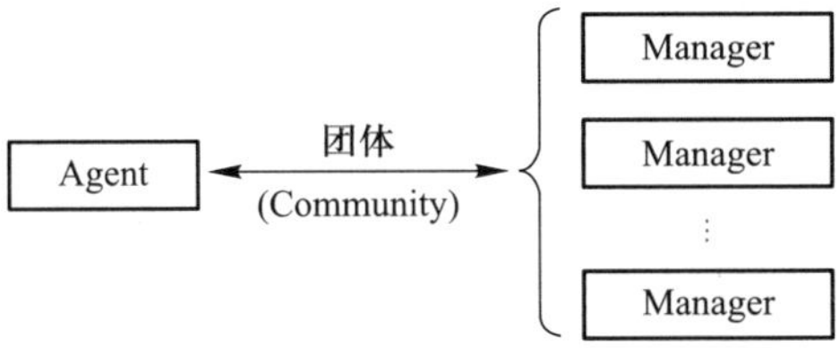

图 3-8　SNMPv1 的团体关系

设备(例如,某些网桥、调制解调器、个人计算机和可编程控制器等)不能直接用 SNMP 进行管理。对于这样的设备,可以采用委托代理的方式。如图 3-9 所示,一个委托代理设备可以管理若干组设备,并代表这些设备接收管理站的查询。实际上,委托代理起到了协议转换的作用,委托代理和管理站之间按 SNMP 协议通信,而与被管理设备之间则按专用的协议通信。

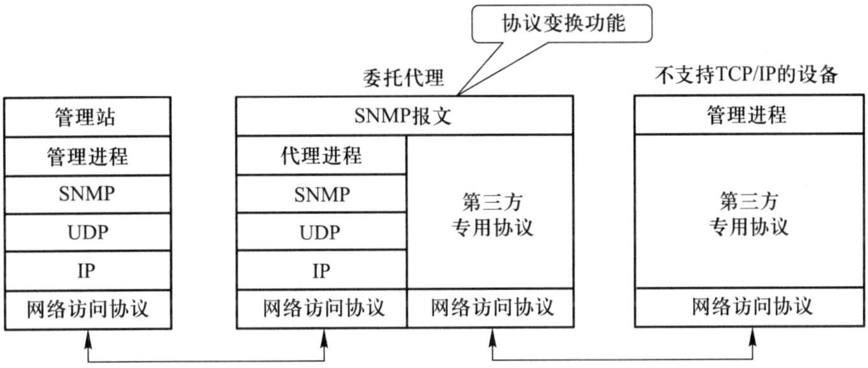

图 3-9　委托代理

> **思考:** SNMP 网络管理的管理框架和网络结构是什么样的?它如何管理不符合 SNMP 要求的设备?它又如何保证非授权的用户无法控制管理系统?

3.2　SNMP 管理信息结构

管理信息结构是为了规范管理信息模型而设立的。SNMP 发布了管理信息结构

(SMI),RFC 1065 描述了管理 TCP/IP 网络的 MIB 中可用信息的语法和类型。该 RFC 的标准是基于 TCP/IP 的互联网中的管理信息的结构和标识 SMI(Structured and Identified of Management Information for TCP/IP-based Internets)。SMI 定义了 SNMP 框架所用信息的组织、组成和标识,规定了 MIB 中被管对象的数据类型及其表示和命名方法。设立 SMI 的目的是为了保持 MIB 的简单性和可扩展性,SMI 只允许存储标量和二维数组,不支持复杂的数据结构,从而简化了操作,便于实现。

SMI 提供了以下标准化技术来表示管理信息:

(1) 定义了 MIB 的层次结构。

(2) 提供了定义管理对象的语法结构。

(3) 规定了对象值的编码方法。

按照 SMI 定义的 SNMP 管理对象都具有 3 个属性:名字、语法和编码。名字即对象标识符,唯一标识一个 MIB 对象;语法即如何描述对象的信息,它用抽象语法标记法(ASN.1)来定义对象的数据结构,同时针对 SNMP 的需要做一定的补充;编码描述了一个管理对象的相关信息如何被格式化为适合网络传送的数据段,SMI 规定了对象信息编码采用基本编码规则(BER)。

3.2.1 标量对象和表对象★★★★☆

为了便于使用,SMI 中只存储标量数据和二维数组,二维数组又称为"表对象(Table)",简称"表"。表的定义要用到 ASN.1 的序列类型和对象类型宏定义中的索引部分。下面说明定义表的方法。

图 3-10 为 RFC 1213 规范的 TCP 连接表定义。

```
tcpConnTable OBJECT-TYPE
    SYNTAX      SEQUENCE OF TcpConnEntry
    ACCESS      not-accessible
    STATES      mandatory
    DESCRIPTION
    "A table containing TCP connection-specific information."
    ::= {tcp13}

tcpConnEntry OBJECT-TYPE
    SYNTAX      TcpConnEntry
    ACCESS      not-accessible
    STATUS      mandatory
    DESCRIPTION
    "Information about a particular current TCP connection. An object of this type is transient, in that it cea-
    ses to exist when (or soon after) the connection makes the transition to the CLOSED state."
    INDEX { tcpConnLocalAddress,
            tcpConnLocalPort,
            tcpConnRemAddress,
            tcpConnRemPort}
    ::= {tcpConnTable1}
TcpConnEntry ::= SEQUENCE{ tcpConnState INTEGER,
```

```
                            tcpConnLocalAddress IpAddress,
                            tcpConnLocalPort INTEGER(0..65535),
                            tcpConnRemAddress IpAddress,
                            tcpConnRemPort INTEGER(0..65535)}

tcpConnState OBJECT-TYPE
    SYNTAX INTEGER{closed(1), listen(2), synSent(3), synReceived(4), established(5), finWait1
(6), finWait2(7), closeWait(8), lastAck(9), closing(10), timeWait(11), deleteTCB(12)}
    ACCESS      read-write
    STATUS      mandatory
    DESCRIPTION
    "The state of this TCP connection..."
    ::= { tcpConnEntry1}

tcpConnLocalAddress OBJECT-TYPE
    SYNTAX      IpAddress
    ACCESS      read-only
    STATUS      mandatory
    DESCRIPTION
    "The local IP address for this TCP connection..."
    ::= {tcpConnEntry2}

tcpConnLocalPort OBJECT-TYPE
    SYNTAX      INTEGER(0..65535)
    ACCESS      read-only
    STATUS      mandatory
    DESCRIPTION
    "The local port number for this TCP connection."
    ::= {tcpConnEntry3}

tcpConnRemAddress OBJECT-TYPE
    SYNTAX      IpAddress
    ACCESS      read-only
    STATUS      mandatory
    DESCRIPTION
    "The remote Ip Address for this TCP connection."
    ::= {tcpConnEntry4}

tcpConnRemPort OBJECT-TYPE
    SYNTAX      INTEGER(0..65535)
    ACCESS      read-only
    STATUS      mandatory
    DESCRIPTION
    "The remote port number for this TCP connection."
    ::= {tcpConnEntry5}
```

图 3-10　TCP 连接表的定义(RFC 1213)

该定义有以下特点：

（1）整个 TCP 连接表（tcpConnTable）是由 TCP 连接项（TcpConnEntry）组成的同类型序列，而每个 TCP 连接项是 TCP 连接表的一行。可以看出，表由 0 个或多个行组成。

（2）TCP 连接项是由 5 个不同类型的标量元素组成的序列。这 5 个标量的类型分别是 INTEGER、IpAddress、INTEGER（0..65 535）、IpAddress 和 INTEGER（0..65 535）。

（3）TCP 连接表的索引由 4 个元素组成，这 4 个元素（即本地地址、本地端口、远程地址和远程端口）组合成唯一的一行，实现主机到主机、端到端的唯一连接。

图 3-11 给出了 TCP 连接表，该表包含 3 行。整个表是对象类型 tcpConnTable 的实例，表的每一行是对象类型 TcpConnEntry 的实例，而且 5 个标量各有 3 个实例。在 RFC 1212 中，这种对象叫做列对象。

tcpConnTable(1.3.6.1.2.1.6.13)

tcpConnState (1.3.6.1.2.1.6.13.1.1)	tcpConnLocalAddress (1.3.6.1.2.1.6.13.1.2)	tcpConnLocalPort (1.3.6.1.2.1.6.13.1.3)	tcpConnRemAddress (1.3.6.1.2.1.6.13.1.4)	tcpConnRemPort (1.3.6.1.2.1.6.13.1.5)
5	10.0.0.99	12	9.1.2.3	15
2	0.0.0.0	99	0.0.0.0	0
3	10.0.0.99	14	89.1.1.42	84
	INDEX	INDEX	INDEX	INDEX

图 3-11　TCP 连接表的实例

3.2.2　对象实例的标识★★★★☆

对象是由对象标识（Object Identifier）表示的，然而一个对象可以有各种不同值的实例。

TCP 连接表中的标量对象叫做列对象，列对象有唯一的对象标识符，这对每一行都是一样的。在图 3-11 中，列对象 tcpConnState 有 3 个实例，其对象标识符都是 1.3.6.1.2.1.6.13.1.1。索引对象的值是用于区分表中的行的，这样，把列对象的对象标识符与索引对象的值组合起来就说明了列对象的一个实例。

另一个例子，MIB 接口组中的接口表 ifTable。其中只有一个索引对象 ifIndex，它的值是整数类型，并且每个接口都被赋予唯一接口编号，如果想知道第 2 个接口的类型，就可以把列对象 ifType 的对象标识符 1.3.6.1.2.1.2.2.1.3 与索引对象 ifIndex 的值 2 连接起来，组成 ifType 的实例标识符 1.3.6.1.2.1.2.2.1.3.2。

对于更复杂的情况，可以考虑图 3-11 的 TCP 连接表。这个图中有 4 个索引对象（INDEX），所以列对象的实例标识符就是由列对象的对象标识符按照表中的顺序级联上同一行的 4 个索引对象的值组成的，如图 3-12 所示。

总之，tcpConnTable 的所有实例标识符的形式可以表示为：

x. *i*. (tcpConnLocalAddress). (tcpConnLocalPort). (tcpConnRemAddress). (tcpConnRemPort)

其中 *x* 为 tcpConnEntry 的对象标识符 1.3.6.1.2.1.6.13.1，*i* 为列对象的对象标识符的最后一个子标识符（指明列对象在表中的位置），例如第三列为 1.3.6.1.2.1.6.13.1.3。

tcpConnState (1.3.6.1.2.1.6.13.1.i)	tcpConnLocalAddress (1.3.6.1.2.1.6.13.1.i)	tcpConnLocalPort (1.3.6.1.2.1.6.13.1.i)	tcpConnRemAddress (1.3.6.1.2.1.6.13.1.i)	tcpConnRemPort (1.3.6.1.2.1.6.13.1.i)
(1.3.6.1.2.1.6.13.1.1)	(1.3.6.1.2.1.6.13.1.2)	(1.3.6.1.2.1.6.13.1.3)	(1.3.6.1.2.1.6.13.1.4)	(1.3.6.1.2.1.6.13.1.5)
x.1.10.0. 0.99.12.9.1.2.3.15	x.2.10.0. 0.99.12.9.1.2.3.15	x.3.10.0. 0.99.12.9.1.2.3.15	x.4.10.0. 0.99.12.9.1.2.3.15	x.5.10.0. 0.99.12.9.1.2.3.15
x.1.0.0.0.0.99.0.0	x.2.0.0.0.0.99.0.0	x.3.0.0.0.0.99.0.0	x.4.0.0.0.0.99.0.0	x.5.0.0.0.0.99.0.0
x.1.10.0. 0.99.14.89.1.1.42.84	x.2.10.0. 0.99.14.89.1.1.42.84	x.3.10.0. 0.99.14.89.1.1.42.84	x.4.10.0. 0.99.14.89.1.1.42.84	x.5.10.0. 0.99.14.89.1.1.42.84

x = 1.3.6.1.2.1.6.13.1 = tcpConnEntry 的对象标识符

图 3-12　实例标识符

一般的规律是这样的，假定对象标识符是 y（即 $x.i$），该对象所在的表有 N 个索引对象 $i_1,i_2,\cdots,i_N$，则它的某一行的实例标识符 $x.i.(\ )$ 是：$y.(i_1).(i_2)\cdots(i_N)$。只取其中一个括弧内的值。

对于对象实例的值转换成子标识符的方法，RFC 1212 提出了如下的转换规则，根据索引对象实例的不同取值制定不同的转换规则。

（1）整数值。把整数值作为一个子标识符。

（2）固定长度的字符串值。把每个字节（OCTET）编码为一个子标识符。

（3）可变长的字符串值。先把串的实际长度 n 编码为一个子标识符，然后把每个字节编码为 1 个子标识符，总共有 n+1 个子标识符。

（4）对象标识符。如果长度为 n，则先把编码的第 1 个子标识符加上后续该对象标识符的各个子标识符，总共有 1+n 个子标识符。

（5）地址。变为 4 个子标识符。

表和行对象（如 tcpConnTable 和 tcpConnEntry）是没有实例标识符的，因为它们不是叶子结点，SNMP 不能访问，其访问特性为“not-accessible”。这类对象叫做概念表和概念行。

由于标量对象只能取一个值，所以从原则上说不必区分对象类型和对象实例。然而为了与列对象一致，SNMP 规定在标量对象标识符之后级联一个“0”，表示是该对象的实例标识符。例如，在管理信息库（MIB）包含的系统组（system）中的 sysName 对象标识符是 1.3.6.1.2.1.1.5，则该对象的实例标识符是 1.3.6.1.2.1.1.5.0。

3.2.3　词典顺序★★★☆☆

对象标识符是整数序列，这种序列反映了该对象在 MIB 中的逻辑位置，同时表示了一种词典顺序，只要按照一定的方式遍历 MIB 树，就可以排出所有对象及其实例的词典顺序。

对象的顺序对网络管理是很重要的。因为管理站可能不知道代理提供的 MIB 的组成，所以管理站要用某种手段搜索 MIB 树，在不知道对象标识符的情况下访问对象的值。例如，为检索一个表项，管理站可以连续发出 Get 操作，按词典顺序得到预定的对象实例。

表 3-1 是一个简化的 IP 路由表，该表只有 3 项。这个路由表的对象及其实例按分层树排列如图 3-13 所示。表 3-2 给出了对应的词典顺序。注意，表 3-1 中第 2、3 列中是其值，表 3-2 展示的是访问顺序。

表 3-1 一个简化的 IP 路由表

ipRouteDest	ipRouteMetric1	ipRouteNextHop
9.1.2.3	3	99.0.0.3
10.0.0.51	5	89.1.1.42
10.0.0.99	5	89.1.1.43

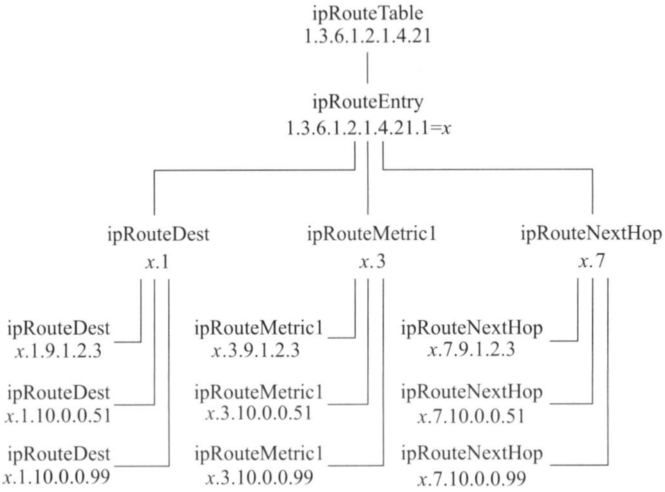

图 3-13 IP 路由表对象及其实例的子树

表 3-2 IP 路由表对象及其实例的词典表序

对　　象	对象标识符	下一个对象实例
ipRouteTable	1.3.6.1.2.1.4.21	1.3.6.1.2.1.4.21.1.1.9.1.2.3
ipRouteEntry	1.3.6.1.2.1.4.21.1	1.3.6.1.2.1.4.21.1.1.9.1.2.3
ipRouteDest	1.3.6.1.2.1.4.21.1.1	1.3.6.1.2.1.4.21.1.1.9.1.2.3
ipRouteDest.9.1.2.3	1.3.6.1.2.1.4.21.1.1.9.1.2.3	1.3.6.1.2.1.4.21.1.1.10.0.0.51
ipRouteDest.10.0.0.51	1.3.6.1.2.1.4.21.1.1.10.0.0.51	1.3.6.1.2.1.4.21.1.1.10.0.0.99
ipRouteDest.10.0.0.99	1.3.6.1.2.1.4.21.1.1.10.0.0.99	1.3.6.1.2.1.4.21.1.3.9.1.2.3
ipRouteMetric1	1.3.6.1.2.1.4.21.1.3	1.3.6.1.2.1.4.21.1.3.9.1.2.3
ipRouteMetric1.9.1.2.3	1.3.6.1.2.1.4.21.1.3.9.1.2.3	1.3.6.1.2.1.4.21.1.3.10.0.0.51
ipRouteMetric1.10.0.0.51	1.3.6.1.2.1.4.21.1.3.10.0.0.51	1.3.6.1.2.1.4.21.1.3.10.0.0.99
ipRouteMetric1.10.0.0.99	1.3.6.1.2.1.4.21.1.3.10.0.0.99	1.3.6.1.2.1.4.21.1.7.9.1.2.3
ipRouteNextHop	1.3.6.1.2.1.4.21.1.7	1.3.6.1.2.1.4.21.1.7.9.1.2.3
ipRouteNextHop.9.1.2.3	1.3.6.1.2.1.4.21.1.7.9.1.2.3	1.3.6.1.2.1.4.21.1.7.10.0.0.51
ipRouteNextHop.10.0.0.51	1.3.6.1.2.1.4.21.1.7.10.0.0.51	1.3.6.1.2.1.4.21.1.7.10.0.0.99
ipRouteNextHop.10.0.0.99	1.3.6.1.2.1.4.21.1.7.10.0.0.99	1.3.6.1.2.1.4.21.1.1.*x*

思考：管理信息库中的数据都有哪些类型？为什么采用这样的方法？它有什么优点？

3.3　MIB 树结构

在基于 TCP/IP 参考模型的系统管理中，包含有关被管理资源以及元素信息的数据库，被称为管理信息库 MIB。

3.3.1　MIB 简介★★☆☆☆

管理信息库以树形结构进行组织。这种层次树结构有 3 个作用。

1. 表示管理和控制关系

图 3-14 中上层的中间结点是某些组织机构的名字，说明这些机构负责它下面的子树信息的管理和审批。

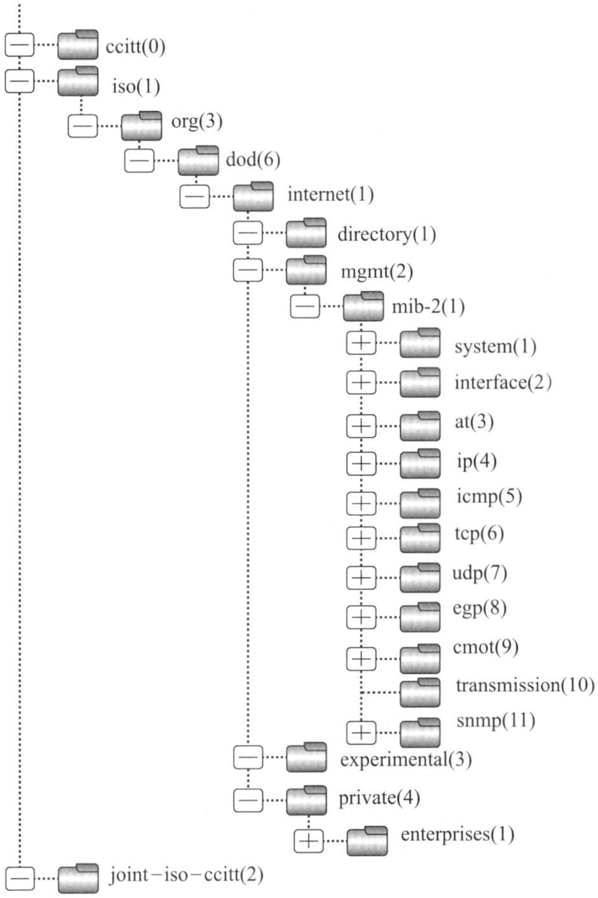

图 3-14　网络管理的 ASN.1 树

MIB 树的根结点没有名字，默认为抽象语法表示（ASN.1），共有 3 个子树。

（1）ccitt（0），由原 CCITT 管理。

(2) iso(1),由 ISO 管理。

(3) joint-iso-ccitt(2),由 ISO 和原 CCITT 管理。

有些中间结点虽然不是组织机构名,但已委托给某个组织机构代管,例如,org(3)由 ISO 代管,而 internet(1)由 IAB 代管等。在 org(3)子树下,结点 dod(6)是被美国国防部(Department of Defense)使用的,所有通过 DOD 的协议,如 TCP/IP 通信的设备,能够从它们那里获得的信息都位于该子树下,它的完整的对象标识符是 1.3.6.1,该对象标识符被称为 internet,该标识符的文本形式是{iso(1) org(3) dod(6)1}。

2. 提供结构化的信息组织技术

从图 3-14 中可以看出,下层的中间结点代表的子树是与每个子网资源或网络协议相关的信息集合。例如,有关 IP 的管理信息都放置在 ip(4)子树中。这样,沿着树层次访问相关信息就很方便。图 3-14 中提供的是已经增加了的 MIB-2 树结构。

3. 提供了对象命名机制

树中每个结点都有一个分层的编号。叶子结点代表实际的管理对象,从树根到树叶的编号串联起来,用圆点隔开,就形成了管理对象的全局标识。对象标识符有两种标识方法:数字形式和名字形式。例如,internet 的标识符是 1.3.6.1,或者写为{iso(1) org(3) dod(6) 1}。数字形式更易存储和处理,实际上 SNMP 报文都是采用数字形式的对象标识符。

在 internet 对象标识符下定义了如下 4 个子树,把 internet 结点划分为 4 个子树,为 SNMP 的试验和改进提供了非常灵活的管理机制。

(1) directory(1)保留在将来使用,是为 OSI 的目录服务(X.500)使用的。

(2) mgmt(2)包括由 IAB 批准的所有管理对象,而 mib-2(RFC 1213)是 mgmt(2)的第一个子结点。

(3) experimental(3)子树用来标识在互联网上实验的所有管理对象。在这个子树下的所有对象的标识符都以 1.3.6.1.3 开始。

(4) private(4)子树是为私有用户管理信息准备的,目前这个子树只有一个子结点 enterprise(1)。一个企业是一个注册了它的自定义 MIB 扩展的组织。该结点下的每个子树分配给一个企业,然后企业就可以在该子树下创建它的产品特有的属性。厂商自定义的 MIB 都处于这个层次型结构的位置。目前,该结点下已超过 3000 个厂商,IBM 为{1.3.6.1.4.1.2},Cisco 为{1.3.6.1.4.1.9}等。

1988 年 8 月,在 RFC 1066 中公布了第一组被管对象,被称为 MIB-1,它包括了 8 个功能组,约 100 个对象。MIB-1 功能组如下:

```
system       OBJECT    IDENTIFIER ::= {mib 1}
interfaces   OBJECT    IDENTIFIER ::= {mib 2}
at           OBJECT    IDENTIFIER ::= {mib 3}
ip           OBJECT    IDENTIFIER ::= {mib 4}
icmp         OBJECT    IDENTIFIER ::= {mib 5}
top          OBJECT    IDENTIFIER ::= {mib 6}
udp          OBJECT    IDENTIFIER ::= {mib 7}
egp          OBJECT    IDENTIFIER ::= {mib 8}
```

MIB-1 很快被厂商接受,在实现的管理站和代理中把它作为开发 SNMP 的基础。但对一个网络管理系统而言,100 多个变量只能表示整个网络的一小部分。

3.3.2　MIB 中的数据类型★★★☆☆

MIB 由一系列对象组成。每个对象属于一定的对象类型,并且有一个具体的值。对象类型的定义是一种语法描述,对象实例是对象类型的具体实现,只有实例才可以绑定到特定的值。

SNMP 的对象是用 ASN.1 定义的,这种定义说明管理对象的类型、它的组成和值的范围,以及与其他对象的关系。为了保持简单性,仅用到 ASN.1 的一个子集。其中用到的 5 种通用类型如表 3-3 所示,前 4 种是简单类型,最后一种是构造类型。

表 3-3　ASN.1 的通用类型

类　型　名	类　　型	标　　签	值　集　合
INTEGER	简单	UNIVERSAL 2	整数
OCTET STRING	简单	UNIVERSAL 4	位组串
NULL	简单	UNIVERSAL 5	空
OBJECT IDENTIFIER	简单	UNIVERSAL 6	对象标识符
SEQUENCE (OF)	构造	UNIVERSAL 16	序列

ASN.1 中的应用类型与特定的应用有关。具体到 SNMP 这种应用,RFC 1155 定义了以下应用类型:

NetworkAddress ::= CHOICE{internet IpAddress}

这种类型用 ASN.1 的 CHOICE 构造定义,可以从各种网络地址中选择一种。目前只有 internet 地址一种。

internet OBJECT IDENTIFIER ::= {iso(1) org(3) dod(6) 1}

SNMP 采用对象标识符作为对象的唯一标识。

IpAddress ::= [APPLICATION 0]IMPLICIT OCTET STRING(SIZE(4))

32 位的 IP 地址,定义为 OCTET STRING 类型。

Counter ::= [APPLICATION 1]IMPLICIT INTEGER(0..4294967295)

计数器类型是一个非负整数,从 0 开始,其值可增加,但不能减少,达到最大值 $2^{32}-1$ 后回零,再从 0 开始增加,如图 3-15(a)所示。计数器可用于计算收到的分组数或字节数等。

Gauge ::= [APPLICATION 2]INTEGER(0..4294967295)

计量器类型是一个非负整数,从 0 开始,其值可增加,也可减少。计量器的最大值是 $2^{32}-1$。与计数器不同的地方是计量值达到最大值后不回零,而是锁定在 $2^{32}-1$。如图 3-15(b)所示。计量器可用于表示存储在缓冲队列中的分组数。

TimeTicks ::= [APPLICATION 3]INTEGER(0..4294967295)

时钟类型是非负整数。时钟的单位是百万分之一秒,可表示从某个事件(例如,设备启动)开始到目前经过的时间。

Opaque ::= [APPLICATION 4]OCTET STRING　　　/* arbitrary ASN.1 value */

不透明类型即未知数据类型,或者说可以表示任意类型。当数据以这种数据编码出现时按 OCTET STRING 处理，管理站和代理能解释这种类型。

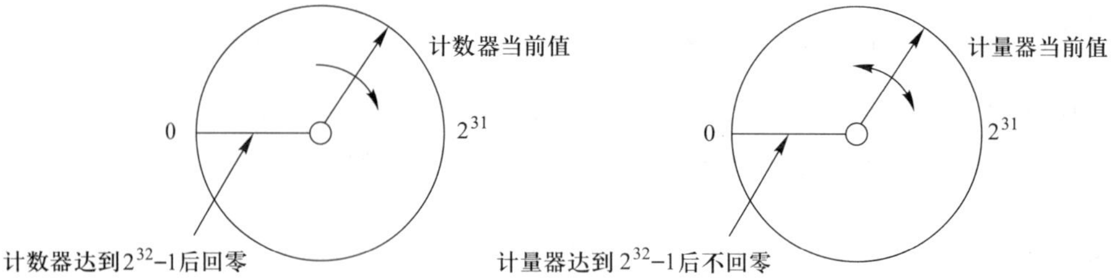

(a) 计数器　　(b) 计量器

图 3-15　计数器和计量器

3.3.3　管理信息结构的定义★★★☆☆

SNMP MIB 的宏定义最初在 RFC 1155 中说明，叫做 MIB。后来由 RFC 1212 扩充了，叫做 MIB-2，原 MIB 叫做 MIB-1。图 3-16 是 RFC 1212 中对象类型的定义。

```
OBJECT-TYPE MACRO ::=
  BEGIN
    TYPE NOTATION ::= "SYNTAX" type{TYPE ObjectSyntax}
                      "ACCESS" Access
                      "STATUS" Status
                       DescrPart
                       ReferPart
                       IndexPart
                       DefValPart
    VALUE NOTATION ::= value(VALUE ObjectName)
    Access ::= "read-only" | "read-write" | "write-only" | "not-accessible"
    Status ::="mandatory" | "optional" | "obsolete" | "deprecated"
    DescrPart ::= "DESCRIPTION" value(description DisplayString) | empty
    ReferPart ::= "REFERENCE" value(reference DisplayString) | empty
    IndexPart ::= "INDEX" "{ "IndexTypes" }" |empty
    IndexTypes ::= IndexType | IndexTypes "," IndexType
    IndexType ::= value(indexobject ObjectName) | type(indextype)
    DefValPart ::= "DEFVAL" "{"value(defvalue ObjectSyntax)"}" | empty
  END
```

图 3-16　管理对象的宏定义(RFC 1212)

对其中关键的成分解释如下：

SYNTAX：表示对象类型的抽象语法，在宏实例中关键字 type 应由 RFC 1155 中定义的 ObjectSyntax 代替，即上面提到的通用类型和应用类型。例如：

ObjectSyntax ::= CHOICE{simple SimpleSyntax, application-wide ApplicationSyntax}

SimpleSyntax 是指 5 种通用类型，而 ApplicationSyntax 是指 6 种应用类型。

ACCESS：定义 SNMP 协议访问对象的方式。可选择的访问方式有只读（read-only）、读写（read-write）、只写（write-only）和不可访问（not-accessible）4 种，这是通过访问子句定义的。任何实现必须支持宏定义实例中定义的访问方式，还可以增加其他访问方式，但不能减少。

STATUS：说明实现是否支持这种对象。状态子句中定义了必要的（mandatory）和任选的（optional）两种支持程度。废弃的（obsolete）是指老标准支持而新标准不支持的类型。如果一个对象被说明为可取消的（deprecated），则表示当前必须支持这种对象，但在将来的标准中可能被取消。

DesctPart：这个子句是任选的，用文字说明对象类型的含义。

ReferPart：这个子句也是任选的，用文字说明可参考在其他 MIB 模块中定义的对象。

IndexPart：用于定义表对象的索引项。

IndexTypes 和 IndexType：定义了索引的类型。

DefValPart：定义了对象实例的默认值，这个子句是任选的。

VALUE NOTATION：指明对象的访问名。

当用一个具体的值代替宏定义中的变量（或参数）时就产生了宏实例，它表示一个实际的 ASN.1 类型（叫做返回的类型），并且规定了该类型可取的值的集合（叫做返回的值）。宏实例（即 ASN.1 类型）的表示是首先写出类型名，后跟宏定义的名字，再后面是宏定义规定的宏体部分，图 3-17 给出了一个对象定义的例子。

```
tcpMaxConn OBJECT-TYPE
        SYNTAX      INTEGER
        ACCESS      read-only
        STATUS      mandatory
        DESCRIPTION
        "The limit on the total number of TCP connection the entity can support."
        ::= {tcp 4}
```

图 3-17　对象定义的例子

> **思考：**为什么要实现 MIB？它位于网络管理结构体系的什么地方？它是如何来定义对象的？在网络管理中起到什么作用？为什么要这么做？

3.4　MIB-2 功能组

1990 年 5 月，在 RFC 1158 中公布了 MIB-2。MIB-2 引入了 cmot、transmission、snmp 这 3 个新的对象组，从而扩展了 MIB-1 已有的对象组。MIB-2 对象组如下：

```
system      OBJECT   IDENTIFIER ::= {mib-2 1}
interfaces  OBJECT   IDENTIFIER ::= {mib-2 2}
at          OBJECT   IDENTIFIER ::= {mib-2 3}
ip          OBJECT   IDENTIFIER ::= {mib-2 4}
icmp        OBJECT   IDENTIFIER ::= {mib-2 5}
```

```
tcp           OBJECT     IDENTIFIER ::= {mib-2 6}
udp           OBJECT     IDENTIFIER ::= {mib-2 7}
egp           OBJECT     IDENTIFIER ::= {mib-2 8}
cmot          OBJECT     IDENTIFIER ::= {mib-2 9}
transmission  OBJECT     IDENTIFIER ::= {mib-2 10}
snmp          OBJECT     IDENTIFIER ::= {mib-2 11}
```

MIB-2 除了引入新的对象组外，还引入了很多新的对象，具体如下。

system 组中增加了 sysContact、sysName、sysLocation 和 sysServices 这 4 个对象。

interfaces 组的表对象 ifTable 中增加了 ifSpecific 对象。

ip 组的表对象 ipAddrTable 中增加了 ipAdEntReasmMaxSize 对象，表对象 ipRouteTable 中增加了 ipRouteMask 对象，而且增加了表对象 ipNetToMediaTable。

tcp 组中增加了 tcpInErrs 和 tcpOutRsts。

udp 组中增加了表对象 udpTable。

egp 组中增加了 egpAs 对象。

在 RFC 1213 中，MIB-2 重新修订并采纳简洁的 MIB 定义，从而 RFC 1213 取代了 RFC 1158。RFC 1213 文件包含 11 个功能组和 171 个对象。其中，定义的 11 个功能组如图 3-14 所示，可以看出它们是 mgmt 结点下的第一个结点，MIB-2 的对象标识符（OID）为 1.3.6.1.2.1，在它下面有 11 个结点，每个结点对应一个功能组。

表 3-4　MIB-2 功能组

功　能　组	对象标识符	主 要 描 述
system	mib-2 1	关于系统的总体信息，如系统说明和管理信息
interface	mib-2 2	关于系统到子网的各个接口的信息
at	mib-2 3	关于 IP 地址与物理地址的转换
ip	mib-2 4	关于 IP 的信息
icmp	mib-2 5	关于 ICMP 的信息
tcp	mib-2 6	关于 TCP 的信息
udp	mib-2 7	关于 UDP 的信息
egp	mib-2 8	关于 EGP 的信息
cmot	mib-2 9	关于 CMOT 的协议保留
transmission	mib-2 10	关于传输介质的管理信息，为传输信息保留
snmp	mib-2 11	关于 SNMP 的信息

表 3-4 中列出了 MIB-2 的功能组名、对象标识符（OID）（这里用 MIB-2 代表 1.3.6.1.2.1，即 MIB-2 的对象标识符）和每个组的主要描述。

RFC 1213 说明了选择管理对象的标准，具体内容如下：

（1）包括了故障管理和配置管理需要的对象。

（2）只包含“弱”控制对象。所谓“弱”控制对象，就是即使出错对系统也不会造成严重危害的对象，这反映了当前的管理协议不很安全，不能对网络实施太强的控制。

（3）选择经常使用的对象，并且要证明在当前的网络管理中正在使用。

（4）为了容易实现，开发 MIB-1 时限制对象数为 100 个左右，在 MIB-2 中，这个限制稍有突破，在 MIB-2 中对象数限制在 117 个。

（5）不包含具体实现（如 BSD UNIX）专用的设备。

（6）为了避免冗余，不包括那些可以从已有对象导出的对象。

（7）每个协议层的每个关键部分分配一个计数器，这样可以避免复杂的编码。

MIB-2 只包括那些被认为是必要的对象，不包括任选的对象。对象的分组方便了管理实体的实现。一般来说，制造商如果认为某个功能组是有用的，则必须实现该组的所有对象，例如，一个设备实现 TCP，则它必须实现 TCP 组的所有对象，当然网桥或路由器不必实现 TCP 组。

3.4.1　系统组★★★☆☆

系统（system）组是 internet 标准 MIB 中最基本的一个组，包含一些最常用的被管对象。网络管理系统一旦发现新的系统被加到网络中，首先需要访问该系统的这个组，来获取系统的名称、物理地点和联系人等信息。所有系统都必须包含 system 组。图 3-18 为 system 组中被管对象的标识符子树，这些对象中的多数对于失效管理和配置管理是很有用的。

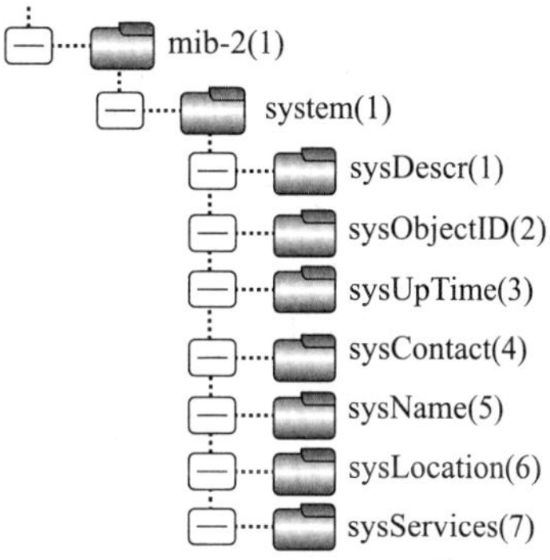

图 3-18　system 组的对象标识符子树

1. 用于失效管理的 system 组对象

表 3-5 中列出了适用于失效管理的 system 组对象。sysObjectID 中的对象标识符标明了实体的生产商，这在解决一个和设备有关的问题又需要知道设备的制造者时是非常有用的数据。

sysServices 告知设备主要提供了 ISO 参考模型中的哪些协议层服务。设 L 是协议层编号，如果使用了 L 层的协议，则二进制数值的第 $L-1$ 位为 1，否则为 0。例如，一个主要在第三层运行的路由器将返回值 0000100B，即 4，而一个运行第四层和第七层服务的主机将返回值 1001000B，即 72。在不知道设备的功能时，该信息对于问题的解决是有用的。

表 3-5　用于失效管理的 system 对象

对象	对象号	语　　法	访问权限	功 能 描 述
sysObjectID	system 2	OBJECT IDENTIFIER	read-only	系统制造商
sysUpTime	system 3	TimeTicks	read-only	系统运行时间
sysServices	system 7	INTEGER(0..127)	read-only	系统提供的协议层服务

sysUpTime 告知一个系统已经运行了多长时间。失效管理查询该对象可以确定实体是否已重新启动，如果查询获得的是一个一直增加的值就认为实体是 Up 的，如果小于以前的值，则自上次查询后系统重新启动了。

2. 用于配置管理的 system 组对象

表 3-6 中列出了适用于配置管理的 system 组对象。对于许多实体,通过 sysDescr 可获得软件版本或操作系统,该数据对于管理设备的位置和故障检修都是有用的。sysLocation、sysContact、sysName 分别告知系统的物理位置、有问题时和谁联系、网络设备的名字,当为了对远程设备进行物理访问而需要和某个人联系时获得这些信息是有用的。

表 3-6 适用于配置管理的 system 组对象

对象	对象号	语　　法	访问权限	功 能 描 述
sysDescr	system 1	DisplayString(SIZE(0..255))	read-only	系统的描述(软、硬件等)
sysContact	system 4	DisplayString(SIZE(0..255))	read-write	系统负责人(联系人)
sysName	system 5	DisplayString(SIZE(0..255))	read-write	系统的名字
sysLocation	system 6	DisplayString(SIZE(0..255))	read-write	系统的物理位置

3.4.2 接口组★★★☆☆

接口组(interface)包含关于主机接口的配置信息和统计信息。interface 组对象提供关于网络设备上每个特定接口的数据,它在失效、配置、性能和计费管理中都是有用的。系统中有多个子网时,每个子网对应一个接口,并且每个接口的参数都要进行描述,但是这个组只描述接口的一般参数。表 3-7 和图 3-19 中列出了该组中的被管对象。接口组中的变量 ifNumber 是指网络接口数。另外有一个表对象 ifTable,每个接口对应一个表项。该表的索引是 ifIndex. 取值为 1 到 ifNumber 之间的数。ifType 是指接口的类型,每种接口都有一个标准编码。

表 3-7 Interfaces 组中被管对象

对象	对象号	语　　法	访问权限	功 能 描 述
ifNumber	interface 1	INTEGER	read-only	网络接口的数目
ifTable	interface 2	SEQUENCE OF ifEntry	not-accessible	接口表
ifEntry	ifTable 1	SEQUENCE	not-accessible	接口表项
ifIndex	ifEntry 1	INTEGER	read-only	对应接口的唯一索引
ifDescr	ifEntry 2	DisplayString (SIZE(0..255))	read-only	接口的厂商、产品、型号、版本等信息
ifType	ifEntry 3	INTEGER	read-only	接口类型,根据物理或链路层区分
ifMtu	ifEntry 4	INTEGER	read-only	接口可接收或发送的最大协议数据单元尺寸
ifSpeed	ifEntry 5	Gauge	read-only	接口当前数据速率的估计值
ifPhysAddress	ifEntry 6	PhysAddress	read-only	协议层接口的物理地址
ifAdminStatus	ifEntry 7	INTEGER	read-write	期望的接口状态 up(1)/down(2)/testing(3)

续表

对象	对象号	语　　法	访问权限	功 能 描 述
ifOperStatus	ifEntry 8	INTEGER	read-only	当前的接口状态 up(1)/down(2)/testing(3)
ifLastChange	ifEntry 9	TimeTicks	read-only	接口进入当前状态的时间
ifInOctets	ifEntry 10	Counter	read-only	接口收到的总字节数
ifInUcastPkts	ifEntry 11	Counter	read-only	递交到高层协议的子网单播的分组数
ifInNUcastPkts	ifEntry 12	Counter	read-only	递交到高层协议的非单播的分组数
ifInDiscards	ifEntry 13	Counter	read-only	被丢弃的输入分组数
ifInErrors	ifEntry 14	Counter	read-only	有错的输入分组数
ifInUnknown Protos	ifEntry 15	Counter	read-only	由于协议未知而被丢掉的分组数
ifOutOctets	ifEntry 16	Counter	read-only	接口发送的字节数
ifOutUcastPkts	ifEntry 17	Counter	read-only	发送到子网单播地址的分组总数
ifOutNUcastPkts	ifEntry 18	Counter	read-only	发送到非子网单播地址的分组总数
ifOutDiscards	ifEntry 19	Counter	read-only	被丢弃的输出分组数
ifOutErrors	ifEntry 20	Counter	read-only	不能被发送的有错的分组数
ifOutQLen	ifEntry 21	Counter	read-only	输出分组队列长度
ifSpecfic	ifEntry 22	OBJECT IDENTIFIER	read-only	指向 MIB 中专用的定义

1. 用于失效管理的 interface 组对象

ifAdminStatus 对象和 ifOperStatus 对象都返回整数,值 1 表示 Up,值 2 表示 Down,值 3 表示 Testing。把 ifAdminStatus 和 ifOperStatus 这两个对象结合在一起,失效管理应用可以确定接口的当前状态(见表 3-8)。

表 3-8　接 口 状 态

ifAdminStatus	ifOperStatus	含　　义
Up(1)	Up(1)	正常
Up(1)	Down(2)	故障
Down(2)	Down(2)	停机
Testing(3)	Testing(3)	测试

这两个对象所有其他组合都是不合适的,如果查询这两个对象返回的不是这 4 个组合之一,可能意味着实体或设备软件工作不正常。

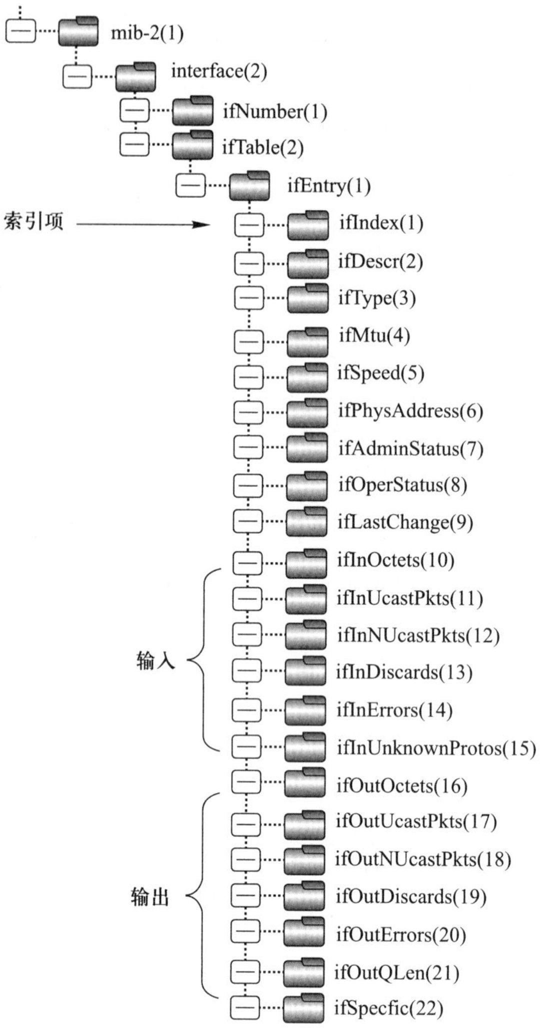

图 3-19 Interface 组被管对象标识符子树

ifLastChange 对应于接口进入它当前运行状态的时间。

2. 用于配置管理的 interface 组对象

ifDescr 和 ifType 分别命名接口并给出它的类型。例如，ifDescr 返回字符串“ethernet”，ifType 很可能返回一个数 6，为了易于理解，应该有一个网络管理应用把数 6 映射到一个能给出更多信息的字符串中，如“ethernet-CSMA/CD”。ifType 返回值的含义定义在 MIB 中，常用的值如下：

other(1)，regular1822(2)，hdh1822(3)，ddn-x25(4)，rfc877-x25(5)，ethernet-csmacd(6)，iso88023-csmacd(7)，iso88024-tokenBus(8)，iso88025-tokenRing(9)，iso88026-man(10)，starLan(11)，proteon-10Mbit(12)，proteon-80Mbit(13)，hyperchannel(14)，fddi(15)，lapb(16)，sdlc(17)，dsi(18)，ei(19)，basicISDN(20)，primaryISDN(21)，propPointToPointSerial(22)，ppp(23)，softwareLoopback(24)，eon(25)，ethernet-3Mbit(26)，nsip(27)，slip(28)，ubtra(29)，ds3(30)，sip(31)，frame-relay(32) ifMtu 设置接口发送或接收的最大数据报的大小。ifSpeed 设置接口的带宽,即每秒钟可以传输的最大比特率,例如,ifSpeed 取值 10000000,表示 10 Mbps。ifAdminStatus 设置接口的状态。

3. 用于性能管理的 interface 组对象

性能管理应用一般要观察接口的错误率,要完成这些,需要找出接口的总包数和错误数。接口收到的总包数应为 ifInUcastPkts 和 ifInNUcastPkts 之和,发送的总包数应为 ifOutUcastPkts 和 ifOutNUcastPkts 之和,则接口的输入和输出错误率分别如下:

输入错误百分率 = ifInErrors/(ifInUcastPkcts + ifInNUcastPkts)

输出错误百分率 = ifOutErrors/(ifOutUcastPkts + ifOutNUcastPkts)

可以使用相似的方法,利用对象 ifInDiscards 和 ifOutDiscards 监视被接口丢弃包的比率:

丢弃的输入包率 = ifInDiscards/(ifInUcastPkts + ifInNUcastPkts)

丢弃的输出包率 = ifOutDiscards/(ifOutUcastPkts + ifOutNUcastPkts)

接口运行不正常、传输介质有问题、设备中的缓冲有问题等都可能导致错误或丢弃数据包。发现错误后,就可以着手解决它们。但是,并不是所有的丢弃数据包都表示有问题。例如,一个设备由于它接收到了许多未知或不支持的协议的包而有很高的丢弃率。又例如,一个只进行互联网协议路由的网络设备,该设备有一个接口在以太网上,导致该设备不得不接收广播,因此接收到许多不知道如何处理的包,结果导致 ifInDiscards 的值上升。

性能管理应用可以利用 ifInOctets 和 ifOutOctets 计算出一个接口的利用率。要完成该计算,需要两个不同时刻的查询。一个取得在时刻 x 的总字节数,另一个取得在时刻 y 的总字节数,在查询时刻 x 和 y 之间发送和接收的总字节数由下面公式计算:

总字节数 = $(\text{ifInOctets}_y - \text{ifInOctets}_x) + (\text{ifOutOctets}_y - \text{ifOutOctets}_x)$

由此可得每秒钟总字节数 = 总字节数/$(y-x)$,则线路的利用率为:

利用率 =(每秒总字节数×8)/ifSpeed(ifSpeed 是一个以每秒钟比特数为单位的数)

对象 ifOutQLen 可告知一个设备的接口是否在发送数据上有问题,当等待离开接口的包数增加时,该对象的值也相应增加。在发送数据上的问题可能是由于接口上的错误导致的,也可能是由于设备处理包的速度跟不上包的输入速度。大量的包等待在输出队列中虽不是一个严重的问题,而它不断的增长可能意味着接口发生了拥挤。

4. 用于计费管理的 interface 组对象

使用 ifInOctets 和 ifOutOctets 可以确定一个接口发送和接收的字节数。如果一个网络设备中每个计费实体都直接对应一个接口,没有中间传输流量,则该数据是非常有用的,无需计算就可以得出计费实体发送到网络或从网络接收到了多少字节。如果通过该接口的流量还要传输到另一个计费实体,这种模式就不能很好地工作了。

如果计费模型使用包而不是以字节计数,则 ifInUcastPkts、ifOutUcastPkts、ifInNUcastPkts 和 ifOutNUcastPkts 将给出计费进程所必需的数据包数。

3.4.3　地址转换组★★★☆☆

MIB-2 中地址转换组(Address Translation)的对象已被收编到各个网络协议组中,保留地址转换组仅仅是为了与 MIB-1 兼容。这种改变基于以下两种理由。

（1）为了支持多协议的节点。当一个节点支持多个网络层协议（如 IP 和 IPX）时，多个网络地址可能对应一个物理地址，而该组只能把一个网络地址映像到物理地址。

（2）为了表示双向映像关系。地址转换表只允许从网络地址到物理地址的映射，然而有些路由协议却要从物理地址到网络地址的映像。

地址转换组包含一个表，表中的每一行对应系统的一个物理接口，表示网络地址到接口的物理地址的映射。通常，网络地址就是 IP 地址，而物理地址决定于实际采用的物理子网情况。例如，如果接口对应的是以太网，则物理地址是 MAC 地址；如果对应 X.25 分组交换网，则物理地址可能是一个 X.121 地址。MIB-2 地址转换组如图 3-20 所示，表 3-9 中列出了该组中被管对象的描述。

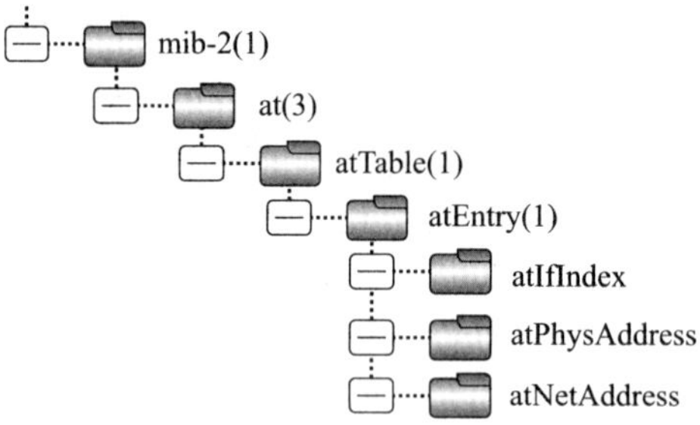

图 3-20 MIB-2 地址转换组

表 3-9 at 组对象

对象	对象号	语法	访问权限	功能描述
atTable	at 1	SEQUENCE OF atEntry	not-accessible	包含网络地址对物理地址的转换
atEntry	atTable 1	SEQUENCE	not-accessible	包含一个网络地址和物理地址对
atIfIndex	atEntry 1	INTEGER	read-write	网络地址转换的索引
atPhysAddress	atEntry 2	PhysAddress	read-write	依赖介质的物理地址
atNetAdress	atEntry 3	NetworkAddress	read-write	对应物理地址的网络地址

3.4.4 IP 组★★★☆☆

ip 组提供了与 IP 协议有关的信息。由于端系统（主机）和中间系统（路由器）都实现 IP 协议，而这两种系统中包含的 ip 对象又不完全相同，所以有些对象是任选的，这取决于是否与系统有关。

ip 组包含的对象如图 3-21 和表 3-10 所示。这些对象可分为 4 大类，包括有关性能和故障监控的标量对象以及 3 个表对象，即 IP 地址表 ipAddrTable、IP 路由表 ipRouteTable、IP 地址转换表 ipNetToMediaTable。ip 组的实现是必须的。

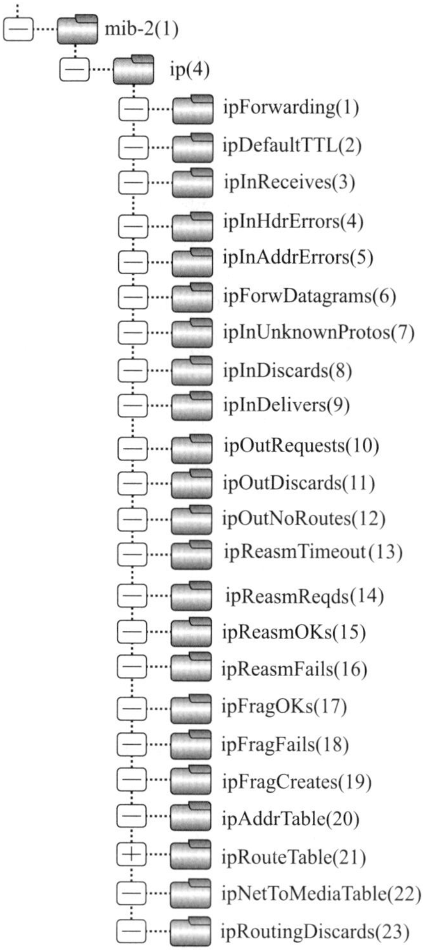

图 3-21　ip 组被管对象标识符子树

表 3-10　ip 组中的被管对象

对　　象	对象号	语　　法	访问权限	功 能 描 述
ipForwarding	ip 1	INTEGER	read-write	是否作为 IP 网关
ipDefaultTTL	ip 2	INTEGER	read-write	生成数据报 IP 头中 TTL 字段的默认值
ipInReceives	ip 3	Counter	read-only	接口收到的数据报的总数
ipInHdrErrors	ip 4	Counter	read-only	因 IP 头错而丢弃的输入数据报的总数
ipInAddrErrors	ip 5	Counter	read-only	因 IP 地址错而丢弃的输入数据报
ipForwDatagrams	ip 6	Counter	read-only	转发的数据报
ipInUnknownProtos	ip 7	Counter	read-only	因协议未知而丢弃的输入数据报
ipInDiscards	ip 8	Counter	read-only	因缺乏资源缓冲而丢弃的输入数据报
ipInDelivers	ip 9	Counter	read-only	成功递交给 IP 用户协议的输入数据报数
ipOutRequests	ip 10	Counter	read-write	本地 IP 用户协议要求传输的 IP 数据报数

续表

对　　象	对象号	语　　法	访问权限	功 能 描 述
ipOutDiscards	ip 11	Counter	read-only	因缺乏资源缓冲而丢弃的输出数据报
ipOutNoRoutes	ip 12	Counter	read-only	因未找到路由而丢弃的 IP 数据报数
ipReasmTimeout	ip 13	INTEGER	read-only	数据报等待重装配帧的最大秒数
ipReasmReqds	ip 14	Counter	read-only	接收到的需要重新装配的 IP 分段数
ipReasmOKs	ip 15	Counter	read-only	成功重组的 IP 数据报数
ipReasmFails	ip 16	Counter	read-only	由 IP 重组算法检测到的重组失败的数目
ipFragOKs	ip 17	Counter	read-only	成功拆分的 IP 数据报数
ipFragFails	ip 18	Counter	read-only	不能成功拆分而丢弃的 IP 数据报数
ipFragCreates	ip 19	Counter	read-only	本实体产生的 IP 数据报分段数
ipAddrTable	ip 20	Sequence of ipAddrEntry	not-accessible	本实体的 IP 地址信息
ipRouteTable	ip 21	Sequence of ipRouteEntry	not-accessible	IP 路由表
ipNetToMediaTable	ip 22	Sequence of ipNetToMedia Entry	not-accessible	将 IP 地址映射到物理地址的地址转换表
ipRoutingDiscards	ip 23	Counter	read-only	被丢弃的路由选择条目数

1. 用于失效管理的 ip 组对象

IP 路由表(ipRouteTable)用于提供路由选择信息,IP 路由表中的所有对象对失效管理都是有用的,如图 3-22 和表 3-11 所示。ipRouteDest 给出目标地址的网络号,ipRouteIfIndex 给出实体外出的接口,ipRouteMetric 给出到目标地址的跳数,ipRouteNextHop 给出下一站地址。

表 3-11　IP 路由表 ipRouteTable 中的被管对象

对　　象	对象号	语　　法	访问权限	功 能 描 述
ipRouteEntry	ipRouteTable 1	SEQUENCE	not-accessible	对应特定目的地的路由
ipRouteDest	ipRouteEntry 1	IpAddress	read-write	目的地的 IP 地址
ipRouteIfIndex	ipRouteEntry 2	INTEGER	read-write	唯一指定本地接口的索引值
ipRouteMertric1	ipRouteEntry 3	INTEGER	read-write	本路由代价的主要度量
ipRouteMertric2	ipRouteEntry 4	INTEGER	read-write	本路由代价的可选度量
ipRouteMertric3	ipRouteEntry 5	INTEGER	read-write	本路由代价的可选度量
ipRouteMertric4	ipRouteEntry 6	INTEGER	read-write	本路由代价的可选度量
ipRouteNextHop	ipRouteEntry 7	INTEGER	read-write	本路由下一跳的 IP 地址

续表

对　　象	对象号	语　　法	访问权限	功能描述
ipRouteType	ipRouteEntry 8	INTEGER	read-write	路由的类型 other(1),invalid(2),direct(3),remote(4)
ipRouteProto	ipRouteEntry 9	INTEGER	read-write	路由的学习机制
ipRouteAge	ipRouteEntry 10	INTEGER	read-write	路由更新以来经历的秒数
ipRouteMask	ipRouteEntry 11	INTEGER	read-write	子网掩码
ipRouteMertric5	ipRouteEntry 12	INTEGER	read-write	本路由代价的可选度量
ipRouteInfo	ipRouteEntry 13	OBJECT IDENTIFIER	read-only	对 MIB 中定义的与本路由有关的路由协议进行参考

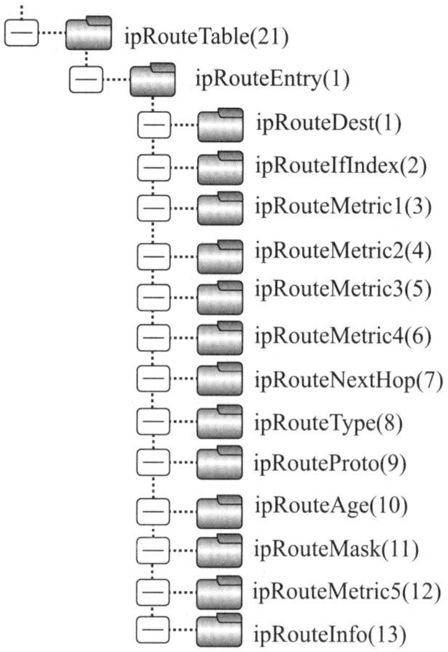

图 3-22　IP 路由表 ipRouteTable 中被管对象标识符子树

例如,假如一个用户无法使自己的机器连接到网络中心的一台服务器,其网络设置如图 3-23 所示。首先检查管理系统中的网络拓扑,以确信所有的网络设备都是 Up 并运行着。然后,由于从用户机器到服务器有几条可能的路由,需要找出正在使用的那一条。因此,失效管理可以使用 ipRouteDest、ipRouteNextHop 和 ipRouteIfIndex 来查询用户机器,请求到服务器的下一站。假设是通过接口“Serial2”到达路由器 A。接着请求路由器 A 同样的信息,假设获知路由器 A 是通过接口“Ethernet 3”经路由器 B 发送数据向服务器前进的,最后发现路由器 B 通过“TokenRing1”直接发送数据给服务器。通过这一过程,获知用户机器确实有一个到达服务器的有效路由。

IP 地址转换表(ipNetToMediaTable)提供了物理地址和 IP 地址的对应关系,每个接口对象对应表中的一项。这个表与地址转换组语义相同。这些对象告知 IP 地址到另一路由地址的映射。一个常见的例子是地址解析协议 ARP 表,它将 IP 地址映射到 MAC 地址。表 3-12 列出了该表中被管对象的描述。

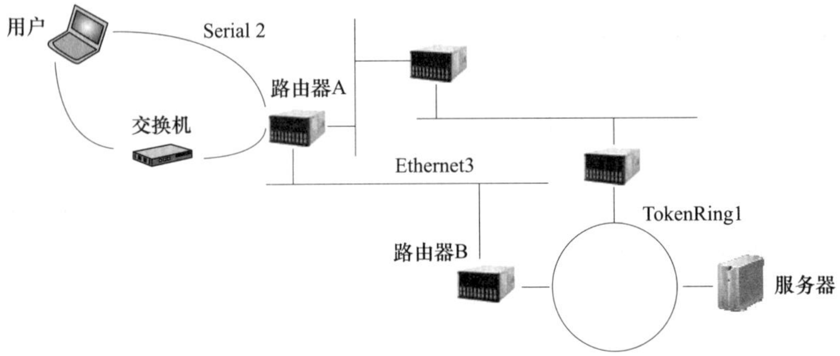

图 3-23 用户机器与服务器间的网络路由

表 3-12 IP 地址转换表 ipNetToMediaTable 中的被管对象

对　　象	对象号	语　　法	访问权限	功能描述
ipNetToMediaEntry	ipAddrTable 1	SEQUENCE	not-accessible	对应一个特定的 IP 地址到物理地址的转换
ipNetToMediaIfIndex	ipAddrEntry 1	INTEGER	read-write	唯一指定本地接口的索引值
ipNetToMediaPhys-Address	ipAddrEntry 2	PhysAddress	read-write	物理地址
ipNetToMediaNet-Address	ipAddrEntry 3	NetworkAddress	read-write	对应的网络地址
ipNetToMediaType	ipAddrEntry 4	INTEGER	read-write	映像类型 other(1),invalid(2),dyn-amic(3),static(4)

2. 用于配置管理的 ip 组对象

一些网络设备如路由器被设置为可转发 IP 数据报。配置管理应用查询一个设备的 ipForwarding 对象,从而告知实体的功能。例如,如果应用查询一个设备的 system 组对象 sysServices,发现设备可提供网络层服务,然后通过 ipForwarding 知道设备是否转发 IP 数据报。

知道分配给设备的网络地址、子网掩码和广播地址对于配置管理是很有价值的。IP 地址表(ipAddrTable)包含分配给该实体的 IP 地址的信息,每个地址被唯一地分配给一个物理地址。表 3-13 列出了 IP 地址表 ipAddrTable 中的被管对象。在每个 ipAddrEntry 中,ipAdEntAddr 和 ipAdEntIfIndex 分别告知 IP 地址和相应的接口,可以使用 ipAdEntIfIndex 把 ipAddrTable 项和一个 interface 组 ifTable 项关联起来。ipAdEntNetMask 给出了子网掩码,而 ipAdEntBcastAddr 告知广播地址。

表 3-13 IP 地址表 ipAddrTable 中的被管对象

对　　象	对象号	语　　法	访问权限	功能描述
ipAddrEntry	ipAddrTable 1	SEQUENCE	not-accessible	一个特定的 IP 地址表目
ipAdEntAddr	ipAddrEntry 1	ipAddress	read-only	本地主机 IP 地址
ipAdEntIfIndex	ipAddrEntry 2	INTEGER	read-only	唯一指定本地接口的索引值
ipAdEntNetMask	ipAddrEntry 3	ipAddress	read-only	与 IP 地址对应的子网掩码

续表

对　　象	对象号	语　　法	访问权限	功 能 描 述
ipAdEntBcastAddr	ipAddrEntry 4	INTEGER	read-only	广播地址的最多位
ipAdEntReasmMaxSize	ipAddrEntry 5	INTEGER	read-only	可重装配的最大数据报

IP 路由表(ipRouteTable)把它的许多对象定义为可读写的,出于配置管理的目的,可以修改、新增、删除路由信息。

3. 用于性能管理的 ip 组对象

使用 ip 组对象,性能管理应用可以测量实体输入和输出 IP 流量的百分率,利用 interface 组对象,实体接收到的总数据报数为所有接口的 ipInUcastPkts 和 ifInNUcastPkts 的和,用该和除以 ipInReceives 可以得出接收到的 IP 数据报的比率。使用对象 ipOutRequest 可以对实体发送的数据报作类似的计算。

由于缺少系统资源或其他不允许对数据报进行适当处理等原因会导致丢弃数据报。对象 ipInDiscards 和 ipOutDiscards 分别给出了数据报在输入和输出时被丢弃的个数。

含有错误的 IP 数据报对于使用 IP 进行传递的应用可能会引起性能问题。使用 ip 组对象可以计算 ip 数据报的错误率。

IP 输入错误率 = (ipInDiscards + ipInHdrErrors + ipInAddrErrors)/ipInReceives

IP 输出错误率 = (ipOutDiscards + ipOutNoRoutes)/ipOutRequests

ipForwDatagrams 告知设备对 IP 数据报转发的速率,如果在时刻 x 和时刻 y 被两次查询,则可得 IP 转发速度。

IP 转发速度 = $(\text{ipForwDatagrams}_y-\text{ipForwDatagmms}_x)/(y-x)$

类似的,可得到系统接收 IP 分组的速率。

IP 输入速度 = $(\text{ipInReceives}_y-\text{ipInReceives}_x)/(y-x)$

如果实体不得不处理大量的数据报,而对这些数据报它又没有一个本地支持的上层协议,则可能引起性能问题,通过 ipInUnknownProtos 度量可发现该问题。

对象 ipOutNoRoutes 是对实体没有数据报有效路由的计数。如果该对象的速度增加,意味着实体不能转发数据报到目的地。

一些 ip 组对象可以用来计算由 IP 分段导致的错误。计算分段数据报和相关错误的百分比对于知道一个设备正在发送或接收大量的分段 IP 数据是有用的。同样,大比率的导致分段错误的 IP 数据报可能会影响使用 IP 进行网络传递的性能。

4. 用于计费管理的 ip 组对象

IP 组对象 ipOutRequests 和 ipInDelivers 可用于计费管理。

3.4.5　ICMP 组★★★☆☆

ICMP 是一个为 IP 设备携带错误和控制信息的协议,实体必须处理接收到的每个 ICMP 分组,这样做可能会负面地影响实体的整体性能。icmp 组包含关于实体的 ICMP 信息的对象,是有关各种接收的或发送的 ICMP 报文的统计数据,如表 3-14 所示,主要用于性能管理。

对于计算接收和发送的 ICMP 分组的百分率,必须首先获得实体接收和发送的分组的总数,这可以通过找出每个接口的输入分组和输出分组的总数来完成,然后用 icmpInMsgs

和 icmpOutMsgs 去除以该和从而获得接收和发送 ICMP 分组的百分率。通过多次查询该对象,可以找出 ICMP 分组进入和离开实体的速率。一个实体正在接收和发送大量的 ICMP 分组并不一定意味着存在一个性能问题,但是拥有这些统计可能有助于解决将来的相关问题。

表 3-14 icmp 组中被管对象

对　　象	对象号	语　　法	访问权限	功能描述
icmpInMsgs	icmp 1	Counter	read-only	输入 ICMP 消息的个数
icmpInErrors	icmp 2	Counter	read-only	输入有错的 ICMP 消息的个数
icmpInDestUnreachs	icmp 3	Counter	read-only	目的不可达消息的输入个数
icmpInTimeExcds	icmp 4	Counter	read-only	超时消息的输入个数
icmpInParmProbs	icmp 5	Counter	read-only	参数有问题的消息的输入个数
icmpInSrcQuenchs	icmp 6	Counter	read-only	源停止消息的输入个数
icmpInRedirects	icmp 7	Counter	read-only	重定向消息的输入个数
icmpInEchos	icmp 8	Counter	read-only	Echo 消息的输入个数
icmpInEchoReps	icmp 9	Counter	read-only	EchoReply 消息的输入个数
icmpInTimestamps	icmp 10	Counter	read-only	Timestamp 消息的输入个数
icmpInTimestampReps	icmp 11	Counter	read-only	TimestampReply 消息的输入个数
icmpInAddrMasks	icmp 12	Counter	read-only	地址掩码请求消息的输入个数
icmpInAddrMaskReps	icmp 13	Counter	read-only	地址掩码响应消息的输入个数
icmpOutMsgs	icmp 14	Counter	read-only	输出 ICMP 消息的个数
icmpOutErrors	icmp 15	Counter	read-only	输出有错的 ICMP 消息的个数
icmpOutDestUnreachs	icmp 16	Counter	read-only	目的不可达消息的输出个数
icmpOutTimeExcds	icmp 17	Counter	read-only	超时消息的输出个数
icmpOutParmProbs	icmp 18	Counter	read-only	参数有问题的消息的输出个数
icmpOutSrcQuenchs	icmp 19	Counter	read-only	源停止消息的输出个数
icmpOutRedirects	icmp 20	Counter	read-only	重定向消息的输出个数
icmpOutEchos	icmp 21	Counter	read-only	Echo 消息的输出个数
icmpOutEchoReps	icmp 22	Counter	read-only	EchoReply 消息的输出个数
icmpOutTimestamps	icmp 23	Counter	read-only	Timestamp 消息的输出个数
icmpOutTimestampReps	icmp 24	Counter	read-only	TimestampReply 消息的输出个数
icmpOutAddrMasks	icmp 25	Counter	read-only	地址掩码请求消息的输出个数
icmpOutAddrMaskReps	icmp 26	Counter	read-only	地址掩码响应消息的输出个数

icmp 组对象也可以显示每个不同的 ICMP 分组类型的数目。知道了 icmpInEchos、icmpOutEchos、icmpInEchoReps 和 icmpOutEchoReps 的速率,可以分离出如大量 ICMP Echo 分组引起的一些性能问题。一个实体发送大量的 icmpInScrQuenchs 可能暗示着网络来路上的

拥挤，发送大量的 icmpOutScrQuenchs 可能意味着实体用尽了资源。如果一个实体正在发送或接收到大量的 IP 错误，可以使用 icmpInErrors 和 icmpOutErrors 确定是否是 ICMP 分组导致了问题。

3.4.6　TCP 组★★★☆☆

TCP 是一个在应用之间提供可靠连接的传输协议，其实现可以增强对流量控制、网络拥塞、丢失段重传等问题的处理。tcp 组由一些 TCP 的系统对象和一个记录当前 TCP 连接的表 tcpConnTable 组成，如图 3-24 和表 3-15 所示，可以用于配置、性能和计费管理。tcp 组是必须实现的。

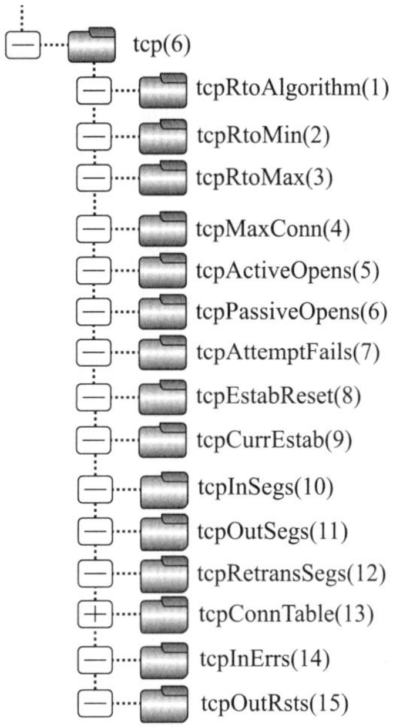

图 3-24　tcp 组被管对象标识符子树

表 3-15　tcp 组中的被管对象

对　象	对象号	语　法	访问权限	功能描述
tcpRtoAlgorithm	tcp 1	INTEGER	read-only	TCP 重传时间策略
tcpRtoMin	tcp 2	INTEGER	read-only	最小的 TCP 重传超时
tcpRtoMax	tcp 3	INTEGER	read-only	最大的 TCP 重传超时
tcpMaxConn	tcp 4	INTEGER	read-only	允许的最大 TCP 连接数
tcpActiveOpens	tcp 5	Counter	read-only	实体已经支持的主动打开的数量
tcpPassiveOpens	tcp 6	Counter	read-only	实体已经支持的被动打开的数量
tcpAttemptFails	tcp 7	Counter	read-only	已经发生的试连接失败的次数
tcpEstabReset	tcp 8	Counter	read-only	已经发生的复位的次数

续表

对　　象	对象号	语　　法	访问权限	功能描述
tcpCurrEstab	tcp 9	Gauge	read-only	状态为 establish 或 close Wait 的 TCP 连接数
tcpInSegs	tcp 10	Counter	read-only	收到的 TCP 段总数
tcpOutSegs	tcp 11	Counter	read-only	发出的 TCP 段总数
tcpRetransSegs	tcp 12	Counter	read-only	重传的 TCP 段总数
tcpConnTable	tcp 13	SEQUENCE OF TcpConnentry	not-accessible	包含 TCP 各个连接的信息表
tcpInErrs	tcp 14	Counter	read-only	收到有错的 TCP 段总数
tcpOutRsts	tcp 15	Counter	read-only	发出的含有 RST 标志的 TCP 段数

1. 用于配置管理的 tcp 对象

TCP 重传策略和相关的时间配置会很大程度地影响使用该协议进行传输的应用的性能，不同的系统使用不同的重传方案可能会导致网络拥塞或不公平的带宽分配。通过查询 tcpRtoAlgorithm、tcpRtoMax 和 tcpRtoMin，可以获知 TCP 的当前配置在系统的网络环境中工作得是否令人满意。tcpRtoAlgorithm 说明计算重传时间的算法，其值可取如下几种：

(1) other(1)。不属于以下 3 种。

(2) constant(2)。重传超时值为常数。

(3) rsre(3)。根据通信情况动态地计算超时值。

(4) vanj(4)。由 Van Jacobson 发明的一种动态算法。

一个系统存在的 TCP 连接数也会影响系统的性能。通过 tcpMaxConn 可以配置一个网络使其能够处理必要数目的远程 TCP 连接。tcpCurrEstab 中的当前连接数会影响决定需要的 TCP 连接总数。

2. 用于性能管理的 tcp 组对象

试图建立一个 TCP 连接的失败原因有多种，如目的系统不存在或网络有故障，知道建立连接被拒绝的次数有助于衡量网络的可靠性。同样，在重置状态下 TCP 结束许多已建立会话的情况也可能导致网络的不稳定。tcpAttemptFails 和 tcpEstabResets 可以帮助度量网络的拒绝率。

tcpRetransSegs 给出了系统重新发送的 TCP 段的个数。TCP 段的重传并不直接反映性能问题，但是重传次数的增加可告知实体为了保证可靠性是否不得不发送数据的多个拷贝。

如果系统收到了错误的 TCP 段，tcpInErrs 的值将增加，这可能是由于源系统段封装错误、网络设备转发段错误或其他原因引起的。在多数情况下，该对象的值不会单独增加，而是由于系统中一些其他错误引起的结果。

tcpOutRsts 给出了实体试图重置一个连接的次数，这可能是由于网络的不稳定、用户请求或资源问题引起的。

让应用在不同的时间查询 tcpInSegs 和 tcpOutSegs 的值，可以检测 TCP 段进入和离开实体的速度。

3. 用于计费管理的 tcp 组对象

为了评估网络资源的当前使用情况，一个组织可能想要知道到达和来自一个系统的 TCP 连接数。tcpActiveOpens 和 tcpPassiveOpens 分别给出了一个系统发起的连接次数和被请求建立的连接次数。tcpInSegs 和 tcpOutSegs 分别对进入和离开一个实体的 TCP 段计数，这对段计费是非常重要的。

TCP 连接表 tcpConnTable 如图 3-25 和表 3-16 所示。tcpConnTable 中的被管对象给出了当前 TCP 连接状态、本地 TCP 端口和地址、远程 TCP 端口和地址，这些值对应于实体中的 TCP 的当前状态并可能随时改变。tcpConnState 可取值为：closed(1)、listen(2)、synSent(3)、synReceived(4)、established(5)、finWait1(6)、finWait2(7)、closeWait(8)、lastAck(9)、closing(10)、timeWait(11)、deleteTCP(12)，最后一个状态表示终止连接。

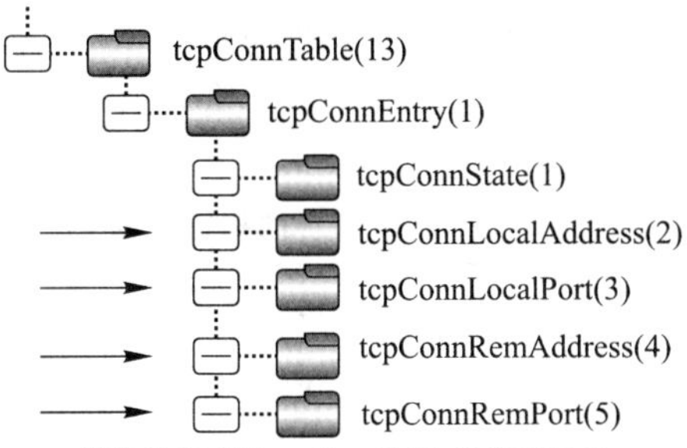

图 3-25 tcpConnTable 的索引对象

表 3-16 tcpConnTable 中的被管对象

对 象	对象号	语 法	访问权限	功 能 描 述
tcpConnEntry	tcpConnTable 1	INTEGER	not-accessible	一个特定的 TCP 连接表目
tcpConnState	tcpConnEntry 1	INTEGER	read-write	TCP 连接状态
tcpConnLocalAddress	tcpConnEntry 2	IpAddress	read-only	本地 IP 地址
tcpConnLocalPort	tcpConnEntry 3	INTEGER	read-only	本地 TCP 端口
tcpConnRemAddress	tcpConnEntry 4	IpAddress	read-only	远程 IP 地址
tcpConnRemPort	tcpConnEntry 5	INTEGER	read-only	远程 TCP 端口

4. 安全管理

利用 tcpConnTable 表中的数据，可以跟踪那些试图与本地系统建立连接的远程系统，通过分析连接的特点，可以检测是否存在外来入侵。

3.4.7 UDP 组★★★☆☆

UDP 是一个无连接的传输协议，不能保证可靠性，因此 udp 组包含的对象数有限，如图 3-26 和表 3-17 所示，它们主要用于性能和计费管理。除了有关发送和接收数据报的对象外，还包含一个 udpTable 表，该表中包含每个 UDP 端口用户的 IP 地址和 UDP 端口。udp 组是必须实现的。

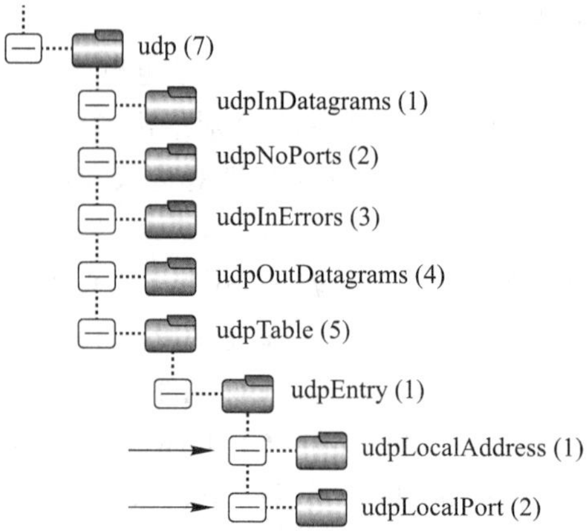

图 3-26 udp 组标识符子树

表 3-17 udp 组中的被管对象

对　　象	对象号	语　　法	访问权限	功 能 描 述
udpInDatagrams	udp 1	Counter	read-only	UDP 数据报的输入数
udpNoPorts	udp 2	Counter	read-only	未发送到有效端口的 UDP 数据报数
udpInErrors	udp 3	Counter	read-only	接收到有错误的 UDP 数据报的个数
udpOutDatagrams	udp 4	Counter	read-only	UDP 数据报的输出数
udpTable	udp 5	SEQUENCE OF udpEntry	not-accessible	包含 UDP 的用户信息
udpEntry	udpTable 1	SEQUENCE	not-accessible	某个当前 UDP 用户的信息
udpLocalAddress	udpEntry 1	IpAddress	read-only	UDP 用户的本地 IP 地址
udpLocalPort	udpEntry 2	INTEGER	read-only	UDP 用户的本地端口号

1. 用于性能管理的 udp 组对象

处理 UDP 数据报会影响实体的性能，不断地查询 udpInDatagrams 和 udpOutDatagrams 会增加数据报的输入速率和输出速率。

当一个实体接收到未知应用的数据报时，udpNoPorts 会对其计数。例如，当网络上有一个 IP 广播时，每个 IP 设备都会捡起广播分组并把它传递给 UDP，只有那些运行了相应应用而且有合适的 UDP 端口正在监听的系统接收到分组，其他的都在 udpNoPorts 对象中报告该分组。

一个 UDP 数据报可能由于很多原因产生错误，包括软件或连接错误或设备故障，udpInErrors 可告知网络上的特定错误。

2. 用于计费管理的 udp 组对象。

使用 udpInDatagrams 和 udpOutDatagrams 可确定一个实体接收和发送了多少 UDP 数据报，由此获知对 UDP 的需求和在实体中有关它们的应用。

udpTable 包含 udpLocalAddress 和 udpLocalPort 两个对象，它们分别给出了收听端口的

本地 IP 地址和端口号。然而，由于 UDP 不是一个基于连接的协议，udpTable 的内容在应用监听一个端口时是有效的，利用它可以监视一个实体提供了哪些网络服务的手段。

3.4.8　EGP 组★★★☆☆

EGP 是位于两个自治系统中的路由器之间交换路由信息的协议。在自治系统之间进行 EGP 通信的设备称为 EGP 邻居。egp 组对象如图 3-27 和表 3-18 所示，适合于失效、配置和性能管理。

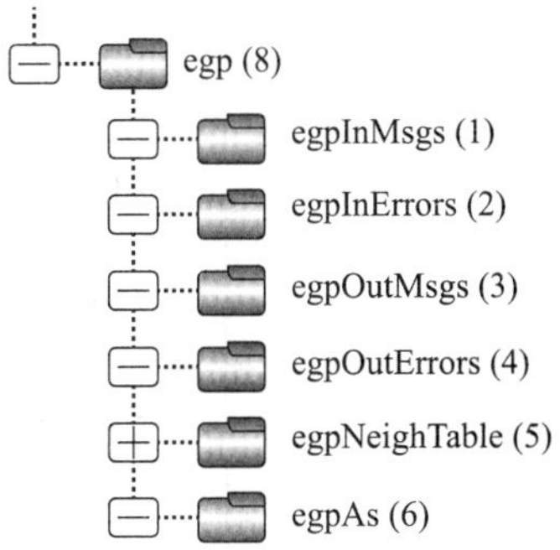

图 3-27　egp 组被管对象标识符子树

表 3-18　egp 组中的被管对象

对　　象	对象号	语　　法	访问权限	功 能 描 述
egpInMsgs	egp 1	Counter	read-only	EGP 消息的接收个数
egpInErrors	egp 2	Counter	read-only	错误的 EGP 消息的接收个数
egpOutMsgs	egp 3	Counter	read-only	EGP 消息的发送个数
egpOutErrors	egp 4	Counter	read-only	由于错误而没有发送的 EGP 消息的个数
egpNeighTable	egp 5	SEQUENCE OF egpNeighEntry	not-accessible	相邻网关的 EGP 表
egpAs	egp 6	INTEGER	read-only	本地 EGP 自治系统编号

1. 用于失效管理的 egp 组对象

EGP 邻居表 egpNeighTable 中，通过一个 EGP 邻居的状态可以看到路由信息是如何被注入一个自治系统的，如图 3-28 和表 3-19 所示，其中一部分对象适用于失效管理。

表 3-19　egpNeighTable 中的被管对象

对　　象	对象号	语　　法	访问权限	功 能 描 述
egpNeighEntry	egpNeighTable 1	SEQUENCE	not-accessible	一个特定的邻居表目
egpNeighState	egpNeighEntry 1	INTEGER	read-only	每个 EGP 邻居的状态
egpNeighAddr	egpNeighEntry 2	IpAddress	read-only	每个 IP 地址
egpNeighAs	egpNeighEntry 3	INTEGER	read-only	邻居所在的自治系统编号

续表

对　　象	对象号	语　　法	访问权限	功能描述
egpNeighInMsgs	egpNeighEntry 4	Counter	read-only	从邻居接收的正确报文数
egpNeighInErrs	egpNeighEntry 5	Counter	read-only	从邻居接收的错误报文数
egpNeighOutMsgs	egpNeighEntry 6	Counter	read-only	发送给邻居的报文数
egpNeighOutErrs	egpNeighEntry 7	Counter	read-only	发送给邻居的错误报文数
egpNeighInErrMsgs	egpNeighEntry 8	Counter	read-only	接收的带有 EGP 定义的错误的报文数
egpNeighOutErrMsgs	egpNeighEntry 9	Counter	read-only	发送的带有 EGP 定义的错误的报文数
egpNeighStateUps	egpNeighEntry 10	Counter	read-only	邻居转变为 Up 状态的次数
egpNeighStateDowns	egpNeighEntry 11	Counter	read-only	邻居从 Up 状态转变为其他状态的次数
egpNeighIntervalHello	egpNeighEntry 12	TimeTicks	read-only	重传 Hello 命令的时间间隔
egpNeighIntervalPoll	egpNeighEntry 13	TimeTicks	read-only	重传 Poll 命令的时间间隔
egpNeighMode	egpNeighEntry 14	INTEGER	read-only	轮询模式 active(1)，passive(2)
egpNeighEventTrigger	egpNeighEntry 15	INTEGER	read-only	由操作员提供的启动和停止操作 start(1)，stop(2)

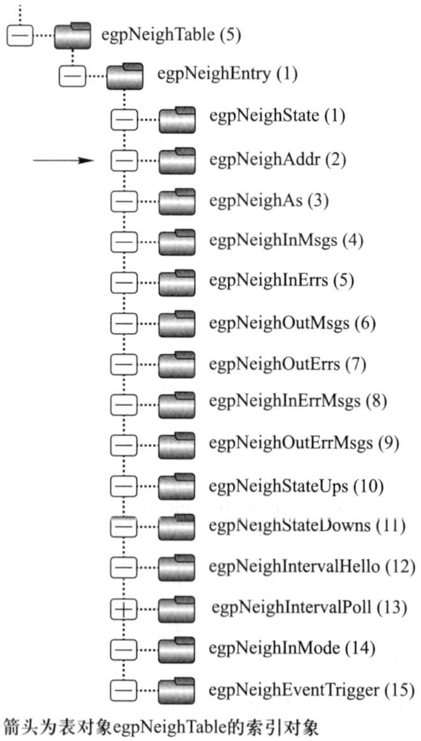

图 3-28　egpNeighTable 中的被管对象标识符子树

失效管理可以使用 egpNeighState 来找到 EGP 邻居的当前状态，其可取的值有：idle(1)、acquisition(2)、down(3)、up(4)、cease(5)。

如果一个邻居运行正常，那么它应该不断地发送关于网络的可达性信息到本地 EGP 进程。知道一个邻居何时进入运行状态，可以告知可能进入自治系统的新路由信息。同样，知道一个邻居何时进入停机状态，可帮助解决路由问题。

2. 用于配置管理的 egp 组对象

egpAs 给出了本地 EGP 实体的自治系统数，其他对象 egpNeighState、egpNeighAddr、egpNeighAs、egpNeighIntervalHello、egpNeighIntervalPoll、egpNeighMode 告知关于一个特定 EGP 邻居的配置。配置管理可以查询该信息，从而不断地告知 EGP 的设置和进入或离开当前自治系统的路由信息。

3. 用于性能管理的 egp 组对象

通过 egpInMsgs 和 egpOutMsgs 可以计算 EGP 消息进入和离开实体的速率。通常该速率不大，但是在 EGP 邻居之间的网络不稳定会使速率升高，这时处理 EGP 消息可能消耗太多资源，引起实体的低性能。

egpInErrors 和 egpOutErrors 的增加与实体发送和接收消息数目的增加是一致的。如果一个消息接收错误，没有发送有效响应，源 EGP 邻居可能重传消息。

当 EGP 正在引起实体或相连串行连接的性能问题时，要求分离出产生问题的邻居，此时，使用 egpNeighInMsgs、egpNeighInErrs、egpNeighOutMsgs 和 egpNeighOutErrs 可以计算出与每个邻居的输入、输出消息和错误的速率，从而找出产生问题的邻居。

通过检查 egpNeighInErrMsgs 和 egpNeighOutErrMsgs 的增加速率，可确定何时 EGP 邻居在接收和发送合法 EGP 错误消息，这些错误消息速率的增加可能意味着一个错误配置或给邻居 EGP 带来性能的改变。

3.4.9　传输组(Transmission group)★★★☆☆

传输组针对各种传输介质提供详细的管理信息，它给出关于位于系统接口之下的特定介质的信息。前面介绍的接口组包含各种接口通用的信息，而传输组则提供与子网类型有关的接口专用信息。若网络设备上的某种介质要想接收管理，那就必须把相应的接口类型加入到该组中。

RFC 1643 在文件传输节点下定义了以太网 MIB 的有关对象。下面介绍一个以太网的例子，图 3-29 和表 3-20 列出了以太网 MIB 的有关对象。在统计表 dot3StatesTable 统计表中，记录了以太网通信的统计信息，这个表以 dot3StatesIndex 为索引项，其值与接口组的 ifIndex 相同，因此对应每个接口有一个统计项表。表中的一组计数器记录以太网接口接收和发送的各种帧数。dot3 MIB 的最后一部分是关于以太网接口测试的信息，目前定义了两种测试和两种错误。当管理站访问代理中的测试对象时，代理就完成对应的测试。

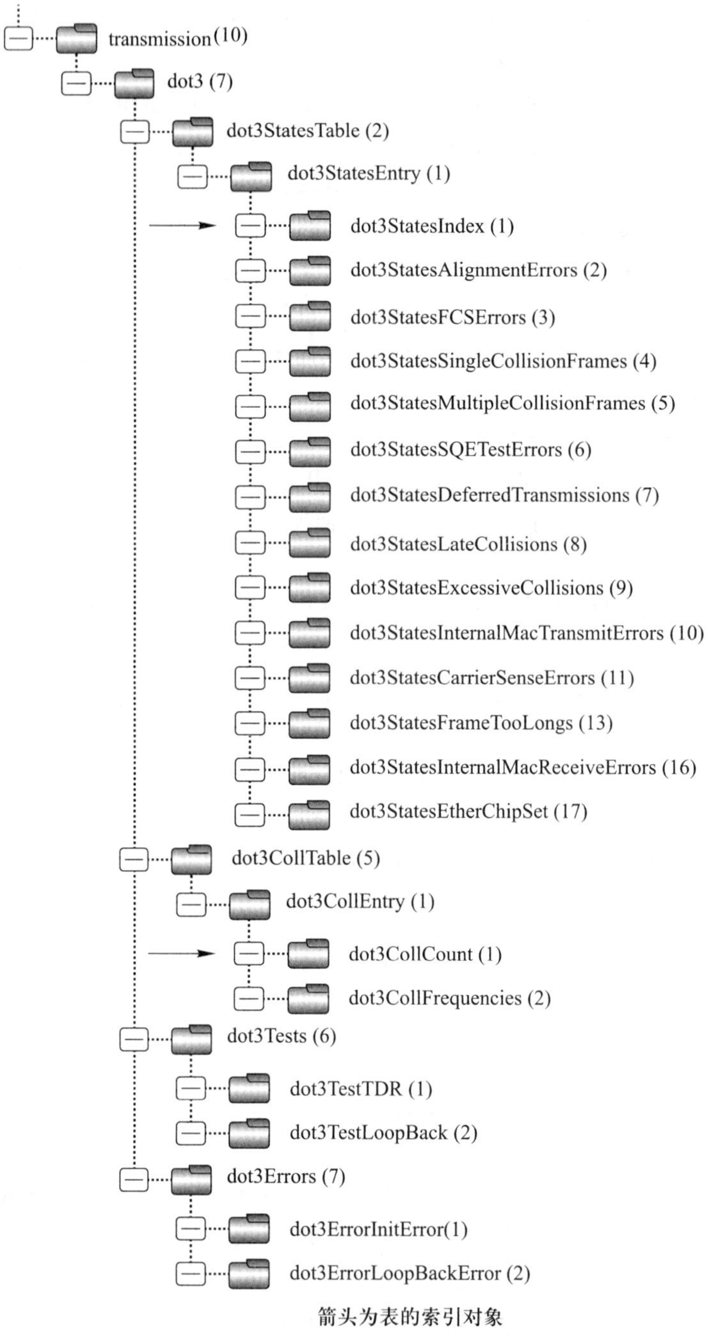

图 3-29 以太网 MIB 的对象标识符树

表 3-20 以太网 MIB 对象

对　　象	对象号	语　　法	访问权限	功能描述
dot3StatesTable	dot3 2	SEQUENCE OF dot3	not-accessible	IEEE 802.3 统计表
dot3StatesEntry	dot3StatesTable 1	SEQUENCE	not-accessible	对应一个以太网接口

续表

对　　象	对象号	语　　法	访问权限	功能描述
dot3StatesIndex	dot3StatesEntry 1	INTEGER	read-only	索引项，与接口组索引相同
dot3StatesAlignmentErrors	dot3StatesEntry 2	Counter	read-only	接收的非整数个字节的帧数
dot3StatesFCSErrors	dot3StatesEntry 3	Counter	read-only	接收的 FCS 校验出错的帧数
dot3StatesSingleCollisionFrames	dot3StatesEntry 4	Counter	read-only	仅一次冲突而成功发送的帧数
dot3StatesMultipleCollisionFrames	dot3StatesEntry 5	Counter	read-only	仅多次冲突而成功发送的帧数
dot3StatesSQETestErrors	dot3StatesEntry 6	Counter	read-only	SQE 测试错误报文产生的次数
dot3StatesDeferredTransmissions	dot3StatesEntry 7	Counter	read-only	被延迟发送的帧数
dot3StatesLateCollisions	dot3StatesEntry 8	Counter	read-only	发送 512 比特后检测到的冲突次数
dot3StatesExcessiveCollisions	dot3StatesEntry 9	Counter	read-only	由于过多冲突而发送失败的帧数
dot3StatesInternalMacTransmitErrors	dot3StatesEntry 10	Counter	read-only	由于内部 MAC 错误而发送失败的帧数
dot3StatesCarrierSenseErrors	dot3StatesEntry 11	Counter	read-only	载波侦听条件丢失的次数
dot3StatesFrameToLongs	dot3StatesEntry 13	Counter	read-only	接收的超长帧数
dot3StatesInternalMacReceiveErrors	dot3StatesEntry 16	Counter	read-only	由于内部 MAC 错误而接收失败的帧数
dot3StatesEtherChipSet	dot3StatesEntry 17	OBJECT IDENTIFIER	read-only	接口使用的芯片
dot3CollTable	dot3 5	SEQUENCE OF dot3	not-accessible	有关接口冲突直方图的表
dot3CollEntry	dot3CollTable 1	SEQUENCE	not-accessible	冲突表项
dot3CollCount	dot3CollEntry 1	INTEGER(1..16)	read-only	共 16 种不同的冲突次数
dot3CollFrequencies	dot3CollEntry 2	Counter	read-only	对应每种冲突次数而成功传送的帧数

续表

对　　象	对象号	语　　法	访问权限	功能描述
dot3Tests	dot3 6	OBJECT IDENTIFIER	read-only	对接口的一组测试
dot3TestTDR	dot3Tests 1	OBJECT IDENTIFIER	read-only	TDR 测试(Time Domain Reflectometry)
dot3TestLoopBack	dot3Tests 2	OBJECT IDENTIFIER	read-only	环路测试
dot3Errors	dot3 7	OBJECT IDENTIFIER	read-only	测试期间出现的错误
dot3ErrorInitError	dot3Errors 1	OBJECT IDENTIFIER	read-only	测试期间芯片不能初始化
dot3ErrorLoopBackError	dot3Errors 2	OBJECT IDENTIFIER	read-only	在环路测试中接收的数据不正确

以上讨论了 MIB-2 中除了第 9 组和第 11 组之外的 9 个功能组的管理对象。第 9 组是 CMOT 组,因为 CMOT 的开发陷于停顿状态,所以使用 CMOT 组对象还很遥远,在此就不讨论了。第 11 组 SNMP 组将在以后讨论。

思考:MIB-2 有各种功能组,它们各自实现什么功能?某些功能从 MIB 实现以后有所改变,你能指出是哪些吗?新增的功能组是为了什么目的而增加的?是否完整?你认为将来还需要作什么改进?如何改进?又如何在高效和简洁之间做好平衡?

3.5 MIB-2 的局限性

设计 MIB-2 的目标之一是方便管理实体的实现,因而只包括基本的网络管理所需要的对象。MIB-2 的简单性有利于网络管理系统的实现,增强互操作性。但是 MIB-2 只存储两种简单的数据类型——标量和二维数组,因而只包括基本的网络管理所需要的对象。实际上,SNMP 仅仅能够检索标量对象实例和一个表中的单个对象实例。这样,对管理系统功能的实现带来了一定的限制。例如,不支持基于对象值或类型进行复杂查询;安全机制不够完善;只知道某个 TCP 实体建立连接的数量,而不知道在 TCP 连接上的通信量。

下面的例子说明一种普通的管理功能,但是它却得不到 MIB-2 的支持。如图 3-30 所示,假定网络通信已经相当繁忙,大部分通信是访问服务器,使得路由器 R_1 和子网 N_2 的负载接近饱和。突然之间网络负载又有增加,使得 R_1 和 N_2 通信过载。解决这个问题的方法至少有两种思路,如果能确定是由于 N_5 和 N_6 上的系统之间通信增加引起的,则可在 N_5 和 N_6 之间插入一个网桥或路由器;或者能确定是由其他系统对服务器的访问增加引起的,则可以购置另外一台服务器,放置在其他子网上构成分布式系统。

MIB-2 却不能解决这个问题。如果检查 tcp 组的变量,只能知道某个 TCP 实体建立的连接数量,而不能知道在 TCP 连接上的通信量,而这正是需要的信息。MIB-2 的其他组也不提供一对系统之间的通信量信息,因此无法确定上述哪种方法更合理。

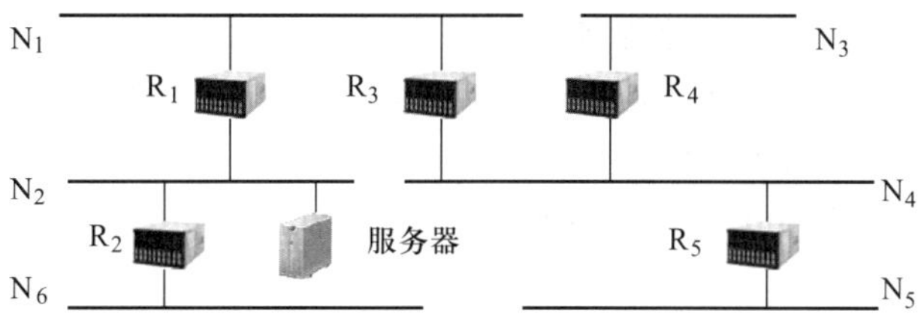

图 3-30　网络管理配置的实例

> **思考：** 你是如何理解 MIB-2 的局限性的？对于图 3-30，为什么说 MIB-2 不能解决这个问题？

小　结

TCP/IP 协议簇是 Internet 上运行的通信协议，SNMP 是基于 TCP/IP 参考模型中的网络管理协议。在 Internet 中，对网络、设备和主机的管理叫做网络管理，网络管理信息存储在 SNMP 的管理信息库（MIB）中，SNMP 由两部分组成：一部分是管理信息库（MIB）结构的定义，另一部分是访问管理信息库的协议规范。

SNMP 的管理信息库（MIB）采用树形结构，它的根在最上面，根没有名字。使用一个层次型、结构化的形式，MIB 定义了一个设备可获得的网络管理信息。这种层次树结构有 3 个作用，即表示管理和控制关系、提供结构化的信息组织技术以及提供了对象命名机制。

管理信息结构（SMI）定义了 MIB 中被管对象使用的数据类型的表示和命名 MIB 中对象的方法。SMI 使用 ASN.1 定义被管对象。SMI 的宗旨是保持 MIB 的简单性和可扩展性，只允许存储标量和二维数组，不支持复杂的数据结构。

在现代网络管理模型中，管理信息库（MIB）是网络管理系统的核心。网络管理员在对网络进行监视时就是读取 MIB 中有关对象的数据，而在对网络进行控制时，只需更新 MIB 中相关对象所对应的数据即可。

利用管理信息结构（SMI）定义 MIB 树中的被管对象。RFC 1213 定义了管理信息库第 2 版，即 MIB-2。MIB-2 包含 11 个功能组，共 117 个对象。本章详细介绍了 MIB-2 中系统组、接口组、地址转换组、IP 组、ICMP 组、TCP 组、UDP 组、EGP 组、传输组这 9 个功能组的功能描述和每个功能组中的被管对象，利用这些功能组中的对象来实现网络管理的配置管理、故障管理、性能管理、计费管理和安全管理。

习　题　3

3-1　Internet 网络管理框架由哪些部分组成？支持 SNMP 的体系结构由哪些协议层组成？

3-2　SNMP 环境中的管理对象是如何组织的？这种组织方式有什么意义？

3-3　MIB-2 中的应用类型有哪些？计数器类型和计量器类型有什么区别？

3-4　RFC 1212 给出的宏定义由哪些部分组成？试按照这个宏定义产生一个宏实例。

3-5 MIB-2 中的管理对象分为哪几个组？

3-6 什么是标量对象？什么是表对象？标量对象和表对象的实例如何标识？

3-7 为什么不能访问表对象和行对象？

3-8 对象标识符是由什么组成的？为什么说对象的词典顺序对网络管理是很重要的？

3-9 在自己的计算机上安装 SNMP 服务，浏览 MIB-2 和私有数据库的内容。

3-10 什么是委托代理？它在网络管理中起什么作用？

3-11 简述对不支持 TCP/IP 的设备如何进行 SNMP 管理。

3-12 什么是团体名？它的主要作用是什么？

3-13 为什么 MIB 采用树状结构？在 internet 结点下定义了哪些子树？各起什么作用？

3-14 用 ASN.1 定义表对象 tcpConnTable。

3-15 表 3-21 所示为一个简化的路由表，图 3-31 所示为 MIB-2 ip 组 IP 路由表下的对象。在表 3-22 中填入路由表对象及其实例的词典表顺序。

表 3-21 简化的路由表

ipRouteDest	ipRouteMetric 1	ipRouteNextHop
10.10.10.10	4	9.9.9.9
11.11.11.11	5	8.8.8.8

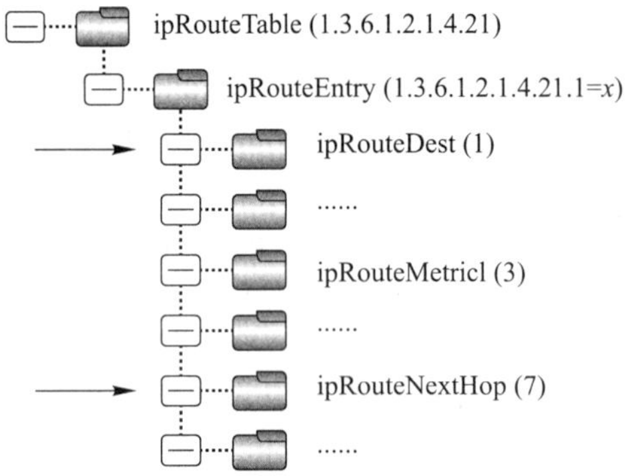

图 3-31 IP 路由表 ipRouteTable 的对象

表 3-22 例题中的对象及其实例

对　　象	对象标识符	下一个对象实例
…	…	…
…	…	…

3-16 如果某主机的对象 sysServices 的值为 68，则该主机提供了哪些协议层服务？

3-17 对象 ifOperStatus 和 ifAdminStatus 的值分别为 1 和 2，这说明什么？

3-18 如何计算接口的输入错误率、输出错误率、丢弃的输入包率和输出包率？

3-19　如何计算 IP 数据包的输入错误率、输出错误率、输入速率和转发速率？

3-20　如何计算 ICMP 分组的发送率和接收率？

3-21　通过哪些对象可以知道输入的 Echo 消息个数、输入的 EchoReply 消息个数和输入的超时消息个数？

3-22　如何计算 TCP 段的输入速率和输出速率？

3-23　如何计算 UDP 包的输入速率和输出速率？

3-24　已知某一路由器某一端口的 IP 地址，如何用 MIB-2 查询该端口的物理地址？

第 4 章　简单网络管理协议

学习目标

简单网络管理协议 SNMP 是专门用来管理联网设备(如服务器、工作站、路由器、交换机及集线器等)的一种标准应用层协议,开发和成熟的过程长达 10 年(1990—1999 年),期间产生了 SNMPv1、SNMPv2、SNMPv3 三个不同的版本和一系列 RFC 文件。本章首先介绍 SNMP 协议的演变,这是开发和使用各种 SNMP 软件时必须了解的内容。然后介绍 3 个 SNMP 协议的主要内容:SNMP 协议数据单元、SNMP 支持的操作以及 SNMP 的安全机制。通过实例,进一步了解 SNMP 协议的具体功能。SNMP 使网络管理员能够维护网络运行,发现并解决网络问题以及规划网络发展。

- SNMP 的演变。
- SNMP 数据单元、SNMP 支持的操作以及 SNMP 的安全机制。
- SNMP 软件的使用。

建议学时

18 学时。

学习方法

预习了解 SNMP 的发展历程,对于理解 SNMP 的各代内容、结构有很好的帮助;通过阅读及对比第 3 章的内容,识记 SNMP 的数据单元和安全机制;最终关键要掌握 SNMP 的工作机制。

4.1　SNMP 的演变

4.1.1　SNMPv1 ★☆☆☆☆

TCP/IP 网络管理最初使用的是 1987 年 11 月提出的简单网关监控协议 SGMP,在此基础上改进成简单网络管理协议第一版 SNMPv1,陆续公布在 1990 年和 1991 年的几个 RFC 文档中,即 RFC 1155(SMI)、RFC 1157(SNMP)、RFC 1212(MIB 定义)和 RFC 1213(MIB-2 规范)。由于其简单性和易于实现,SNMPv1 得到了许多制造商的支持和广泛的应用。几年以后在第一版的基础上改进功能和安全性,又产生了第二版 SNMPv2(RFC 1902—1908)协议和第三版 SNMPv3(RFC 2570—2575)协议。

当初提出 SNMP 的目的是作为弥补网络管理协议发展阶段之间空缺的一种临时性措施。SNMP 出现后显示了许多优点,最主要的优点是“简单、容易实现”,而且是基于人们熟悉的 SGMP 协议,已有相当多的操作经验。所以在 1988 年时,为了适应当时紧迫的网络管理需要,确定了网络管理标准开发的双轨制策略。

(1) SNMP 可以满足当时的网络管理需要,用于管理配置简单的网络,并且在未来可以平稳地过渡到新的网络管理标准。

(2) OSI 网络管理(即 CMOT)作为长期的解决办法,可以应付未来的更复杂的网络配置,提供更全面的管理功能。但是需要较长的开发过程,以及开发商和用户接受的过程。

然而这个双轨制策略很快停止了实施,其原因主要是:

(1) 原来的想法是 SNMP 的 MIB 应该是 OSI MIB 的子集,以便顺利地过渡到 CMOT。但是 OSI 定义的管理信息库是相当复杂的面向对象模型,在此基础上实现 SNMP 几乎是不可能的。所以很快放弃了这个想法,让 SNMP 使用简单的标量 MIB。这样,SNMP 向 OSI 管理过渡就很困难了。

(2) OSI 系统管理标准和符合 OSI 标准的网络管理产品的开发进展缓慢,而在此期间 SNMP 却得到了制造商的广泛支持,出现了许多 SNMP 产品,并得到广大用户的接受。

4.1.2　SNMPv2★★☆☆☆

SNMP 虽然被广泛应用,但是仍然存在缺点,特别是没有设计实质性的安全方案,缺乏数据源认证功能,对偷听不加任何防范。因此,在这样一个不可靠的管理环境内,许多制造商不得不废除了 Set 命令,以避免网络配置被入侵者恶意篡改。这样,用户面临的只能是在很不完善的管理工具和遥遥无期的管理标准之间作出选择的两难处境。

为了修补 SNMP 的安全缺陷,1992 年 7 月出现了一个新标准,即安全 SNMP(S-SNMP),这个协议用如下方法增强了安全方面的功能。

(1) 用报文摘要算法 MD5 保证数据完整性和进行数据源认证。

(2) 用时间戳对报文排序。

(3) 用 DES 算法提供数据加密功能。

但是 S-SNMP 没有改进 SNMP 在功能和效率方面的其他缺点。几乎与此同时,有人又提出了另外一个协议 SMP(Simple Management Protocol),这个协议由 8 个文件组成,它对 SNMP 的扩充表现在下列方面:

(1) 适用范围。SMP 可以管理任意资源,不仅是网络资源,还可用于应用管理、系统管理。可实现管理站之间的通信,也提供了更明确更灵活的描述框架,可以描述一致性要求和实现能力。在 SMP 中管理信息的扩展性得到了增强。

(2) 复杂程度、速度和效率。保持了 SNMP 的简单性,更容易实现,并提供了数据块传送能力,因而速度和效率更高。

(3) 安全设施。结合了 S-SNMP 提供的安全功能。

(4) 兼容性。可以运行在 TCP/IP 网络上,也适合 OSI 系统和运行其他通信协议的网络。

在对 S-SNMP 和 SMP 讨论的过程中,Internet 研究人员之间达成了如下的共识:必须扩展 SNMP 的功能,并增强其安全设施,使用户和制造商尽快地从原来的 SNMP 过渡到第二代 SNMP。于是 S-SNMP 被放弃,决定以 SMP 为基础开发 SNMP 第 2 版,即 SNMPv2。

IETF 组织了两个工作组,一个组负责协议功能和管理信息库的扩展,另一组负责 SNMP 的安全方面,1992 年 10 月正式开始工作。功能组的工作在 1992 年 12 月完成,安全组的工作在 1993 年 1 月完成。1993 年 5 月发布了 12 个 RFC(1441—1452)文件作为草案标准。经过实际使用,SNMPv2 中基于参加者的高层管理框架和安全机制实现起来太复杂,对代理的配置很困难,不是很实用,也限制了网络的发现能力,失去了 SNMP 的简单性。又经过几年的实验和论证,后来决定丢掉安全功能,把增加的其他功能作为新标准颁布,并保留了 SNMPv1 的报文封装格式,因而叫做基于团体的 SNMP(Community-based SNMP),简称 SNMPv2C。新的 RFC(1901—1908)文档在 1996 年 1 月发布。表 4-1 列出了有关 SNMPv2 和 SNMPv2C 的两组 RFC 文件。

表 4-1　SNMPv2 和 SNMPv2C 的 RFC 文件

SNMPv2(1993.5)	名　称	SNMPv2C(1996.1)
1441	SNMPv2 简介	1901
1442	SNMPv2 管理信息结构	1902
1443	SNMPv2 文本结构约定	1903
1444	SNMPv2 一致性声明	1904
1445	SNMPv2 高层安全模型	
1446	SNMPv2 安全协议	
1447	SNMPv2 参加者 MIB	
1448	SNMPv2 协议操作	1905
1449	SNMPv2 传输层映射	1906
1450	SNMPv2 管理信息库	1907
1451	管理进程间的管理信息库	
1452	SNMP 第一版和第二版网络管理框架共存	1908

4.1.3　SNMPv3★★☆☆☆

由于 SNMPv2 没有达到"商业级别"的安全要求(提供数据源标识、报文完整性认证、防止重放、报文机密性、授权和访问控制、远程配置和高层管理能力等),所以 SNMPv3 工作组一直在从事新标准的研制工作,终于在 1999 年 4 月发布了 SNMPv3 新标准。

SNMPv3 工作组的目标是:产生一组必要的文档,作为下一代 SNMP 核心功能的单一标准。要求尽量使用已有的文档,使新标准满足:

(1) 能够适应不同管理需求的各种操作环境。

(2) 便于已有的系统向 SNMPv3 过渡。

(3) 可以方便地建立和维护管理系统。

所谓"单一标准"是指这样的事实,在 SNMPv2 的研制过程中曾经出现了几个不同的建议：

（1）SNMP Security，1991—1992 年（RFC 1351—1353）。

（2）SMP，1992—1993 年。

（3）基于 Party 的 SNMPv2，1993—1995 年（RFC 1441—1452）。

这些工作对 SNMPv2 的发展做出了一定的贡献，但是这些文档描述的管理框架并不一致，从而形成了几个不同的 SNMPv2 标准：

（1）基于团体的 SNMPv2（SNMPv2C），（RFC 1901）。

（2）SNMPv2u，（RFC 1909—1910）。

（3）SNMPv2* 。

其中的 SNMPv2C 得到了 IETF 的认可，但是缺乏安全和高层管理功能，而 SNMPv2u 和 SNMPv2* 虽然具有安全和高层管理功能，但是没有得到 IETF 的认可。所以 SNMPv3 工作组的任务就是在这些研究工作和现有标准的基础上制定单一的 SNMPv3 正式标准。根据以上要求，工作组于 1998 年 1 月发表了 5 个文件，作为安全和高层管理的建议标准（Proposed Standard），这 5 个文件是：

（1）RFC 2271 描述 SNMP 管理框架的体系结构。

（2）RFC 2272 简单网络管理协议的报文处理和调度。

（3）RFC 2273 SNMPv3 应用程序。

（4）RFC 2274 SNMPv3 基于用户的安全模型。

（5）RFC 2275 SNMPv3 基于视图的访问控制模型。

后来在此基础上又进行了修订，终于在 1999 年 4 月公布了一组文件，作为 SNMPv3 的新标准草案（Draft Standard）：

（1）RFC 2570 Internet 标准网络管理框架第 3 版引论。

（2）RFC 2571 SNMP 管理框架的体系结构描述（标准草案，代替 RFC 2271）。

（3）RFC 2572 简单网络管理协议的报文处理和调度系统（标准草案，代替 RFC 2272）。

（4）RFC 2573 SNMPv3 应用程序（标准草案，代替 RFC 2273）。

（5）RFC 2574 SNMPv3 基于用户的安全模型（DSM）（标准草案，代替 RFC 2274）。

（6）RFC 2575 SNMPv3 基于视图的访问控制模型（VACM）（标准草案，代替 RFC 2275）。

（7）RFC 2576 SNMP 第 1、2、3 版的共存问题（标准建议，代替 RFC 2089，March 2000）。

另外，对 SNMPv2 的管理信息结构（SMIv2）的有关文件也进行了修订，作为正式标准公布。

（1）RFC 2578 管理信息结构第 2 版（SMIv2）（正式标准 STD0058，代替 RFC 1902）。

（2）RFC 2579 对于 SMIv2 的文本约定（正式标准 STD0058，代替 RFC 1903）。

（3）RFC 2580 对于 SMIv2 的一致性说明（正式标准 STD0058，代替 RFC 1904）。

SNMPv3 不仅在 SNMPv2C 的基础上增加了安全和高层管理功能，而且能和以前的标准（SNMPv1 和 SNMPv2）兼容，也便于以后扩充新的模块，从而形成了统一的 SNMP 新标准。

思考：SNMP 的发展过程是什么样的？是什么原因造成了这样一个事实？你从 SNMP 的发展过程中得到什么启示？你认为这几个协议是否能够互相融合，并行使用？

4.2 SNMPv1

本节介绍 SNMP 的工作原理,包括 SNMP 对管理对象的操作和协议数据单元的格式,以及报文发送、接收和应答的详细过程等。

SNMPv1 是一种简单的请求/响应协议,使用管理站/管理代理模型,仅支持对管理对象值的检索和修改等简单操作。网络管理系统发出一个询问请求,管理对象则返回一个响应。这一过程的实现是通过使用 SNMP 操作来完成的。

但是 SNMP 不支持管理站改变管理信息库的结构,即不能增加和删除管理信息库中的管理对象实例,例如,不能增加或删除表中的一行。一般来说,管理站也不能向管理对象发出执行一个动作的命令。管理站只能逐个访问管理信息库中的叶结点,不能一次性访问一个子树,如不能访问整个表的内容。在 MIB-2 中的子树结点都是不可访问的。这些限制简化了 SNMP 的实现,但是也限制了网络管理的功能。

4.2.1 协议数据单元★★★☆☆

RFC 1157 给出了 SNMPv1 的定义,这个定义是用 ASN.1 表示的。根据这个定义可以绘出图 4-1 所示的 SNMP 报文格式。在 SNMPv1 管理中,管理站和代理之间交换的管理信息构成了 SNMPv1 报文。报文由 3 部分组成,即版本号、团体名和协议数据单元(PDU)。报文头中的版本号是指 SNMP 的版本,即 RFC 1157 为第 1 版。团体名用于身份认证。SNMPv1 共有 5 种管理操作,但只有 4 种 PDU 格式。管理站发出的 3 种请求报文 GetRequest、GetNextRequest 和 SetRequest 采用的格式是一样的,代理的应答报文格式只有一种 GetResponsePDU,从而减少了 PDU 的种类。关于 PDU 中各个字段的含义,解释如下。

如图 4-1 所示,除 TrapPDU 之外的 4 种 PDU 格式是相同的,共有 5 个字段,具体内容如下。

SNMP报文

版本号	团体名	SNMP PDU

GetRequestPDU,GetNextRequestPDU,SetRequestPDU

PDU类型	请求标识	0	0	变量绑定表

GetReponsePDU

PDU类型	请求标识	错误状态	错误索引	变量绑定表

TrapPDU

PDU类型	制造商ID	代理地址	一般陷入	特殊陷入	时间戳	变量绑定表

变量绑定表

名字1	值1	名字2	值2	…	名字*n*	值*n*

图 4-1 SNMP 报文格式

(1) PDU 类型。共有 GetRequestPDU、GetNextRequestPDU、SetRequestPDU、GetResponsePDU、TrapPDU 5 种类型的 PDU。

(2) 请求标识(request-id)。赋予每个请求报文唯一的整数,用于区分不同的请求。由于在具体实现中请求多是在后台执行的,因而当应答报文返回时要根据其中的请求标识与请求报文配对。请求标识的另一个作用是检测由不可靠的传输服务产生的重复报文。

(3) 错误状态(error-status)。表示代理在处理管理站的请求时可能出现的各种错误。共有 6 种错误状态,包括 noError(0)、tooBig(1)、noSuchName(2)、badValue(3)、readOnly(4)和 genError(5)。对不同的操作,这些错误状态的含义不同。

(4) 错误索引(error-index)。当错误状态非 0 时指向出错的变量。

(5) 变量绑定表(variable-binding)。变量名和对应值的表,说明要检索或设置的所有变量及其值。在检索请求报文中,变量的值应为 0。

TrapPDU 报文的格式与其他报文不同,它有下列字段:

(1) 制造商 ID(enterprise)。设备制造商标识,与 MIB-2 对象 sysObjectID 的值相同。

(2) 代理地址(agent-addr)。产生陷入的代理的 IP 地址。

(3) 一般陷入(generic-trap)。SNMP 定义的陷入类型,共分 coldStart(0)、warmStart(1)、linkDown(2)、linkUp(3)、authenticationFailure(4)、egpNeighborLoss(5)、enterpriseSpecific(6)共 7 类。

(4) 特殊陷入(specific-trap)。与设备有关的特殊陷入代码。

(5) 时间戳(time-stamp)。代理发出陷入的时间,与 MIB-2 中的对象 sysUpTime 的值相同。

4.2.2　报文发送与接收★★☆☆☆

当一个 SNMP 协议实体(PE)发送报文时执行下面的过程:首先是按照 ASN.1 的格式构造 PDU,加入团体名、版本号以及源和目标传输地址以后去构造 SNMP 报文(ASN.1),同时交给认证进程检查源和目标之间是否可以通信,如果通过了认证,则开放 BER 编码,SNMP 报文(ASN.1)经由 BER 编码后交传输实体发送出去,如图 4-2 所示。

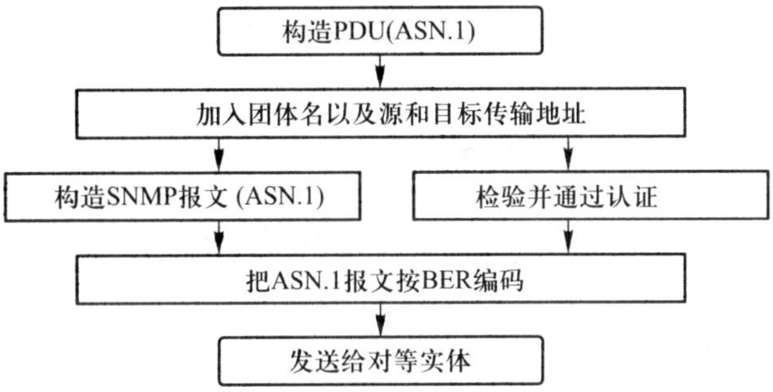

图 4-2　生成和发送 SNMP 报文

当一个 SNMP 协议实体(PE)接收到报文时执行下面的过程:首先是按照 BER 编码恢复 ASN.1 报文,然后对报文进行语法分析、验证版本号和认证信息等。如果通过了分析和验证,则分离出协议数据单元,并进行语法分析,必要时经过适当处理后返回应答报文。在认证检验失败时可以生成一个陷入报文,向发送站报告通信异常情况。无论何种检验失败,都丢弃报文。接收处理过程如图 4-3 所示。

SNMP 操作访问对象实例,而且只能访问对象标识树的叶子结点。然而为了减少通信负载,希望一次检索多个管理对象,把多个变量的值装入一个 PDU。这时要用到变量绑定

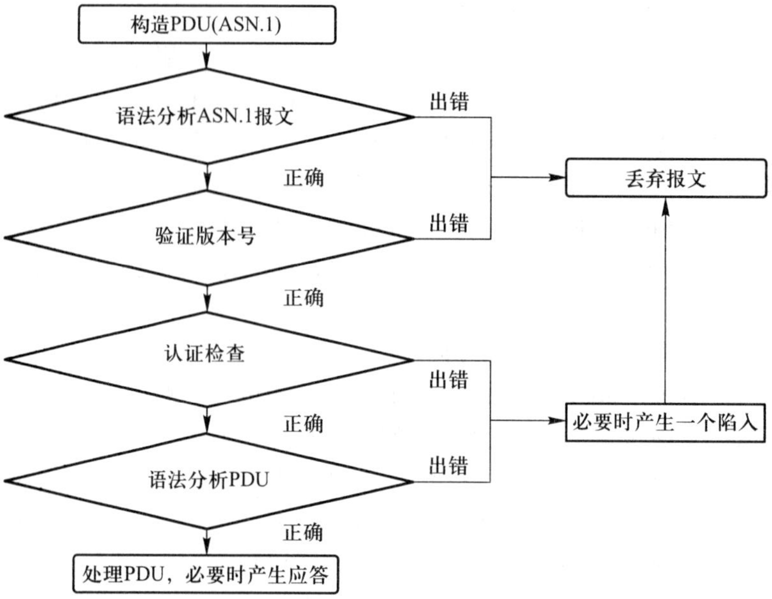

图 4-3　接收和处理 SNMP 报文

表。RFC 1157 建议在 Get 和 GetNext 协议数据单元中发送实体把变量置为 ASN.1 的 NULL 值，接收实体处理时忽略它，在返回的应答协议数据单元中设置为变量的实际值。

SNMP 报文在管理站和代理之间传送，包含 GetRequest、GetNextRequest 和 SetRequest 的报文由管理站发出，代理以 GetResponse 响应。Trap 报文由代理发给管理站，不需要应答。一般来说，管理站可连续发出多个请求报文，然后等待代理返回应答报文。如果在规定的时间内收到应答，则按照请求标识进行配对，亦即应答报文必须与请求报文有相同的请求标识。

4.2.3　SNMPv1 支持的操作★★★☆☆

SNMP 仅支持对管理对象值的检索和修改等简单操作。具体地说，SNMP 实体可以对 MIB-2 中的对象执行下列操作：

（1）Get。管理站用于检索管理信息库中标量对象的值。

（2）Set。管理站用于设置管理信息库中标量对象的值。

（3）Trap。代理用于向管理站报告管理对象的状态变化。

通过综合使用这些操作，网络管理员可以实现以下各种基本网络管理功能。

1. 检索简单对象

检索简单的标量对象值可以用 Get 操作。如果变量绑定表中包含多个变量，则一次可以检索多个标量对象的值。接收 GetRequest 的 SNMP 实体以请求标识相同的 GetResponse 响应。特别要注意的是 GetResponse 操作具有原语性，即如果所有请求的对象值可以得到，则给予应答，反之，只要有一个对象的值得不到，则可能返回下列错误条件之一：

（1）变量绑定表中的一个对象无法与 MIB 中的任何对象标识符匹配，或者要检索的对象是一个数据块（子树或表），没有对象实例生成。在这些情况下，响应实体返回的 GetResponsePDU 中的错误状态字段置为 noSuchName，错误索引设置为一个数，指明有问题的变量。变量绑定表中不返回任何值。

（2）响应实体可以提供所有要检索的值，但是变量太多，一个响应 PDU 装不下，这往往是由下层协议数据单元大小限制的。这时响应实体返回一个应答 PDU，错误状态字段置为 tooBig。

（3）由于其他原因（如代理不支持）响应实体至少不能提供一个对象的值，则返回的 PDU 中的错误状态字段置为 genError，错误索引置一个数，指明有问题的变量。变量绑定表中不返回任何值。

响应实体的处理逻辑表示如图 4-4 所示。

```
/* 接收 GetRequest 报文 */
procedure receive-getrequest;
    begin
        if object not available for get then
            issue GetReponse( noSuchName, index)
        else if generated PDU too big then
            issue GetResponse( tooBig)
        else if value not retrievable for some other reason then
            issue GetResponse( genError, index)
        else issue GetResponse( variable bindings)
    end;
/* 接收 GetNextRequest 报文 */
procedure receive-GetNextRequest;
    begin
        if object not available for get then
            issue GetResponse( noSuchName, index)
        else if generated PDU too big then
            issue GetResponse( tooBig)
        else if value not retrievable for some other reason then
            issue GetResponse( genError, index)
        else issue GetResponse( variable bindings)
    end;
/* 接收 SetRequest 报文 */
procedure receive-setrequest;
    begin
        if object not available for set then
            issue GetResponse( noSuchName, index)
        else if incinsistant object value then
            issue GetResponse( badValue, index)
        else if generated PDU too big then
            issue GetResponse( tooBig)
        else if value not settable for some other reason then
            issue GetResponse( genError, index)
        else issue GetResponse( variable bindings)
    end;
```

图 4-4　SNMP PDU 响应处理逻辑

为了说明简单对象的检索过程，根据图 4-5 所示，分别说明 SNMP 的相关操作（本实例对象是 udp 组的一部分)。

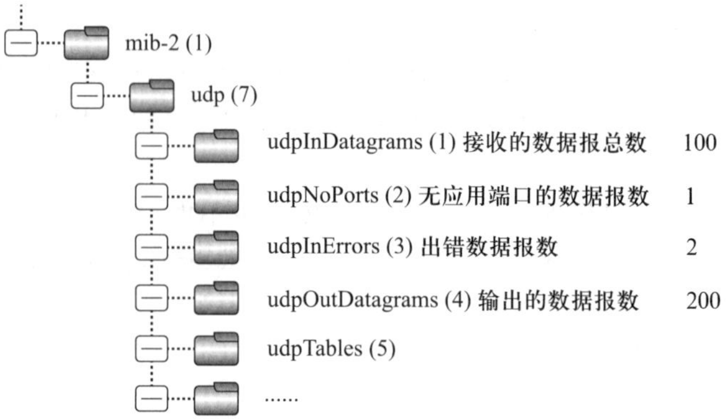

图 4-5 检索简单对象例

【例 4-1】 用户可以在检索命令中直接指明对象实例的标识符:

GetRequest(udpInDatagrams.0, udpNoPorts.0, udpInErrors.0, udpOutDatagrams.0)

可以预期得到下面的响应:

GetResponse(udpInDatagrams.0 = 100, udpNoPorts.0 = 1, udpInErrors.0 = 2,
udpOutDatagrams.0 =200)

GetNextRequest 的作用与 GetRequest 基本相同,PDU 格式也相同,其处理逻辑和返回错误状态表示在图 4-4 中,唯一的差别是 GetRequest 检索变量名所指的是对象实例,而 GetNextRequest 检索变量名所指的是“下一个”对象实例。根据对象标识树的词典顺序,对于标量对象,对象标识符所指的下一实例就是对象的值。

【例 4-2】 用 GetNext 命令检索图 4-5 中的 4 个值,其中直接指明对象标识符:

GetNextRequest(udpInDatagrams, udpNoPorts, udpInErrors, udpOutDatagrams)

得到的响应与例 4-1 是相同的:

GetResponse(udpInDatagrams.0 = 100, udpNoPorts.0 = 1, udpInErrors.0 = 2,
udpOutDatagrams.0 = 200)

可见,标量对象实例标识符(如 udpInDatagrams.0)总是紧跟在对象标识符(如 udpInDatagrams)的后面。

如果代理不支持管理站对 udpNoPorts 的访问,则响应会有所不同。

【例 4-3】 发出同样的命令:

GetNextRequest(udpInDatagrams, udpNoPorts, udpInErrors, udpOutDatagrams)

得到的响应是:

GetResponse(udpInDatagrams.0 = 100, udpInErrors.0 = 2, udpInErrors.0 = 2,
udpOutDatagrams.0 = 200)

这是因为变量名 udpNoPorts 和 udpInErrors 的下一个对象实例都是 udpInErrors.0 = 2。可见,当代理收到一个 Get 请求时,如果能检索到所有的对象实例,则返回请求的每个值。另一方面,如果有一个值不可或不能提供,则返回该实例的下一个值。

2. 检索未知对象

GetNext 命令检索变量名指示的下一个对象实例,但是并不要求变量名是对象标识符或者是实例标识符。例如,udpInDatagrams 是简单对象,它的实例标识符是 udpInDatagrams.0,而标识符 udpInDatagrams.2 并不表示任何对象。

【例 4-4】　如果发出一个命令:

GetNextRequest(udpInDatagrams.2)

则得到的响应是:

GetResponse(udpNoPorts.0 = 1)

这说明代理没有检查标识符 udpInDatagrams.2 的有效性,而是直接查找下一个有效的标识符,得到 udpInDatagrams.0 后返回了它的下一个对象实例。

利用 GetNext 的检索未知对象的特性可以发现 MIB 的结构。

【例 4-5】　管理站不知道 udp 组有哪些变量,先试着发出命令:

GetNextRequest(udp)

得到的响应是:

GetResponse(udpInDatagrams.0 = 100)

这样管理站知道了 udp 组的第一个对象,还可以继续这样找到其他管理对象。

3. 检索表对象

GetNext 可用于有效搜索表对象。

根据图 4-6 所示,有下面的例子。

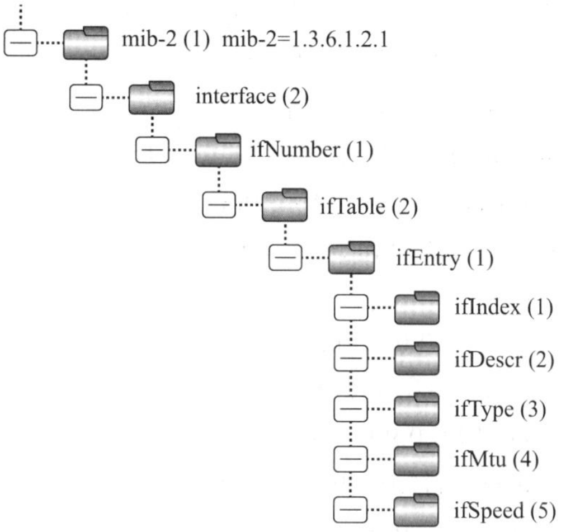

图 4-6　检索表对象例

【例 4-6】　如果发出下面的命令,检索 ifNumber 的值:

GetRequest(1.3.6.1.2.1.2.1.0)

GetResponse(2)

用户已知有两个接口,如果想知道每个接口的数据速率,则可以用下面的命令检索 if 表的 5 个元素(例 4-7~例 4-9 所示)。

【例 4-7】

GetRequest(1.3.6.1.2.1.2.2.1.5.1)

最后的“1”是索引项 index 的值。得到的响应是:

GetResponse(10000000)

说明第一个接口的数据速率是 10 Mbps。

【例 4-8】 如果发出的命令是:

GetNextRequest(1.3.6.1.2.1.2.2.1.5.1)

则得到的是第二个接口的数据速率。

GetResponse(56000)

说明第二个接口的数据速率是 56 kbps。

根据图 4-7 所示的表,假定管理站不知道该表的行数而想检索整个表,则可以连续使用 GetNext 命令。

ipRouteDest	ipRouteMetric1	ipRouteNextHop
9.1.2.3	3	99.0.0.3
10.0.0.51	5	89.1.1.42
10.0.0.99	5	89.1.1.42

图 4-7 检索表对象例

【例 4-9】

GetNextRequest(ipRouteDest, ipRouteMetricl, ipRouteNextHop)

GetResponse(ipRouteDest.9.1.2.3 = 9.1.2.3, ipRouteMetricl.9.1.2.3 = 3,
ipRouteNextHop.9.1.2.3 = 99.0.0.3)

以上是第 1 行的值,据此可以检索下一行:

GetNextRequest (ipRouteDest.9.1.2.3, ipRouteMetricl.9.1.2.3, ipRouteNextHop.9.1.2.3)

GetResponse(ipRouteDest.10.0.0.51 = 10.0.0.51, ipRouteMetricl.10.0.0.51 = 5,
ipRouteNextHop.10.0.0.51 = 89.1.1.42)

继续检索第 3 行和第 4 行:

GetNextRequest(ipRouteDest.10.0.0.51, ipRouteMetricl.10.0.0.51,
ipRouteNextHop.10.0.0.51)

GetResponse(ipRouteDest.10.0.0.99 = 10.0.0.99, ipRouteMetricl.10.0.0.99 = 5,
ipRouteNextHop.10.0.0.99 = 89.1.1.42)

GetNextRequest(ipRouteDest.10.0.0.99, ipRouteMetricl.10.0.0.99,
ipRouteNextHop.10.0.0.99)

GetResponse(ipRouteDest.9.1.2.3 = 3, ipRouteMetricl9.1.2.3 = 99.0.0.3,
ipNetToMedialfindex.1.3 = 1)

至此可以知道该表只有 3 行,因为第 4 次检索已经检出了表之外的对象。

4. 表的更新和删除

Set 命令用于设置或更新变量的值。它的 PDU 格式与 Get 是相同的,但是在变量绑定表中必须包含要设置的变量名和变量值。对于 Set 命令的应答也是 GetResponse,同样是原语性的。如果所有的变量都可以设置,则更新所有变量的值,并在应答的 GetResponse 中确认变量的新值;如果至少有一个变量的值不能设置,则所有变量的值都保持不变,并在错误状态中指明出错的原因。Set 出错的原因与 Get 是类似的(如 tooBig、noSuchName 和 genError)，然而若有一个变量的名字和要设置的值在类型、长度或实际值方面不匹配，则返回错误条件 badValue。Set 应答的逻辑已表示在图 4-4 中。

【例 4-10】 本例基于图 4-7 所示的表。假如想改变列对象 ipRouteMetric1 的第一个值，则可以发出命令：

SetRequest(ipRouteMetric1.9.1.2.3 = 9)

得到的应答是：

GetResponse(ipRouteMetric1.9.1.2.3 = 9)

其效果是 ipRouteMetric1 对象的值由 3 变成了 9。

【例 4-11】 若想增加一行，则可以发出下面的命令：

SetRequest(ipRouteDest.11.3.3.12 = 11.3.3.12, ipRouteMetric.11.3.3.12 = 9,
　　ipRouteNextHop.11.3.3.12 = 91.0.0.5)

对这个命令如何执行，RFC 1212 有 3 种解释，分别是：

(1) 代理可以拒绝这个命令(出于安全考虑)。因为对象标识符 ipRouteDest.11.3.3.12 不存在，所以返回错误状态 noSuchName。

(2) 代理可以接受这个命令，并企图生成一个新的对象实例，但是发现被赋予的值不适当，因而返回错误条件 badValue。

(3) 代理可以接受这个命令，生成一个新的行，使表增加到 4 行，并返回下面的应答：

GetResponse(ipRouteDest.11.3.3.12 = 11.3.3.12, ipRouteMetric.11.3.3.12 = 9,
　　ipRouteNextHop.11.3.3.12 = 91.0.0.5)

在具体实现中，以上 3 种情况都是可能的，要视整个网络的初始化状态。

【例 4-12】 再来看，假如原来是 3 行的表，现在发出下面的命令：

SetRequest(ipRouteDest.11.1.3.12 = 11.3.3.12)

对于这个命令也有两种处理方法，具体如下：

(1) 由于变量 ipRouteDest 是索引项，因而代理可以增加一个表行，对于没有指定值的变量赋予默认值。

(2) 代理拒绝这个操作。如果要生成新行，必须提供一行中所有变量的值。

采用哪种方法也是由实际情况决定的。

【例 4-13】 如果要删除表中的行，则可以把一个对象的值置为 invalid。

SetRequest(ipRouteType.7.3.5.3 = invalid)

得到的响应说明表行确已删除：

GetResponse(ipRouteType.7.3.5.3 = invalid)

这种删除是物理的还是逻辑的，也是由实际决定的。

在 MIB-2 中，只有两种表是可删除的：ipRouteTable 包含 ipRouteType，可取值 invalid；ipNetToMediaTable 包含 ipNetToMediaType，可取值 invalid。

SNMP 没有提供向管理对象发出动作命令的机制。但是可以利用 Set 命令对一个专用对象设置值，让这个专用对象的不同值代表不同的命令。例如，建立一个 reBoot 对象，可取值 0 或 1，分别使代理系统启动和复位。

在设置或删除操作中，对象若是只读的，而错误状态 readOnly 没有在任何应答报文中出现。实际上，这个错误条件在 SNMPv1 中是没有用的，在以后的 SNMP 版本中用另外一个错误条件 notWritable 代替了它。

5. 陷入操作

陷入是由代理向管理站发出的异步事件报告,不需要应答报文。SNMPv1 规定了 6 种陷入条件,另外还有设备制造商定义的陷入:

(1) coldStart。发送实体重新初始化,代理的配置已改变,通常是由系统失效引起的。

(2) warmStart。发送实体重新初始化,但代理的配置没有改变,为正常的重启动过程。

(3) linkDown。链路失效通知,变量绑定表的第一项指明对应接口表的索引变量等。

(4) linkUp。链路启动通知,变量绑定表的第一项指明对应接口表的索引变量等。

(5) authenticationFailure。发送实体收到一个没有通过认证的报文。

(6) egpNeighborLoss。相邻的外部路由器失效或关机。

(7) enterpriseSpecific。由设备制造商定义的陷入条件,在特殊陷入(specific-trap)字段指明具体的陷入类型。

4.2.4 snmp 功能组★★☆☆☆

snmp 组包含的信息关系到 SNMP 的实现和操作。这一组中共有 30 个对象,如图 4-8 所示。在只支持 SNMP 站管理功能或只支持 SNMP 代理功能的实现中,有些对象是没有值的。除最后一个对象外,这一组的其他对象都是只读的计数器。对象 snmpEnableAuthenTrap 可以由管理站设置,它指示是否允许代理产生“认证失效”陷入,这种设置优先于代理自己的配置,这样就提供了一种可以排除所有认证失效陷入的手段。

4.2.5 SNMPv1 的局限性★★☆☆☆

用户利用 SNMP 进行网络管理时一定要注意 SNMPv1 本身的局限性,具体如下:

(1) 由于轮询的性能限制,SNMP 不适合管理很大的网络。轮询产生的大量管理信息传送可能引起网络响应时间的增加。

(2) SNMP 不适合检索大量数据,例如,检索整个表中的数据。

(3) SNMP 的陷入报文是没有应答的,管理站是否收到陷入报文,代理不得而知。这样可能丢掉重要的管理信息。

(4) SNMP 只提供简单的团体名认证,安全措施简单。

(5) SNMP 不直接支持向被管理设备发送命令。

(6) SNMP MIB-2 支持的管理对象是有限的,不能完成复杂的管理功能。

(7) SNMP 不支持管理站之间的通信,而这一点在分布式网络管理中是很重要的。

以上局限性有很多方面在 SNMP 的第 2 版中都有所改进。

思考:SNMP 的发展经历了各种时期,每一个阶段都是与当时网络的现状有关,你能举例说明其各个阶段(从 SNMPv1 到 SNMPv3)的特点吗? 对于 SNMP 的管理模式,轮询的指令和响应都是什么样的? 试举例说明。

图 4-8　MIB-2 snmp 功能组

4.3 SNMPv2

4.3.1 SNMPv2 管理信息结构★★★☆☆

SNMPv2 的管理信息结构在总结 SNMP 应用经验的基础上对 SNMPv1 SMI 进行了扩充，提供了更细致、更严格的规范，规定了新的管理对象和 MIB 的文件，可以说是 SNMPv1 SMI 的超集。SNMPv2 SMI 引入了 4 个关键的概念：对象的定义、概念表、通知的定义和信息模块。

1. 对象的定义

主体与 SNMPv1 一样，SNMPv2 也是用 ASN.1 宏定义 OBJECT-TYPE 表示管理对象的语法和语义，但是 SNMPv2 的 OBJECT-TYPE 增加了新的内容。图 4-9 列出了 SNMPv2 宏定义的主要部分，它与 SNMPv1 的宏定义有以下差别。

```
OBJECT-TYPE MACRO ::=
  BEGIN
    TYPE NOTATION ::= "SYNTAX" Syntax
                      UnitsPart
                      "MAX-ACCESS" Access
                      "STATUS" Status
                      "DESCRIPTION" Text
                      ReferPart
                      IndexPart
                      DefValPart
    VALUE NOTATION ::= value(VALUE ObjectName)
  END
```

图 4-9 SNMPv2 对象宏定义

（1）数据类型。从表 4-2 可以看出，SNMPv2 增加了两种新的数据类型 Unsigned32 和 Counter64。Unsigned32 与 Gauge32 在 ASN.1 中是无区别的，都是 32 位的整数，但是在 SNMPv2 中的语义不一样。Counter64 与 Counter32 一样，都表示计数器，只能增加，不能减少，当增加到 $2^{64}-1$ 或 $2^{32}-1$ 时回零，从头再增加。而且 SNMPv2 规定，计数器没有定义的初始值，因此计数器的单个值是没有意义的，只有连续两次读取计数器得到的增加值才是有意义的，即增量才有意义。

表 4-2 SNMPv1 和 SNMPv2 的数据类型比较

数据类型	SNMPv1	SNMPv2
INTEGER($-2^{31}\sim2^{31}-1$)	√	√
Unsigned32($0\sim2^{32}-1$)		√
Counter32(最大值 $2^{32}-1$)	√	√
Counter64(最大值 $2^{64}-1$)		√

续表

数 据 类 型	SNMPv1	SNMPv2
Gauge32(最大值 $2^{32}-1$)	√	√
TimeTicks(2^{32})	√	√
OCTET STRING(SIZE(0.65 535))	√	√
IpAddress	√	√
OBJECT IDENTIFIER	√	√
Opaque	√	√

关于 Gauge32,SNMPv2 规范澄清了原来标准中一些含糊不清的地方。首先是在 SNMPv2 中规定 Gauge32 的最大值可以设置为小于 2^{32}的任意正数 MAX,如图 4-10 所示,而在 SNMPv1 中 Gauge32 的最大值总是 $2^{32}-1$,显然这样规定更明确了,使用也更方便。其次是 SNMPv2 明确了当计数器达到最大值时可自动减少,而在 RFC 1155 中只是说明计数器的值"锁定"(Latch)在最大值,但是"锁定"的含义并没有定义,因此之前总是在"计数器达到最大值时是否可以减少"的问题上争论不休。

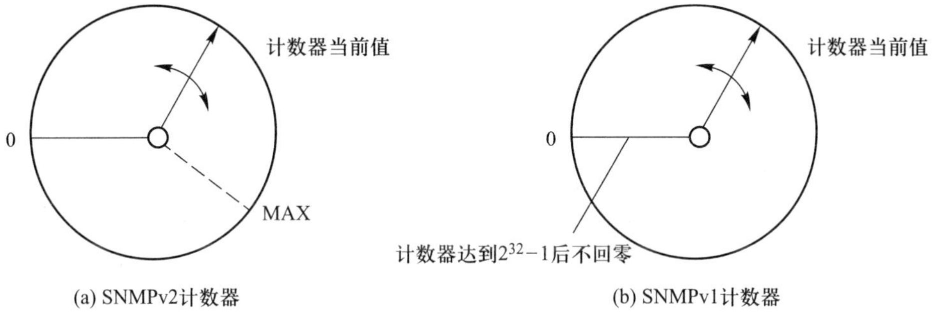

图 4-10　SNMPv1 计数器和 SNMPv2 计数器的比较

(2) UNITS 子句。在 SNMPv2 的 OBJECT-TYPE 宏定义中增加了 UNITS 子句。这个子句用文字说明与对象有关的度量单位。当管理对象表示一种度量手段(如时间)时这个子句是有用的。

(3) MAX-ACCESS 子句。类似于 SNMPv1 的 ACCESS 子句,说明最大的访问级别,与授权策略无关。SNMPv2 定义的访问类型中去掉了 write-only 类,增加了一个与概念行有关的访问类型 read-create,表示可读、可写和可生成。还增加了 aceessible-for-notify 访问类,这种访问方式与陷入有关。例如,下面是 SNMPv2 MIB 中关于陷入的定义,其中用到了 accessible-for-notify:

```
snmpTrapOID OBJECT-TYPE
    SYNTAX OBJECT IDENTIFIER
    MAX-ACCESS accessible-for-notify
    STATUS      current
    DESCRIPTION
```

"The authoritative identification of the trap currently being sent. This variable occurs as the second varbind in every SNMPv2-Trap-PDU and InformRequest-PDU."
::= {snmpTrap1}

SNMPv2 的 5 种访问级别由小到大排列为：not-accessible, accessible-for-notify, read-only, read-write, read-create。

(4) STATUS 子句。这个子句是必要的，也就是说必须指明对象的状态。SNMPv2 标准去掉了 SNMPv1 中的 optional 和 mandatory，只有 3 种可选的状态。如果管理对象的状态是 current，则表示在当前的标准中是有效的。如果管理对象的状态是 obsolete，则表示不必实现这种对象。状态 deprecated 表示对象已经过时了，但是为了兼容旧版本实现互操作，实现时还要支持这种对象。

2. 表的定义

与 SNMPv1 一样，SNMPv2 的管理操作只能作用于标量对象，复杂的信息要用表来表示。按照 SNMPv2 规范，表是行的序列，而行是列对象的序列。SNMPv2 把表分为以下两类。

(1) 禁止删除和生成行的表。这种表的最高访问级别是 read-write。在很多情况下这种表由代理控制，表中只包含 read-only 型的对象。

(2) 允许删除和生成行的表。这种表开始时可能没有行，由管理站生成和删除行。行数可由管理站或代理改变。

在 SNMPv2 表的定义中必须含有 INDEX 或 AUGMENTS 子句，但是只能有两者其中之一。INDEX 子句定义了一个基本概念行，而 INDEX 子句中的索引对象确定了一个概念行实例。与 SNMPv1 不同，SNMPv2 的 INDEX 子句中增加了任选的 IMPLIED 修饰符，从下面的解释中能够了解到这个修饰符的作用。假定一个对象的标识符为 y，索引对象为 $i_1, i_2, \cdots, i_n$，则对象 y 的一个实例标识符为：

$y.(i_1).(i_2).\cdots.(i_n)$

每个索引对象 i 的类型可以是如下类型。

① 整数。每个整数作为一个子标识符（仅对非负整数有效）。

② 固定长度的字符串。每个字节编码为一个子标识符。

③ 有修饰符 IMPLIED 的变长度字符串。每个字节编码为一个子标识符，共 n 个子标识符。

④ 无修饰符 IMPLIED 的变长度字符串。第一个子标识符是 n，然后是 n 个字节编码的子标识符，共 $1+n$ 个子标识符。

⑤ 有修饰符 IMPLIED 的对象标识符。对象标识符的 n 个子串。

⑥ 无修饰符 IMPLIED 的对象标识符。第一个子标识符是 n，然后是对象标识符的 n 个子串。

⑦ IP 地址。由 4 个子标识符组成。

表的一个例子如图 4-11 所示。索引对象 petType 和 petIndex 作为一对索引，表的每一行有唯一的一对 petType 和 petIndex 的实例。图 4-12 绘出了这种表的一个实例，只给出前 6 行的值。

```
petTable OBJECT-TYPE
    SYNTAX          SEQUENCE OF PetEntry
    MAX-ACCESS      not-accessible
    STATUS          current
    DESCRIPTION
      "The conceptual table listing the characteristics of all pets living at this agent."
    ::= {A}
petEntry OBJECT-TYPE
    SYNTAX          petEntry
    MAX-ACCESS      not-accessible
    STATUS          current
    DESCRIPTION
      "An entry (conceptual row) in the petTable. The Table is indexed by type of ainmal. Within each
      animal type, individual pets are indexed by a unique numerical sequence number."
INDEX {petType, petIndex}
    ::= {petTable1}
petEntry SEQUENCE{
    petType              OCTET STRING,
    petIndex             INTEGER,
    petCharacteristic1   INTEGER,
    petCharacteristic2   INTEGER}
petType OBJECT-TYPE
    SYNTAX          OCTET STRING
    MAX-ACCESS      not-accessible
    STATUS          current
    DESCRIPTION
      "An auxiliary variable used to identify instances of the columnar object in the petTable."
    ::= {petEntry1}
petIndex OBJECT-TYPE
    SYNTAX          INTEGER
    MAX-ACCESS      read-only
    STATUS          current
    DESCRIPTION
      "An auxiliary variable used to identify instances of the colunmar object in the petTable."
    ::= {petEntry2}
petCharacteristic1 OBJECT-TYPE
    SYNTAX          INTEGER
    MAX-ACCESS      read-only
    STATUS          current
    ::= {petEntry3}
petCharacteristic2 OBJECT-TYPE
    SYNTAX          INTEGER
    MAX-ACCESS      read-only
    STATUS          current
    ::= {petEntry4}
```

图 4-11　不允许生成和删除行的表

petType(A.1.1)	petIndex(A.1.2)	petCharacteristic(A.1.3)	petCharacteristic(A.1.4)
DOG	1	23	10
DOG	5	16	10
DOG	14	24	16
CAT	2	6	44
CAT	1	33	5
WOMBAT	10	4	30
⋮	⋮	⋮	⋮

图 4-12 表索引实例

【例 4-14】 假定要引用第 2 行第 4 列的对象实例,则实例标识符为:

A.1.4.3.68.79.71.5

其中的“3.68.79.71”是对“DOG”(无修饰符 IMPLIED 的变长度字符中)按照以上规则编码得到的 4 个子标识符。

AUGMENTS 子句的作用是代替 INDEX 子句,表示概念行的扩展。图 4-13 是这种表的一个实例,这个表是由 petTable 扩充的表。在扩充表中,AUGMENTS 子句中的变量(petEntry)叫做基本概念行,包含 AUGMENTS 子句的对象(moreEntry)叫做概念行扩展。这种设置的实质是在已定义的表对象的基础上通过增加列对象定义新表,而不必从头做起重写所有的定义。这样扩展定义的新表与全部定义的新表的作用完全一样,当然也可以经第二次扩展,产生更大的新表。

作为索引的列对象叫做辅助对象,是不可访问的。这个限制说明了以下情况:

(1) 读。SNMPv2 规定,读任何列对象的实例,都必须知道该对象实例所在行的索引对象的值,然而在已经知道辅助对象变量值的情况下读辅助变量的内容就是多余的。

(2) 写。如果管理程序改变了辅助对象实例的值,则行的标识也改变了,然而这是不允许的。

(3) 生成。行实例生成时必须同时给一个列对象实例赋值,在 SNMPv2 中这个操作是由代理而不是由管理站完成的。

与 RMON 一样,SNMPv2 允许使用不属于概念行的外部对象作为概念行的索引,在这种情况下不能把索引对象限制为不可访问的。

3. 表的操作

允许生成和删除行的表必须有一个列对象,其 SYNTAX 子句的值为 Rowstatus,MAX-ACCESS 子句的值为 read-write,这种列叫做概念行的状态列。状态列可取以下 6 种值:

(1) active(可读写)。被管理设备可以使用概念行。

(2) notInService(可读写)。概念行存在,但由于其他原因(下面解释)而不能使用。

(3) notReady(只读)。概念行存在,但因没有信息而不能使用。

(4) CreateAndGo(只写不读)。管理站生成一个概念行实例时先设置成这种状态,生成过程结束时自动变为 active,被管理设备就可以使用了。

```
moreTable OBJECT-TYPE
    SYNTAX          SEQUENCE OF MoreEntry
    MAX-ACCESS      not-accessible
    STATUS          current
    DESCRIPTION
      "A table of additional pet objects."
    ::= {B}
moreEntry OBJECT-TYPE
    SYNTAX          MoreEntry
    MAX-ACCESS      not-accessible
    STATUS          current
    DESCRIPTION
      "Additional objects for a petTable entry."
    AUGMENTS{petEntry}
    ::= {moreTable1}
moreEntry ::= SEQUENCE{
    nameOfPet       OCTET STRING,
    dateOfLastVisit DateAndTime}
nameOfPet OBJECT-TYPE
    SYNTAX          OCTET STRING
    MAX-ACCESS      read-only
    STATUS          current
    ::= {moreEntry1}
dateOfLastVisit OBJECT-TYPE
    SYNTAX          DateAndTime
    MAX-ACCESS      read-only
    STATUS          current
    ::= {moreEntry2}
```

图 4-13　扩充表实例

(5) CreateAndWait(只写不读)。管理站生成一个概念行实例时先设置成这种状态,但不会自动变成 active。

(6) Destroy(只写不读)。管理站需删除所有的概念行实例时设置成这种状态。

这 6 种状态中的 5 种状态(除 notReady)是管理站可以用 Set 操作设置的状态,前 3 种可以是响应管理站的查询而返回的状态。图 4-14 显示了一个允许管理站生成和删除行的表,可以作为下面讨论的参考。

(1) 概念行的生成。生成概念行可以使用两种不同的方法,分为 4 个步骤。

① 选择实例标识符。针对不同的索引对象可考虑用不同的方法选择实例标识符:

a) 如果标识符语义明确,则管理站根据语义选择标识符,如选择目标路由器地址。

b) 如果标识符仅用于区分概念行,则管理站扫描整个表,选择一个没有使用的标识符。

c) 由 MIB 模块提供一个或一组对象,辅助管理站确定一个未用的标识符。

d) 管理站选择一个随机数作为标识符。

```
evalSlot OBJECT TYPE
    SYNTAX          INTEGER
    MAX-ACCESS      read-only
    STATUS          current
    DESCRIPTION
      "A management station should create new entries
      in evaluation table using this algorithm: first,
      issue a management protocol retrieval operation to
      determine the value of evalSlot; and, second,
      issue a management protocol set operation to
      create an instance of the evalStatus object setting
      its value to create AndGo(4) or create AndWait
      (5). if this latte operation succeed, then the
      management station may continue modifying the
      instance corresponding to the newly created con-
      ceptual row, without fear of collision with other
      management station."
    ::= {eval1}
evalTable OBJECT-TYPE
    SYNTAX          SEQUENCE OF EvalEntry
    M AX-ACCESS     not-accessible
    STATUS          current
    DESCRIPTION
      "The(conceptual) evaluation table"
    ::= {eval2}
evalEntry OBJEGT-TYPE
    SYNTAX          EvalEntry
    MAX-ACCESS      not-accessible
    STATUS          current
    DESCRIPTION
      "An entry in the evaluation table"
    INDEX {evalIndex}
    ::= {evalTable1}
EvalEntry SEQUENCE{
    evalIndex       Integer32,
    evalString      DisplayString,
    evalValue       Integer32,
    evalStatus      RowStatus}

evalIndex OBJECT-TYPE
    SYNTAX          Integer32
    MAX-ACCESS      not-accessible
    STATUS          current
    DESCRIPTION
      "The auxiliary variable used for identify in-
      stance of the columnar object in the evalua-
      tion table."
    ::= {evalEntry1}
evalString OBJECT-TYPE
    SYNTAX          Displaystring
    MAX-ACCESS      read-create
    STATUS          current
    DESCRIPTION
       "The string to evaluate"
    ::= {evalEntry2}
evalValue OBJECT-TYPE
    SYNTAX          Integer32
    MAX-ACCESS      read-only
    STATUS          current
    DESCRIPTION
      "The value when evalString was last execu-
      ted."
    DEFVAL {0}
    ::= {evalEntry3}
evalStatus OBJECT-TYPE
    SYNTAX          RowStatus
    MAX-ACCESS      read-create
    STATUS          current
    DESCRIPTION
      "The status column used for creating,
      modifying, and deleting instances of the co-
      lumnar object in the evaluation table."
    DEFVAL {active}
    ::= {evalEntry4}
```

图 4-14 允许管理站生成和删除行的表

MIB 设计者可在 c)、d)两种方法中选择。列对象多的大表可考虑 c),小表则可考虑 d)。

选择好索引对象的实例标识符以后,管理站可以用两种方法产生概念行:一是管理站通过事务处理一次性地产生和激活概念行;二是管理站通过与代理协商,合作生成概念行。

② 产生概念行。产生概念行主要有两种方法:

a) 管理站通过事务处理产生和激活概念行。首先管理站必须知道表中的哪些列需要提供值,哪些列不能或不必要提供值。如果管理站对表的列对象知之甚少,则可以用 Get 操作检查要生成的概念行的所有列,其返回值可能有如下几种情况。

i. 返回一个值,则说明其他管理站已经产生了该行。

ii. 返回 noSuchInstance,则说明代理实现了该列的对象类型,而且该列在管理站的 MIB 视图中是可访问的。如果该列的访问特性是“read-write”,则管理站必须用 Set 操作提供这个列对象的值。

iii. 返回“noSuchObject”,说明代理没有实现该列的对象类型,或者该列在管理站的 MIB 视图中是不可访问的,则管理站不能用 Set 操作生成该列对象的实例。

iv. 确定列要求后,管理站发出相应的 Set 操作并且置状态列为“CreateAndGo”。代理根据 Set 提供的信息以及实现专用的信息设置列对象的值,正常时返回 noError 响应,并且置状态列为“active”。如果代理不能完成必要的操作,则返回“inconsistentValue”,管理站根据返回信息确定是否重发 Set 操作。

b) 管理站与代理协商生成概念行。管理站用 Set 操作置状态列为“CreateAndWait”。如果代理不接受这种操作,则返回 wrongValue,管理站必须以单个 Set 操作(事务处理)为所有列对象提供值;如果代理执行这种操作,则生成概念行,返回 noError,状态列被置为 notReady(代理没有足够的信息使得概念行可用)或 notInService(代理有足够的信息使得概念行可用),然后进行下一步。

③ 初始化非默认值对象。管理站用 Get 操作查询所有列,以确定是否能够或需要设置列对象的值,返回值情况如下:

a) 代理返回一个值,则表示代理实现了该列的对象类型,而且能够提供默认值。如果该列的访问特性是“read-write”,则管理站可用 Set 操作改变该列的值。

b) 代理返回 noSuchInstance,说明代理实现了该列的对象类型,该列也是管理站可访问的,但代理不提供默认值。如果列访问特性是“read-write”,则管理站必须以 Set 操作设置这个列对象的值。

c) 代理返回 noSuchObject,说明代理没有实现该列的对象类型,或者该列是管理站不可访问的,则管理站不能设置该对象的值。

d) 如果状态列的值是 notReady,则管理站应该首先处理其值为 noSuchInstance 的列,这一步完成后,状态列变成 notInService,再进行下一步。

④ 激活概念行。管理站得到了所有列对象实例,用 Set 操作置状态列对象为 active。如果代理有足够的信息使得概念行可用,则返回 noError;如果代理没有足够的信息使得概念行可用,则返回 noInService。

至此,行的生成过程完成了。在具体实现时采用哪种方法,如何设计行的生成算法,要考虑很多因素。首先要解决的几个主要问题如下:

① 表可能很大,一个 setPDU 不能容纳行中的所有变量。

② 代理可能不支持表定义中的某些对象。

③ 管理站不能访问表中的某些对象。

④ 可能有多个管理站同时访问一个表。

⑤ 生成操作不能被任意改变。

⑥ 代理在行生成之前要检查是否出现 tooBig 错误(单个响应 PDU 不能容纳所有列变量的值)。

⑦ 概念行中可能同时有 read-only 和 read-create 对象。

解决这些问题的方法不同，就会有不同的行生成方案。另外，希望实现的系统具有下列有用的特点：

① 应该允许在简单的代理系统上实现。

② 代理在生成行的过程中不必考虑行之间的语义关系。

③ 不应为了生成行而增加新的 PDU。

④ 生成操作应在一个事务处理中完成。

⑤ 管理站可以盲目地接收列对象的默认值。

⑥ 应该允许管理站查询列对象的默认值，并自主决定是否重写列对象的值。

⑦ 有些表的索引可取唯一的任意值，对于这种表应该容许代理自主选择索引的值。

在行的生成过程中应允许代理自主选择索引值，这样可以减少管理站的负担，而由管理站寻找一个未用的索引值可能效率更低。

CreateAndWait 方法把主要的负担放在代理上，要求代理必须维持概念行在 notInService 状态。但是比起 CreateAndGo 方法，它能处理任意行的生成，因此功能更强大。另一方面，CreateAndGo 方法在行生成过程中只涉及一两次 PDU 交换，因此能更有效地节约通信资源和管理站时间，能减少代理系统的复杂性，但是它不能处理任意行的生成。采用哪一种方法主要取决于代理系统如何实现。

（2）概念行的挂起。当概念行处于 active 状态时，如果管理站希望概念行脱离服务，以便进行修改，则可以发出 Set 命令，把状态列由 active 置为 notInService。这时有两种可能的情况：

① 若代理不执行该操作，则返回 wrongValue。

② 若代理可执行该操作，则返回 noError。

表定义中的 DESCRIPTION 子句需指明在何种情况下可以把状态列置为 noInService。

（3）概念行的删除。管理站发出 Set 命令，把状态列置为 Destroy，如果这个操作成功，则概念行立即被删除。

4. 通知和信息模块

SNMPv2 提供了通知类型的宏定义 NOTIFICATION-TYPE，用于定义异常条件出现时 SNMPv2 实体发送的信息。NOTIFICATION-TYPE 宏定义表示如图 4-15 所示。任选的 OBJECT 子句定义了包含在通知实例中的 MIB 对象序列。当 SNMPv2 实体发送通知时这些对象的值被传送给管理站。DESCRIPTION 子句说明了通知的语义。任选的 REFERENCE 子句包含对其他 MIB 模块的引用。下面是按照这个宏写出的陷入的定义。

```
linkup NOTIFICATION-TYPE
    OBJECT{ifIndex, ifAdminstatus, ifOperStatus}
    STATUS current
    DESCREPTION
      "A linkup trap signifies that the SNMPv2 entity, acting in an agent
      role, has detected that the ifOperStatus object for one of its
      connmunication links has transitioned out of the down state."
    ::= {snmpTraps4}
```

```
NOTIFICATION-TYPE MACRO ::=
    BEGIN
      TYPE NOTATION ::= ObjectsPart
                        "STATUS" Status
                        "DESCRIPTION" Text
                        ReferPart
      VALUE NOTATION ::= value(VALUE NotificationName)
      ObjectsPart ::= "OBJECTS" "{" Objects "}" | empty
      Objects ::= Object | Object "," Object
      Object ::= value(Name ObjectName)
      Status ::= "current" | "deprecated" | "obsolete"
      ReferPart ::= "REFERENCE" Text | empty
      Text ::= """"string""""
    END
```

图 4-15　NOTIFICATION-TYPE 宏定义

SNMPv2 还引入了信息模块的概念,用于说明一组有关的定义,共有以下 3 种信息模块。

(1) MIB 模块。包含一组有关的管理对象的定义。

(2) MIB 的依赖性声明模块。使用 MODULE-COMPLIANCE 和 OBJECT-GROUP 宏说明有关管理对象实现方面的最小要求。

(3) 代理能力说明模块。用 AGENT-CAPABILITIES 宏说明代理实体应该实现的能力。

4.3.2　SNMPv2 管理信息库★★★☆☆

SNMPv2 MIB 扩展和细化了 MIB-2 中定义的管理对象,又增加了新的管理对象。下面介绍 SNMPv2 定义的各个功能组,这是对 MIB-2 的补充。

1. 系统组

SNMPv2 的系统组是 MIB-2 系统组的扩展。图 4-16 为这个组的管理对象,可以看出,这个组只增加了与对象资源(Object Resource)有关的一个标量对象 sysORLastChange 和一个表对象 sysORTable,它仍然属于 MIB-2 的层次结构。表 4-3 介绍了新增加的对象。对象资源就是由代理实体使用和控制的、可以由管理站动态配置的系统资源。标量对象 sysORLastChange 记录着对象资源表中描述的对象实例改变状态(或值)的时间。对象资源表是一个只读的表,每一个可动态配置的对象资源占用一个表项。

表 4-3　SNMPv2 系统组新增的对象

对　　象	语　　法	描　　述
sysORLastChange	TimeStamp	sysORID 的任何实例的状态或值最近改变时 sysUpTime 的值
sysORTable	SEQUENCE OF	作为代理的 SNMPv2 实体中的可动态配置的对象资源表
sysORIndex	INTEGER	索引,唯一确定一个具体的可动态配置的对象资源
sysORID	OBJECT IDENTIFIER	类似于 MIB2 中的 sysObjectID,表示这个实体的 ID
sysORDescr	DisplayString	对象资源的文字描述
sysORUpTime	TimeStamp	这个行最近开始作用时 sysUpTime 的值

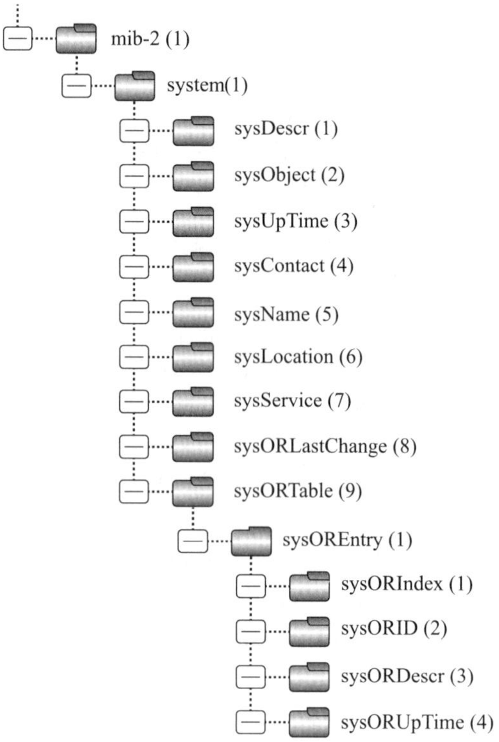

图 4-16　SNMPv2 系统组

2. snmp 组

snmp 组是由 MIB-2 的对应组改造而成的，有些对象被删除了，同时又增加了一些新对象，如图 4-17 所示。可以看出，新的 snmp 组对象少了，去掉了许多对排错作用不大的变量。

图 4-17　改进的 snmp 组

3. mib 对象组

这个新组包含的对象与管理对象的控制有关,分为两个子组,如图 4-18 所示。

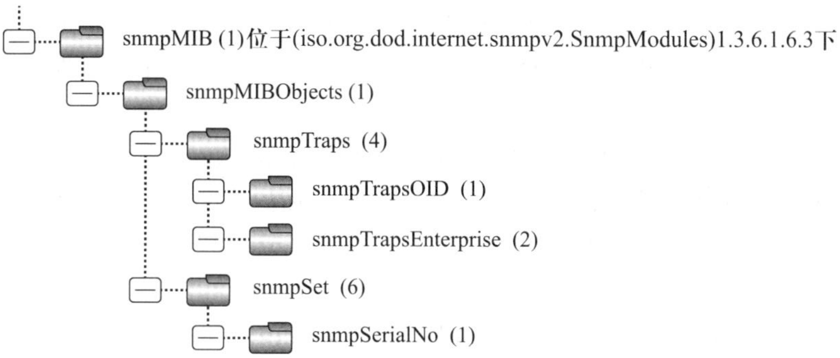

图 4-18　snmp mib 对象值

第一个子组 snmpTrap 由下面两个对象组成:

(1) snmpTrapOID。这是正在发送的陷入或通知的对象标识符。这个变量出现在陷入 PDU 或通知请求 PDU 的变量绑定表中的第二项。

(2) snmpTrapEnterprise。这是与正在发送的陷入有关的制造商的对象标识符。当 SNMPv2 的委托代理把一个 RFC 1157 陷入 PDU 映像到 SNMPv2 陷入 PDU 时,这个变量出现在变量绑定表的最后。

第二个子组 snmpSet 仅有一个对象 snmpSerialNo,这个对象用于解决 Set 操作中可能出现的两个问题。

(1) 一个管理站可能向同一 MIB 对象发送多个 Set 操作,保证这些操作按照发送的顺序在 MIB 中执行是必要的,即使在传送过程中次序发生了错乱。

(2) 多个管理站对 MIB 的并发操作可能破坏了数据库的一致性和精确性。

解决以上两个问题的方法是定义 snmpSerialNo 的语法为 TestAndIncr(文本约定为 0~2 147 483 647 之间的一个整数,即 $0 \sim 2^{31}-1$),假设它的当前值是 K。如果代理收到的 Set 操作置 snmpSerialNo 的值为 K,则这个操作成功,响应 PDU 中返回 K 值,这个对象的新值增加为 $K+1(\bmod 2^{31})$。如果代理收到一个 Set 操作,若这个对象的值不等于 K,则这个操作失败,返回错误值 inconsistentValue。

Set 操作是原语操作,要么全部完成,要么一个也不做。当管理站需要设置一个或多个 MIB 对象的值时,它首先检索 snmpSet 对象的值。然后管理站发出 Set 请求 PDU,变量绑定表中包含要设置的 MIB 变量及其值,也包含它检索到的 snmpSerialNo 的值。按照上面的规则,这个操作成功。如果有多个管理站发出的 Set 请求具有同样的 snmpSerialNo 值,则先到的 Set 操作成功,snmpSerialNo 的值增加后使其他操作失败。

4. 接口组

MIB-2 定义的接口组经过一段时间的使用,发现有很多缺陷。RFC 1573 分析了原来的接口组没有提供的功能和其他不足之处。

(1) 接口编号:MIB-2 接口组定义变量 ifNumber 作为接口编号,而且是常数,这对于允许动态增加和删除网络接口的协议(如 SLIP/PPP)是不合适的。

(2) 接口子层:有时需要区分网络层下面的各个子层,而 MIB-2 没有提供这个功能。

(3) 虚电路问题:对应一个网络接口可能有多个虚电路。

(4) 不同传输特性的接口:MIB-2 接口表记录的内容只适合基于分组传输的协议,不适合面向字符的协议(如 PPP、EIA RS-232),也不适合面向比特的协议(如 DS1)和固定信息长度传输的协议(如 ATM)。

(5) 计数长度:当网络速度增加时,32 位的计数器经常溢出回零。

(6) 接口速度:ifSpeed 最大为($2^{32}-1$) bps,但是现在的网络速度已远超过这个限制。

(7) 组播/广播分组计数:MIB-2 接口组不区分组播分组和广播分组,但分别计数有时是有用的。

(8) 接口类型:ifType 表示接口类型,MIB-2 定义的接口类型不能动态增加,只能在推出新的 MIB 版本时再增加。

(9) ifSpecific 问题:MIB-2 对这个变量的定义很含糊。有的实现给这个变量赋予介质专用的 MIB 的对象标识符,而有的实现赋予介质专用表的对象标识符,或者是这种表的入口对象标识符,甚至是表的索引对象标识符。

根据以上分析,RFC 1573 对 MIB-2 接口组做了一些小的修改,主要是纠正了上面提到的有些问题。例如,重新规定 ifIndex 不再代表一个接口,而是用于区分接口子层,而且不再限制 ifIndex 的取值必须在 1 到 ifNumber 之间。这样,对应一个物理接口可以有多个代表不同逻辑子层的表行,还允许动态地增加和删除网络接口。RFC 1573 废除了有些用处不大的变量,如 ifInNUcastPkts 和 ifOutNUPkts,它们的作用已经被接口扩展表中的新变量代替。由于变量 ifOutQLen 在实际中很少实现,因而也被废除了。变量 ifSpecific 由于前述原因也被废除了,它的作用已被 ifType 代替。同时把 ifType 的语法改变为 IANAifType,而这种类型可以由 Internet 编码机构(Internet Assigned Number Authority,IANA)随时更新,从而不受 MIB 版本的限制。另外,RFC 1573 还对接口组增加了 4 个新表,如图 4-19 所示。

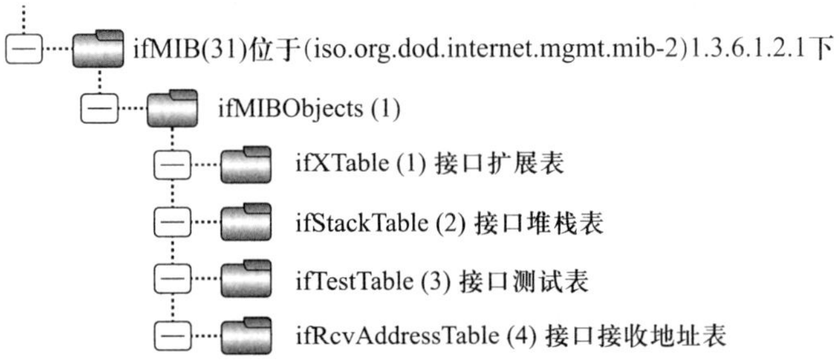

图 4-19 接口组增加的表

(1) 接口扩展表。接口扩展表 ifXTable 的结构如图 4-20 所示。变量 ifName 表示接口名,表中可能有代表不同子层的多个行属于同一接口,它们具有同一接口名。下面的 4 个变量(ifXInMulticastPkts、ifXInBroadcastPkts、ifXOutMulticastPkts 和 ifXOutBroadcastPkts)代替了原表中的 ifInNUcastPkts 和 ifOutNUPkts,分别计数输入/输出的组播广播分组数。紧接着的 8 个变量(6~13)是 64 位的高容量(High-Capacity)计数器,用于高速网络中的字节/分组计数。变量 ifLinkUpDownTrapEnable 分别用枚举整数值 enabled(1)和 disabled(2)表示是否能使 linkup 和 linkDown 陷入。下一个变量 ifHighSpeed 是计量器,记录接口的瞬时数据速率

(Mbps),如果它的值是 n,则表示接口当时的速率在[$n-0.5$, $n+0.5$]Mbps 区间。对象 ifPromiscuousMode 具有枚举整数值 true(1)或 false(2),用于说明接口是否接收广播和组播分组。最后一个变量 ifConnectorPresent 的类型与 ifPromiscuousMode 相同,它说明接口子层是否具有物理连接器。

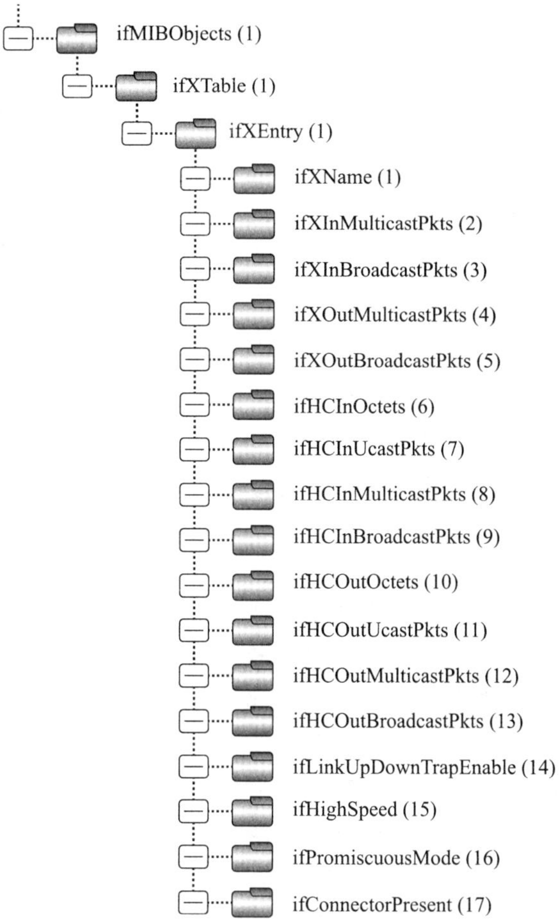

图 4-20　扩展接口表

(2) 接口堆栈表。接口堆栈表如图 4-21 所示,说明接口表中属于同一物理接口的各个行之间的关系,指明哪些子层运行于哪些子层之上。该表中的一行定义了 ifTable 中两行之间的上下层关系。ifStackHigherLayer 表示上层行的索引值;ifStackLowerLayer 表示下层行的索引值;而 ifStackStatus 表示行状态,用于行的生成和删除。

(3) 接口测试表。接口测试表如图 4-22 所示,它的作用是由管理站指示代理系统测试接口的故障。该表的一行代表一个接口测试。其中的变量 ifTestID 表示每个测试的唯一标识符;变量 ifTestStatus 说明这个测试是否正在进行,可以取值 notInUse(1)或 inUse(2);测试类型变量 ifTestType 可以由管理站设置,以便启动测试工作。这 3 个变量的值都与测试逻辑有关,详见下面的解释,测试结果由变量 ifTestResult 和 ifTestCode 给出。代理返回管理站的 ifTestResult 变量可能取下列值之一:

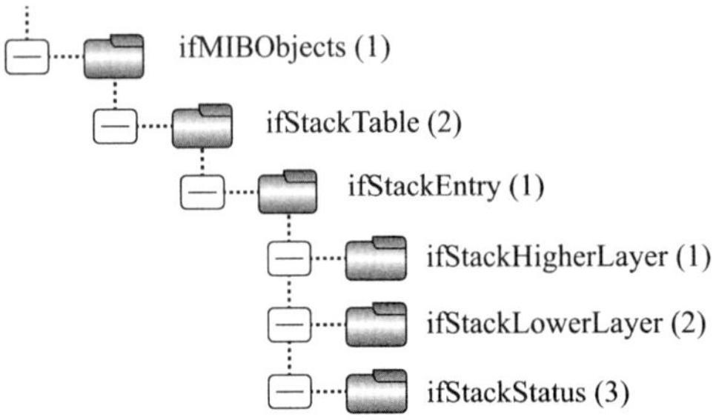

图 4-21 接口堆栈表

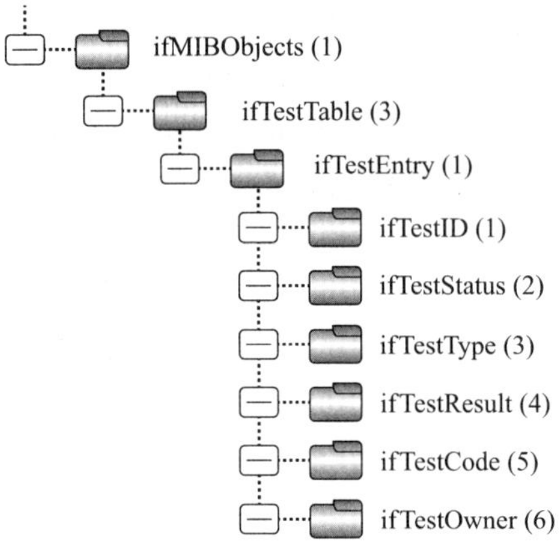

图 4-22 接口测试表

none(1)	没有请求测试
success(2)	测试成功
inProgress(3)	测试正在进行
notSupported(4)	不支持请求的测试
unAbleRun(5)	由于系统状态不能测试
aborted(6)	测试放弃
failed(7)	测试失败

ifTestCode 返回有关测试结果的详细信息。

管理站如果要对一个接口进行测试,首先检索变量 ifTestID 和 ifTestStatus 的值。如果测试状态是 notInUse,则管理站发出 setPDU,置 ifTestID 的值为先前检索的值。由于 ifTestID 的类型是 TestAndIncr,因而这一步骤实际上是对多个管理站之间并发操作的控制。如果这一步成功,则由代理系统置 ifTestStatus 为 inUse,置 ifTestOwner 为管理站的标识字节串,于是该管理站得到了进行测试的权利。然后管理站发出 Set 命令,置 ifTestType 为 test_to_run,指示代理系统开始测试。代理启动测试后立即返回 ifTestResult 的值 inProgress。测试完成后,代理给出测试结果 ifTestResult 和 ifTestCode。

(4) 接口地址表。接口地址表如图 4-23 所示,包含每个接口对应的各种地址(广播地址、组播地址和单地址)。这个表的第一个变量 ifRcvAddressAddress 表示接口接收分组的地址,第三个变量 ifRcvAddressType 表示地址的类型,可以取值 other(1)、volatile(2)或 nonVolatile(3)。易失的(volatile)地址在系统断电后就丢失了,非易失的地址永远存在。变量 ifRcvAddressStatus 用于行的增加和删除。

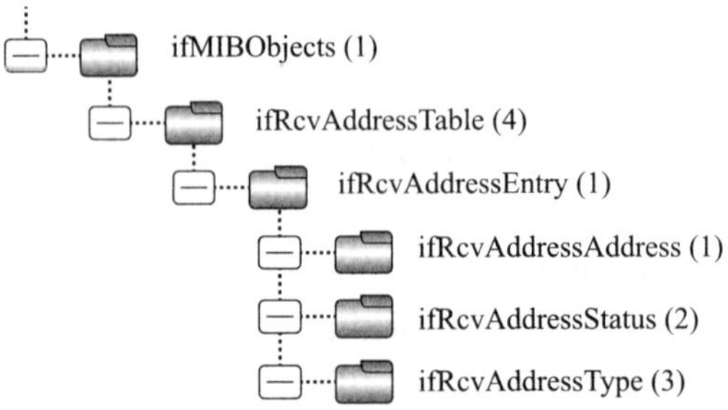

图 4-23 接口地址表

4.3.3 SNMPv2 协议数据单元★★★☆☆

SNMPv2 提供了 3 种访问管理信息的方法,具体如下:

(1) 管理站和代理之间的请求/响应通信。这种方法与 SNMPv1 是一样的。

(2) 管理站和管理站之间的请求/响应通信。这种方法是 SNMPv2 特有的,可以由一个管理站把有关管理信息告诉给另外一个管理站。

(3) 代理系统到管理站的非确认通信。即由代理向管理站发送陷入报文,报告出现的异常情况。SNMPv1 中也有对应的通信方式。

下面分析 SNMPv2 协议数据单元。

1. SNMPv2 报文

SNMPv2 PDU 封装在报文中传送,报文头提供了简单的认证功能,而 PDU 可以完成上面提到的各种操作。这里首先介绍报文头的格式和作用,然后讨论协议数据单元的结构。

SNMPv2 报文的结构分为 3 部分:版本号、团体名和作为数据传送的 PDU。这个格式与 SNMPv1 一样。版本号取值 0 代表 SNMPv1,取值 1 代表 SNMPv2。团体名提供简单的认证功能,与 SNMPv1 的用法一样。

SNMPv2 实体发送一个报文一般要经过下面 4 个步骤:

(1) 根据要实现的协议操作构造 PDU。

(2) 把 PDU、源和目标端口地址及团体名传送给认证服务,认证服务产生认证码或对数据进行加密,返回结果。

(3) 加入版本号和团体名,构造报文。

(4) 进行 BER 编码,产生 0/1 比特串,发送出去。

SNMPv2 实体接收到一个报文后要完成下列动作:

(1) 对报文进行语法检查,丢弃出错的报文。

(2) 把 PDU 部分、源和目标端口号交给认证服务。如果认证失败,发送一个陷入,丢弃报文。

(3) 如果认证通过,则把 PDU 转换成 ASN.1 的形式。

(4) 协议实体对 PDU 做句法检查。如果通过,根据团体名和适当的访问策略做相应的处理。

2. SNMPv2 PDU

SNMPv2 共有 6 种协议数据单元,分为 3 种 PDU 格式,如图 4-24 所示。注意 GetRequest、GetNextRequest、SetRequest、InformRequest 和 Trap 等 5 种 PDU 与 Response PDU 有相同的格式,只是它们的错误状态和错误索引字段被置为 0,这样就减少了 PDU 格式的种类。

这些协议数据单元在管理站和代理系统之间或者是两个管理站之间交换,以完成需要的协议操作。它们的交换序列如图 4-25 和图 4-26 所示。下面解释管理站和代理系统对这些 PDU 的处理和应答过程。

(1) GetRequest PDU。SNMPv2 对这种操作的响应方式与 SNMPv1 不同,SNMPv1 的响应是原语性的,即只要有一个变量的值检索不到,就不返回任何值。而 SNMPv2 的响应不是原语性的,允许部分响应,按照以下规则对变量绑定表中的各个变量进行处理:

(a) GetRequest、GetNextRequest、SetRequest、InformRequest 和 Trap

PDU 类型	请求标识	非重复数 *N*	最大后继数 *M*	变量绑定表

(b) Response PDU

PDU 类型	请求标识	0	0	变量绑定表

(c) GetBulkRequest PDU

PDU 类型	请求标识	错误标识	错误索引	变量绑定表

图 4-24 SNMPv2 PDU 格式

图 4-25 管理站与代理之间的通信

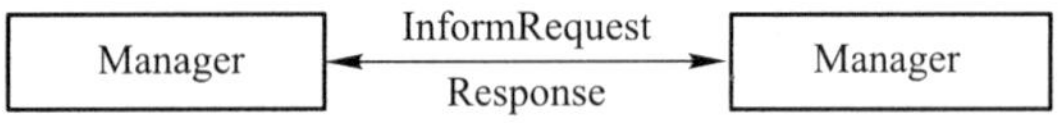

图 4-26 管理站和管理站之间的通信

① 如果该变量的对象标识符前缀不能与这一请求可访问的任何变量的对象标识符前缀匹配，则返回一个错误值 noSuchObject。

② 如果变量名不能与这一请求可访问的任何变量名完全匹配，则返回一个错误值 noSuchInstance。这种情况可能出现在表访问中，即访问了不存在的行或正在生成中的表行等。

③ 如果不属于以上情况，则在变量绑定表中返回被访问的值。

④ 如果由于任何其他原因而处理失败，则返回一个错误状态 genErr，对应的错误索引指向有问题的变量。

⑤ 如果生成的响应 PDU 太大，超过了本地或请求方的最大报文限制，则放弃这个 PDU，构造一个新的响应 PDU，其错误状态为 tooBig，错误索引为 0，变量绑定表为空。

改变 Get 响应的原语性为可以部分响应是一个重大进步。在 SNMPv1 中，如果 Get 操作的一个或多个变量不存在，代理就返回错误 noSuchName。剩下的事情完全由管理站处理，要么不向上层返回值，要么去掉不存在的变量，重发检索请求，然后向上层返回部分结果。由于生成部分检索算法的复杂性，很多管理站并不实现这一功能，因而就不可能与实现部分管理对象的代理系统互操作。

(2) GetNextRequest PDU。在 SNMPv2 中，这种检索请求的格式和语义与 SNMPv1 基本相同，唯一的差别就是改变了响应的原子性。SNMPv2 实体按照下面的规则处理 GetNext PDU 变量绑定表中的每一个变量，构造响应 PDU：

① 对变量绑定表中指定的变量在 MIB 中查找按照词典顺序排列的后继变量，如果找到则返回该变量（对象实例）的名字和值。

② 如果找不到按照词典顺序排列的后继变量，则返回请求 PDU 中的变量名和错误值 endOfMibView。

③ 如果出现其他情况使得构造响应 PDU 失败，则以与 GetRequest 类似的方式返回错误值。

（3）GetBulkRequest PDU。这是 SNMPv2 对原标准的主要增强，目的是以最少的交换次数检索大量的管理信息，或者说管理站要求尽可能大的响应报文。对这个操作的响应，在选择 MIB 变量值时采用与 GetNextRequest 同样的原理，即按照词典顺序选择后继对象实例，但是这个操作可以说明多种不同的后继。

这种块检索操作的工作过程是这样的，假设 GetBulkRequest PDU 变量绑定表中有 L 个变量，该 PDU 的“非重复数”字段的值为 N，则对前 N 个变量应各返回一个词典后继。再设请求 PDU 的“最大后继数”字段的值为 M，则对其余的 $R=L-N$ 个变量应该各返回最多 M 个词典后继。如果可能，总共返回 $N+R\times M$ 个值，这些值的分布如图 4-27 所示。如果在任何一步查找过程中遇到不存在后继的情况，则返回错误值 endOfMibView。

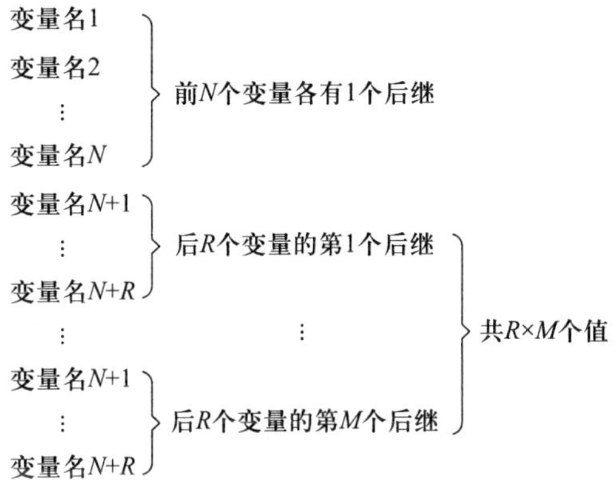

图 4-27　GetBulkRequest 检索得到的值

【例 4-15】 为了说明块检索的方法，考虑下面一个例子，假设有表 4-4 中的内容。

表 4-4　块检索方法

ifIndex	ipNetToMediaNetAddress	ipNetToMediaPhysAddress	ipNetToMediaType
1	10.0.0.51	00 00 10 01 23 45	static
1	9.2.3.4	00 00 10 54 32 10	dynamic
2	10.0.0.15	00 00 10 98 76 54	dynamic

这个表的索引由前两个变量组成。如果管理站希望检索这个表的值和一个标量对象 sysUpTime 的值，则可以发出这样的请求：

GetBulkRequest{sysUpTime, ipNetToMediaPhysAddress, ipNetToMediaType}

/* 非重复数 = 1，最大后继数 = 2 */

代理的响应是：

Response((sysUpTime.0 = “123456”),

(ipNetToMediaPhysAddress.1.9.2.3.4 ="000010543210"),
(ipNetToMediaType.1.9.2.3.4 ="dynamic"),
(ipNetToMediaPhysAddress.1.10.0.0.51 ="000010012345"),
(ipNetToMediaType.1.10.0.0.51 ="static"))

管理站又发出下一个请求：

GetBulkRequest{sysUpTime, ipNetToMediaPhysAddress.1.10.0.0.51,
ipNetToMediaType.1.10.0.0.51}/* 非重复数 = 1, 最大后继数 = 2 */

代理的响应是：

Response((sysUpTime.0 ="123466"),
(ipNetToMediaPhysAddress.2.10.0.0.15 ="00 00 10 98 76 54"),
(ipNetToMediaType.2.10.0.0.15 ="dynamic"),
(iPNetToMediaType.1.9.2.3.4 = "dynamic"),
(ipRoutingDiscards.0 ="2"))

(4) SetRequest PDU。这个请求的格式和语义与 SNMPv1 的相同，差别是处理响应的方式不同。SNMPv2 实体分两个阶段处理这个请求的变量绑定表，首先是检验操作的合法性，然后再更新变量，如果至少有一个变量绑定对的合法性检验没有通过，则不进行下一阶段的更新操作。因此这个操作与 SNMPv1 一样，是原语性的。

合法性检验包括以下内容：

① 如果有一个变量不可访问，则返回错误状态 noAccess。

② 如果与绑定表中变量共享对象标识符的任何 MIB 变量都不能生成、不能修改，也不接受指定的值，则返回错误状态 notWritable。

③ 如果要设置的值的类型不适合被访问的变量，则返回错误状态 wrongType。

④ 如果要设置的值的长度与变量的长度限制不同，则返回错误状态 wrongLength。

⑤ 如果要设置的值的 ASN.1 编码不适合变量的 ASN.1 标签，则返回错误状态 wrongEncoding。

⑥ 如果指定的值在任何情况下都不能赋予变量，则返回错误状态 wrongValue。

⑦ 如果变量不存在，也不能生成，则返回错误状态 noCreation。

⑧ 如果变量不存在，只是在当前的情况下不能生成，则返回错误状态 inconsistantName。

⑨ 如果变量存在，但不能修改，则返回错误状态 notWritable。

⑩ 如果变量在其他情况下可以赋予指定的值，但当前不行，则返回错误状态 inconsistantValue。

⑪ 如果为了给变量赋值而缺乏需要的资源，则返回错误状态 resourceUnavailable。

⑫ 如果由于其他原因而处理变量绑定对失败，则返回错误状态 genErr。

如果对任何变量检查出上述任何一种错误，则在响应 PDU 变量绑定表中设置对应的错误状态，错误索引设置为问题变量的序号。使用如此之多的错误代码也是 SNMPv2 的一大进步，这使得管理站能了解详细的错误信息，以便采取纠正措施。

如果没有检查出错误，就可以给所有指定变量赋予新值。若有至少一个赋值操作失败，则所有赋值被撤销，并返回错误状态为 commitFailed 的 PDU，错误索引指向问题变量的序号；但是若不能全部撤销所赋的值，则返回错误状态 undoFailed，错误索引字段置 0。

（5）Trap PDU。陷入是由代理发给管理站的非确认性消息。SNMPv2 的陷入采用与 Get 等操作相同的 PDU 格式，这一点也与原标准不同。Trap PDU 的变量绑定表中应报告下面的内容：

① sysUpTime.0 的值，即发出陷入的时间。

② snmpTrapOID.0 的值，这是 SNMPv2 MIB 对象组定义的陷入对象的标识符。

③ 有关通知宏定义中包含的各个变量及其值。

④ 代理系统选择的其他变量的值。

（6）InformRequest PDU。这是管理站发送给管理站的消息，PDU 格式与 Get 等操作相同，变量绑定表的内容与陷入报文一样。但是与陷入不同，这个消息是需要应答的。因此，管理站收到通知请求后首先要决定应答报文的大小，如果应答报文的大小超过本地或对方的限制，则返回错误状态 tooBig。如果接收的请求报文不是太大，则把有关信息传送给本地的应用实体，返回一个错误状态为 noErr 的响应报文，其变量绑定表与收到的请求 PDU 相同。

4.3.4　管理站之间的通信★★★☆☆

SNMPv2 增加的管理站之间的通信机制是分布式网络管理所需要的功能特征，为此引入了通知报文 InformRequest 和管理站数据库（manager-to-manager MIB）。关于管理站之间通信的内容，SNMPv2 给出了详细的定义。管理站数据库主要由如下 3 个表组成：

（1）snmpAlarmTable。报警表提供被监视的变量的有关情况，类似于 RMON 警报组的功能，但这个表记录的是管理站之间的报警信息。

（2）snmpEventTable。事件表记录 SNMPv2 实体产生的重要事件，或者是报警事件，或者是通知类型宏定义的事件。

（3）snmpEventNotifyTable。事件通知表定义了发送通知的目标和通知的类型。

由这 3 个表以及其他有关标量对象共同组成了 snmpM2M 模块，该模块表示了管理站之间交换的主要信息位于（iso.org.dod.internet.snmpv2.SnmpModules.snmpM2M.snmpM2MObjects）1.3.6.1.6.3.2.1 下。下面介绍以下 3 个表的内容。

报警表如图 4-28 所示，部分变量解释如下（可参照 RMON 报警组的解释）：

snmpAlarmSampleType（4）　采样类型。可取 absoluteValue（1）和 deltaValue（2）两个值

snmpAlarmStartUpAlarm（6）　报警方式。可取 risingAlarm（1）、fallingAlarm（2）和 risingOrFallingAlarm（3）3 个值

snmpAlarmRisingEventIndex（9）　事件表索引。被采样的变量超过上升门限时产生事件

snmpAlarmFallingEventIndex（10）　事件表索引。被采样的变量低于下降门限时产生事件

snmpAlarmUnavailableEventIndex（11）　事件表索引，被采样的变量不可用时产生该事件

事件表共有 6 个变量，如图 4-29 所示；事件通知表有 4 个变量，如图 4-30 所示。图中的变量已经做了解释。

思考：SNMPv2 与 SNMPv1 相比有什么改进？如何实现各管理站的功能？

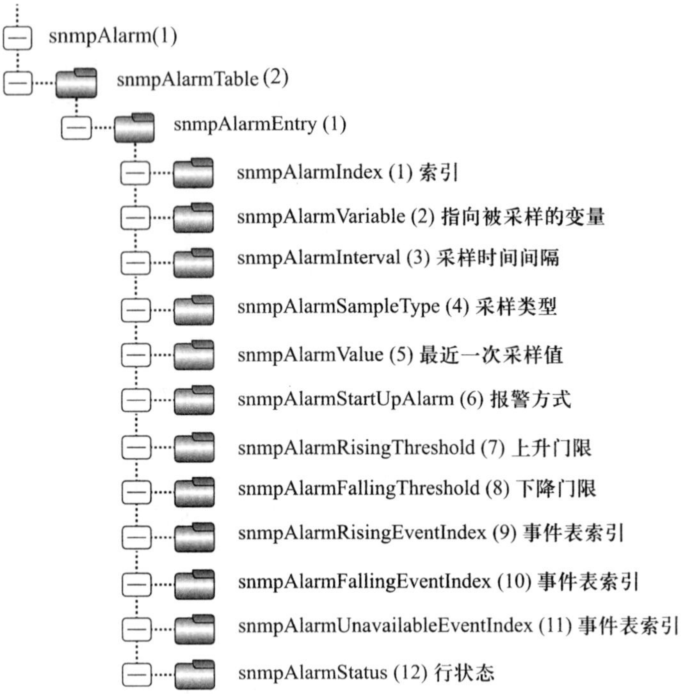

图 4-28 snmpAlarmTable(报警表)

图 4-29 snmpEventTable(事件表)

图 4-30 snmpAlarmNotifyTable(事件通知表)

4.4　SNMPv3

4.4.1　SNMPv3 管理框架★★★☆☆

在 RFC 2571 描述的管理框架中,以前称作管理站和代理的实体现在统一称为 SNMP 实体(SNMP Entity)。实体是体系结构的一种实现,由一个 SNMP 引擎(SNMP Engine)和一个或多个有关的 SNMP 应用(SNMP Application)组成。图 4-31 显示了 SNMP 实体的组成元素。

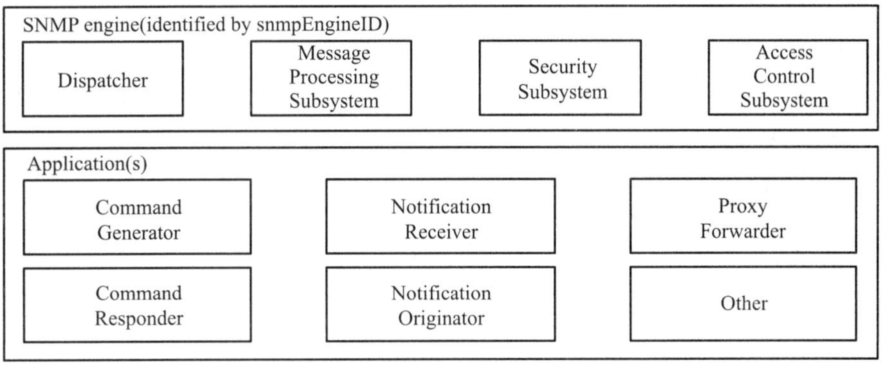

图 4-31　SNMP 实体

1. SNMP 引擎

SNMP 引擎提供 3 项服务:发送和接收报文,认证和加密报文,控制对管理对象的访问。

SNMP 引擎有唯一的标识 snmpEngineID,这个标识在一个上层管理域中是无二义性的。由于 SNMP 引擎和 SNMP 实体具有一一对应的关系,因而 snmpEngineID 也是对应的 SNMP 实体的唯一标识。SNMP 引擎具有复杂的结构,它包含一个调度器(Dispatcher)、一个报文处理子系统(Message Processing Subsystem)、一个安全子系统(Security Subsystem)及一个访问控制子系统(Access Control Subsystem)。

(1) 调度器。一个 SNMP 引擎只有一个调度器,它可以并发地处理多个版本的 SNMP 报文。调度器的功能包括以下内容:

① 向/从网络中发送/接收 SNMP 报文。

② 确定 SNMP 报文的版本,并交给相应的报文处理模块处理。

③ 为接收 PDU 的 SNMP 应用提供一个抽象的接口。

④ 为发送 PDU 的 SNMP 应用提供一个抽象的接口。

(2) 报文处理子系统。报文处理子系统由一个或多个报文处理模块(Message Processing Model)组成,每一个报文处理模块定义了一种特殊的 SNMP 报文格式,它的功能是按照预定的格式准备要发送的报文,或者从接收的报文中提取数据,如图 4-32 所示。

这种体系结构允许扩充其他的报文处理模块,扩充的处理模块可以是企业专用的,也可以是以后的标准增添的。每一个报文处理模块都定义了一种特殊的 SNMP 报文格式,以便能够按照这种格式生成报文或从报文中提取数据。

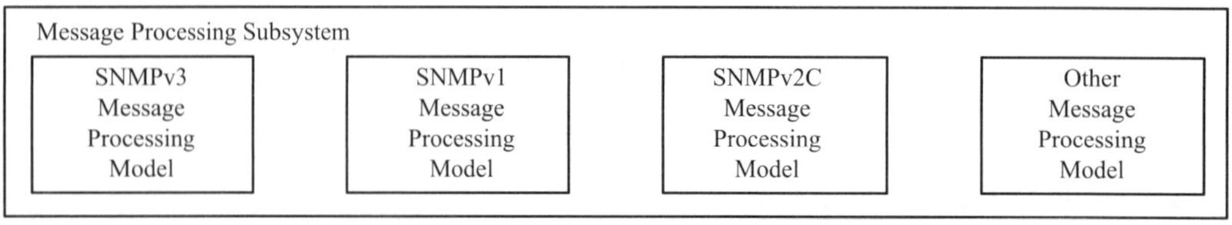

图 4-32 SNMP 报文处理子系统

(3) 安全子系统。安全子系统提供安全服务,例如报文的认证和加密。一个安全子系统可以有多个安全模块,以便提供各种不同的安全服务,如图 4-33 所示。安全子系统由安全模型和安全协议组成。每一个安全模块定义了一种具体的安全模型,说明它可以防护的安全威胁、它提供安全服务的目标和使用的安全协议。而安全协议则说明了用于提供安全服务(如认证和加密)的机制、过程及 MIB 对象。目前的标准提供了基于用户的安全模型(User-based Security Model)。

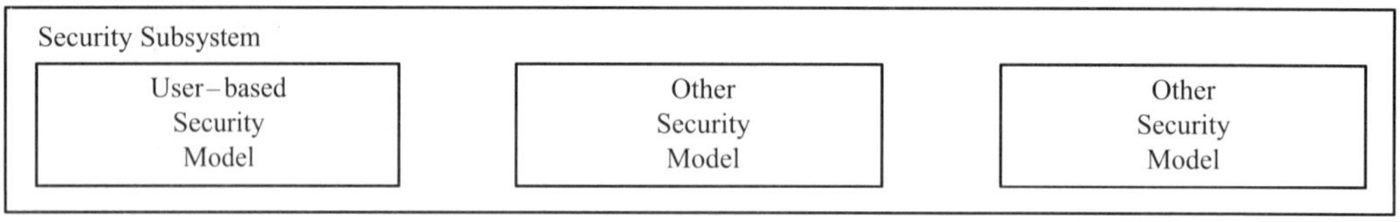

图 4-33 安全子系统

(4) 访问控制子系统。访问控制子系统通过访问控制模块(Access Control Module)提供授权服务,即确定是否允许访问一个管理对象,或者是否可以对某个管理对象实施特殊的管理操作,如图 4-34 所示。每个访问控制模块定义了一个具体的访问决策功能,用以支持对访问权限的决策。在应用程序的处理过程中,访问控制模块还可以通过已定义的 MIB 模块进行远程配置访问控制策略。SNMPv3 定义了基于视图的访问控制模型(View-based Access Control Model)。

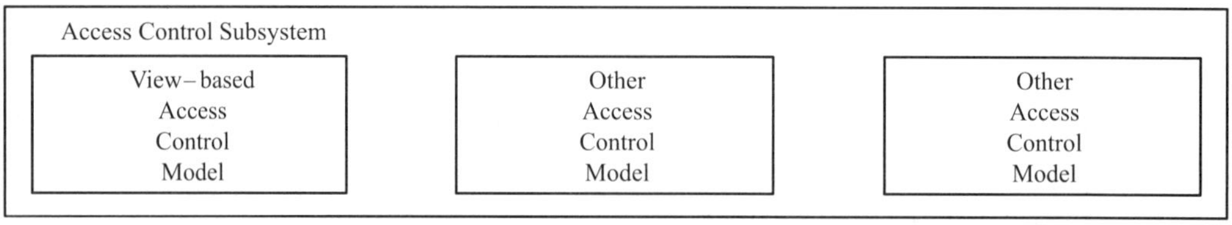

图 4-34 访问控制子系统

2. 应用程序

SNMPv3 的应用程序分为 5 种,具体功能如下:

(1) 命令生成器(Command Generator)。建立 SNMP Read/Write 请求,并且处理这些请求的响应。

(2) 命令响应器(Command Responder)。接收 SNMP Read/Write 请求,对管理数据进行访问,并按照协议规定的操作产生响应报文,返回给读/写命令的发送者。

(3) 通知生成器(Notification Originator)。监控系统中出现的特殊事件,产生通知类报文,并且要有一种机制,以决定向何处发送报文,使用什么 SNMP 版本和安全参数等。

(4) 通知接收器(Notification Receiver)。监听通知报文,并对确认型通知产生响应。

(5) 代理转发器(Proxy Forwarder)。在 SNMP 实体之间转发报文。

在 SNMP 的历史上使用的"proxy"一词有多种含义,但是在 RFC 2573 中则专指转发 SNMP 报文,而不考虑报文中包含何种对象,也不处理 SNMP 请求,因此它与传统的 SNMP 代理(agent)是不同的。

4.4.2 SNMP 管理站和代理★★★★☆

若一个 SNMP 实体包含一个或多个命令生成器及通知生成器,这种实体传统上称作 SNMP 管理站,如图 4-35 所示。

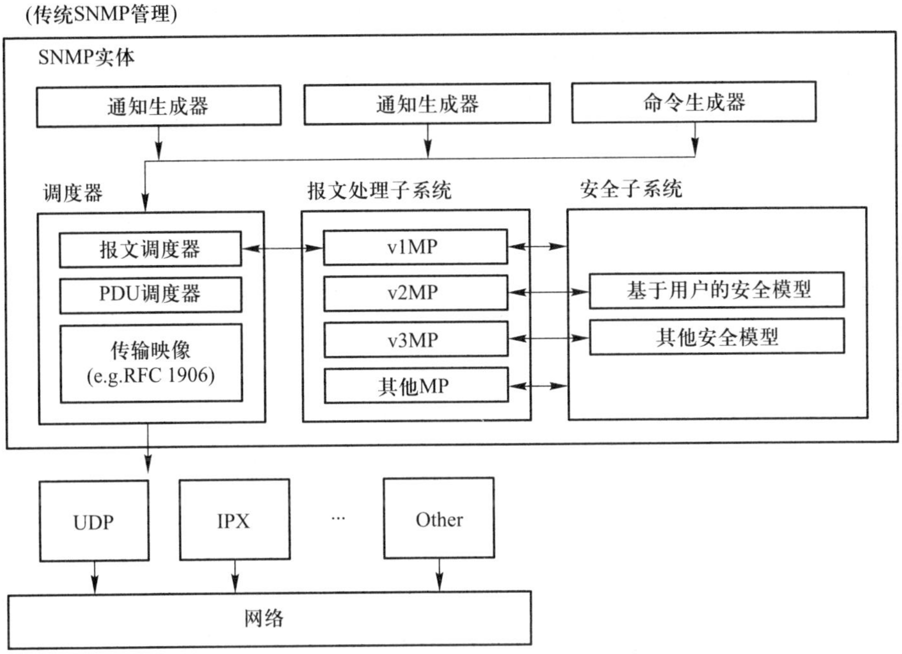

图 4-35　SNMP 管理站

若一个 SNMP 实体包含一个或多个命令响应器应用以及通知生成应用,这种实体传统上称作 SNMP 代理,如图 4-36 所示。

1. 基于用户的安全模型(USM)

SNMPv3 把对网络协议的安全威胁分为主要的和次要的两类。标准规定安全模块必须提供防护的两种主要威胁如下:

(1) 修改信息(Modification of Information)。就是某些未经授权的实体改变 SNMP 报文,企图实施未经授权的管理操作,或者提供虚假的管理对象。

(2) 假冒(Masquerade)。即未经授权的用户冒充授权用户的标识,企图实施管理操作。

标准还规定安全模块必须对两种次要威胁提供如下防护:

(1) 修改报文流(Message Stream Modification)。由于 SNMP 通常是基于无连接的传输服务,因而重新排序报文流、延迟或重放报文的威胁都可能出现。这种威胁的危害性在于通

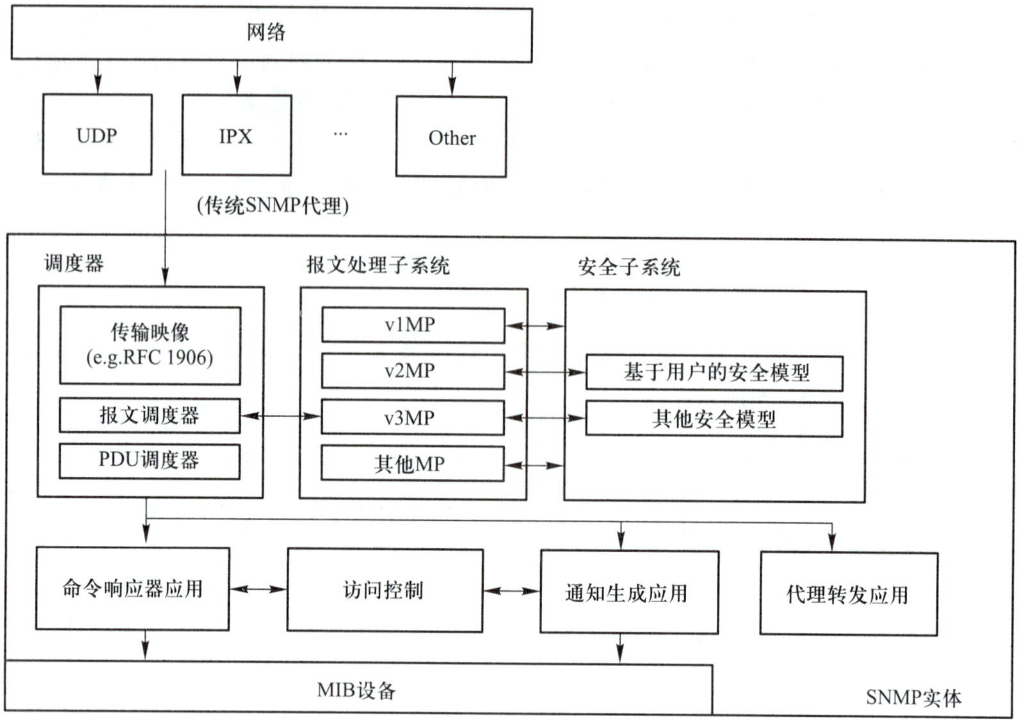

图 4-36 SNMP 代理

过报文流的修改可能实施非法的管理操作。

(2) 消息泄露(Disclosure)。SNMP 引擎之间交换的信息可能被偷听,对这种威胁的防护应采取局部的策略。

有两种威胁是安全体系结构不必防护的,因为它们不是很重要,或者这种防护没有多大作用,具体如下:

(1) 拒绝服务(Denial of Service)。因为在很多情况下拒绝服务和网络失效是无法区别的,所以可以由网络管理协议来处理,安全子系统不必采取措施。

(2) 通信分析(Traffic Analysis)。通信分析是指由第三者分析管理实体之间的通信规律,从而获取需要的信息。由于通常都是由少数管理站来管理整个网络的,因而管理系统的通信模式是可预见的,防护通信分析就没有多大作用了。

因此,RFC 2574 把安全协议分为以下 3 个模块:时间序列模块,提供对报文延迟和重放的防护;认证模块,提供完整性和数据源认证;加密模块,防止报文内容的泄露。

(1) 时间序列模块。为了防止报文被重放和故意延迟,在每一次通信中有一个 SNMP 引擎被指定为是有权威的 AU(Authoritative),而通信对方则是无权威的 NA(Non-Authoritative)。当 SNMP 报文要求响应时,该报文的接收者是有权威的。反之,当 SNMP 报文不要求响应时,该报文的发送者是有权威的。有权威的 SNMP 引擎维持一个时钟值,无权威的 SNMP 引擎跟踪这个时钟值,并保持与之松散同步。时钟由两个变量组成:snmpEngineBoots 即 SNMP 引擎重启动的次数;snmpEngineTime 即 SNMP 引擎最近一次重启动后经过的秒数。

SNMP 引擎首次安装时置这两个变量的值为 0。SNMP 引擎重启动一次,

snmpEngineBoots 增值一次，同时 snmpEngineTime 被置 0 并重新开始计时。如果 snmpEngineTime 增加到了最大值 2 147 483 647 即 $2^{31}-1$，则 snmpEngineBoots 加 1，而 snmpEngineTime 回零，就像 SNMP 引擎重新启动过一样。

另外，还需要一个时间窗口来限定报文提交的最大延迟时间，这个界限通常由上层管理模块决定，延迟时间在这个界限之内的报文都是有效的。在 RFC 2574 文件中，时间窗口定为 150 秒。

对于一个 SNMP 引擎，如果要把一个报文发送给有权威的 SNMP 引擎，或者要验证一个从有权威的 SNMP 引擎接收来的报文，则它首先必须"发现"有权威的 SNMP 引擎的 snmpEngineBoots 和 snmpEngineTime 值。发现过程是由无权威的 SNMP 引擎(NA)向有权威的 SNMP 引擎(AU)发送一个 Request 报文，其中：

msgAuthoritativeEngineID = AU 的 snmpEngineID；

msgAuthoritativeEngineBoots = 0；

msgAuthoritativeEngineTime = 0。

而有权威的 SNMP 引擎返回一个 Report 报文，其中：

msgAuthoritativeEngineID = AU 的 snmpEngineID；

msgAuthoritativeEngineBoots = snmpEngineBoots；

msgAuthoritativeEngineTime = snmpEngineTime。

于是，无权威的 SNMP 引擎把发现过程中得到的 msgAuthoritativeEngineBoots 和 msgAuthoritativeEngineTime 值存储在本地配置数据库中，分别记为 *BootsL* 和 *TimeL*。

当有权威的 SNMP 引擎收到一个认证报文时，从其中提取 msgAuthoritativeEngineBoots 和 msgAuthoritativeEngineTime 字段的新值，分别记为 *BootsA* 和 *TimeA*。如果下列条件之一成立，则认为该报文在时间窗口之外，具体条件包括：*BootsL* 为最大值 2 147 483 647，*BootsA* 与 *BootsL* 的值不同，*TimeA* 与 *TimeL* 的值相差大于±150 s。

当无权威的 SNMP 引擎收到一个认证报文时，从其中提取 msgAuthoritativeEngineBoots 和 msgAuthoritativeEngineTime 字段的新值，分别记为 *BootsA* 和 *TimeA*。如果下列条件之一成立：

① *BootsA* 大于 *BootsL*。

② *BootsA* 等于 *BootsL*，而 *TimeA* 大于 *TimeL*。

则引起下面的重同步过程：

① 置 *BootsL* = *BootsA*。

② 置 *TimeL* = *TimeA*。

当无权威的 SNMP 引擎收到一个认证报文时，如果下列条件之一成立，则认为该报文在时间窗口之外，具体条件包括：*BootsL* 为最大值 2 147 483 647；*BootsA* 小于 *BootsL* 的值；*BootsA* 与 *BootsL* 的值相等，而 *TimeA* 小于 *TimeL* 的值 150 s。

需要注意的是，时间序列的验证必须使用认证协议，否则从报文中得到的 msgAuthoritativeEngineBoots 和 msgAuthoritativeEngineTime 就不可靠了。

(2) 认证和加密模块。所谓 MAC，是指报文认证码(Message Authentication Code)。MAC 通常在共享密钥的两个实体之间使用，这里的 MAC 机制使用散列(Hash)函数作为密码，因此叫做 HMAC。HMAC 可以结合任何重复加密的散列函数，如 MD5 和 SHA-1。可见

HMAC-MD5-96 认证协议就是使用散列函数 MD5 的报文认证协议,输出的报文摘要长度为 96 位。

① HMAC-MD5-96 协议。HMAC-MD5-96 是 USM 必须支持的第一个报文摘要认证协议。这个协议可以验证报文的完整性,还可以验证数据源的有效性。实现这个协议涉及下列变量:

<userName> 用户名字的字符串

<authKey> 用户用于计算认证码的密钥,16 字节(128 位)长

<extendedAuthKey> 在 *authKey* 后面附 48 个 0 字节,成 64 个字节的认证码

<wholeMsg> 需要认证的报文

<msgAuthenticationParameters> 计算出的报文认证码

<authenticatedwholeMsg> 完整的认证报文

计算报文摘要的过程如下:

a）把 *msgAuthenticationParameters* 字段置为 12 个 0 字节;

b）根据密钥 *authKey* 计算 *K*1 和 *K*2:

i）在 *authKey* 后面附加 48 个 0 字节,组成 64 字节的认证码 *extendedAuthKey*;

ii）重复 0x36 字节 64 次,得到 *IPAD*;

iii）把 *extendedAuthKey* 与 *IPAD* 按位异或(XOR),得到 *K*1;

iv）重复 0x5C 字节 64 次,得到 *OPAD*;

v）把 *extendedAuthKey* 与 *OPAD* 按位异或(XOR),得到 *K*2。

c）把 *K*1 附加在 *wholeMsg* 后面,根据 MD5 算法计算报文摘要;

d）把 *K*2 附加在第 i）步得到的结果后面,根据 MD5 算法计算报文摘要(16 字节),取前 12 字节(96 位)作为最后的报文摘要,即报文认证码 *MAC*;

e）用第 ii）步得到的 *MAC* 代替 *msgAuthenticationParameters*;

f）返回 *authenticatedwholeMsg* 作为被认证了的报文。

为了说明 HMAC-MD5 算法,下面举出取自 RFC 2104 中的一个示例,该示例实现了 HMAC-MD5 算法,并提供了相应的测试向量。

【例 4-16】

```
/* Function:hmac md5 */
void hmac_md5(text, text_len, key, key_len, digest)
unsigned char * text;           /* pointer to data stream */
int text_len;                   /* length of data stream */
unsigned char * key;            /* pointer to authentication key */
int key_len;                    /* length of authentication key */
caddr_t digest;                 /* caller digest to be filled in */
{
    MD5_CTX context;
    unsigned char k_ipad[65];   /* inner padding key XORd with ipad */
    unsigned char k_opad[65];   /* outer padding key XORd with opad */
    unsigned char tk[16];
```

```
    int i;
    /* if key is longer than 64 bytes reset it to key = MD5(key) */
    if(key_len > 64){
        MD5_CTX tctx;
        MD5Init(&tctx);
        MU5Update(&tctx, key, key_len);
        MD5Final(tk, &tctx);
        key = tk;
        key_len = 16;
    }
    /* the HMAC-MD5 transform looks like:
     * MD5(K XOR opad, MD5(K XOR ipad, text))
     * where K is an n byte key
     * ipad is the byte 0x36 repeated 64 times
     * opad is the byte 0x5c repeated 64 times
     * and text is the data being protected
     */
    /* start out by storing key in pads */
    bzero(k_ipad, sizeof k_ipad);
    bzero(k_opad, sizeof k_opad);
    bcopy(key, k_ipad, key_len);
    bcopy(key, k_opad, key_len);
    /* XOR key with ipad and opad values */
    for(i = 0; i < 64; i++){
        k_ipad[i] ^= 0x36;
        k_opad[i] ^= 0x5c;
    }
    /* perform inner MD5 */
    MD5Init(&context);                        /* init context for 1st pass */
    MD5Update(&context, k_ipad, 64);          /* start with inner pad */
    MD5Update(&context, text, text_len);      /* then text of datagram */
    MD5Final(digest, &context);               /* finish up 1st pass */
    /* perform outer MD5 */
    MD5Init(&context);                        /* init context for 2nd pass */
    MD5Update(&context, k_opad, 64);          /* start with outer pad */
    MD5Update(&context, digest, 16);          /* then results of 1st hash */
    MD5Final(digest, &context);               /* finish up 2nd pass */
}
```

下面是用实际的字符串进行测试的结果。

TestVectors(Trailing,"\0" of a character string not included in test):

key = 0x0b0b0b0b0b0b0b0b0b0b0b0b0b0b0b0b

key_len = 16bytes

data = "Hi There"

data_len = 8bytes

digest = 0x9294727a3638bb1c13f48ef8158bfc9d

key ="Jefe"

data = "what do you want for nothing?"

data_len = 28bytes

digest = 0x750c783e6ab0b503eaa86e310a5db738

key = 0xAAAAAAAAAAAAAAAAAAAAAAAAAAAAAAAA

key_len = 16bytes

data = 0xDDDDDDDDDDDDDDDDDDDD...

...DDDDDDDDDDDDDDDDDDDD...

...DDDDDDDDDDDDDDDDDDDD...

...DDDDDDDDDDDDDDDDDDDD...

...DDDDDDDDDDDDDDDDDDDD

data_len = 50bytes

digest = 0x56be34521d144c88dbb8c733f0e8b3f6

② HMAC-SHA-96 认证协议。HMAC-SHA-96 是 USM 必须支持的第二个认证协议，与前一个协议不同的是它使用 SHA 散列函数作为密码，计算 160 位的报文摘要，然后截取前 96 位作为 MAC。这个算法使用的 *authKey* 为 20 字节的认证码。

③ CBC-DES 对称加密协议。这是为 USM 定义的第一个加密协议，以后还可以增加其他的加密协议。数据的加密使用 DES 算法，使用 56 位的密钥，按照 CBC(Cipher Block Channing)模式对 64 位长的明文块进行替代和换位，最后产生的密文也被分成 64 位的块。在进行加密之前先要对用户的私有密钥(16 字节长)进行一些变换，产生数据加密用的 DES 密钥和初始化矢量 *IV*(Initialization Vector)。具体过程如下：

a）把 16 字节的私有密钥的前 8 个字节用作 DES 密钥。由于 DES 密钥只有 56 位长，因而每一字节的最低位被丢掉；

b）私有密钥的后 8 个字节作为预初始化矢量 *Pre-IV*；

c）把加密引擎的 *snmpEngineBoots*(4 字节长)和加密引擎维护的一个 32 位整数级联起来，形成 8 字节长的 *salt*；

d）对 *salt* 和 *pre-IV* 进行异或运算(XOR)，得到初始化矢量 *IV*；

e）对加密引擎维护的 32 位整数加 1，使得每一个报文用的整数都不同。

具体加密过程如下：

a）被加密的数据是一个字节串，其长度应该是 8 的整数倍，如果不是，则应附加上需要的数据，实际附加什么值则无关紧要；

b）明文被分成 64 位的块；

c）初始化矢量作为第一个密文块；

d）把下一个明文块与前面产生的密文块进行异或运算；

e）把前一步的结果进行 DES 加密，产生对应的密文块；

f）返回 d）步，直到所有的明文块被处理完。

具体解密过程如下：

a）验证密文的长度，如果不是 8 字节的整数倍，则解密过程停止，返回一个错误；

b）解密第一个密文块；

c）把上一步的结果与初始化矢量进行异或，得到第一个明文块；

d）把下一个密文块解密；

e）把上一步的结果与前面的密文块进行异或运算，产生对应的明文块；

f）返回 d）步，直到所有的密文块被处理完。

④ 密钥的局部化。用户通常使用可读的 ASCII 字符串作为口令字（Password）。所谓的密钥局部化，就是把用户的口令字变换成与一个有权威的 SNMP 引擎共享的密钥。虽然用户在整个网络中可能只使用一个口令，但是通过密钥局部化，用户与每一个有权威的 SNMP 引擎共享的密钥都是不同的。这样的设计可以防止一个密钥值的泄露对其他有权威的 SNMP 引擎造成危害。

密钥局部化过程的主要思想是把口令字和相应的 SNMP 引擎标识作为输入，运行一个散列函数（如 MD5 或 SHA），得到一个固定长度的伪随机序列，作为加密密钥，其操作步骤如下：

a）首先把口令字重复级联若干次，形成 1M 字节的位组串。这一步的目的是防止字典攻击；

b）对第一步形成的位组串运行一个散列函数，得到 *Ku*；

c）把相应的 SNMP 引擎的 *snmpEngineID* 附加在 *Ku* 之后，然后再附加上一个 *Ku*（即两个 *Ku* 中间夹着一个 *snmpEngineID*），对整个字符串再一次运行散列函数，得到 64 位的 *Ku*1，这就是用户和 SNMP 引擎共享的密钥。

【例 4-17】　下例给出的算法使用 MD5 作为散列函数（当然也可以用 SHA 作为散列函数）实现密钥局部化。

```
void password_to_key_md5(
    u char * password,        /* IN */
    u int   passwordlen,      /* IN */
    u char * engineID,        / * IN-pointer to snmpEngineID * /
    u int   engineLength,     / * IN-length of snmpEngineID * /
    u char * key)             / * OUT-pointer to caller 16-octet buffer * /
{
    MD5_ CTX        MD;
    u char          * cp, password_buff[64];
    u_long          passwordesindex = 0;
    ulong           count = 0, i;
    MD5Init(&MD)              /* initialize MD5 */
    /* Use while loop until we've done 1 Megabyte       */
```

```
    while( count < 1048576 ) {
        cp = password_bur;
        for( i = 0; i <64; i++) {
    /* Take the next octet of the password, wrapping */
    /* to the beginning of the password as necessary */
        cp ++= password[ passwordesindex++% passwordlen];
        }
    MD5Update( &MD, passwordesbuf, 64);
    count += 64;
    MD5Final( key, &ND);         /* tell MD5 we're done */
    /* Now localize the key with the engineIDandpass   */
    /* through MD5 to produce final key                */
    /* may want to ensure that engineLength <=32,      */
    /* otherwise need to use a bufferlargerthan 64.    */
    memcpy( passwordesbuf, key, 16);
    memcpy( passwordesbuf +16, engineID, engineLength);
    memcpy( passwordesbuf + 16 + engineLength, key,16);
    MD5Init( &MD);
    MD5Update( &MD, passwordwebuf, 32 + engineLength);
    MD5Final( key, &MD);
    return;
}
```

⑤ 密钥的更新。密钥修改越频繁，越不容易泄露，因此要经常（每天或每周）改变密钥的值。密钥更新算法定义在文本约定 KeyChange 中。假设有一个旧密钥 *keyOld* 和一个单向散列算法 *H*（如 MD5 或 SHA），以及将要使用的新密钥 *keyNew*，则以下面的步骤进行更新。

a）通过一个（伪）随机数产生器生成一个随机值 *R*；

b）把 *R* 和 *keyOld* 作为散列函数 *H* 的输入，计算出临时变量 *T* 的值；

c）对 *T* 和 *keyNew* 进行异或运算（XOR），产生一个 *delta*；

d）把 *R* 和 *delta* 发送给一个远程引擎。

远程接收引擎执行相反的过程，由 *keyOld* 接收到的随机值 *R* 和 *delta* 计算出新密钥值，步骤如下：

a）把临时变量 *T* 初始化为 *keyOld*；

b）把 *T* 和接收到的随机值 *R* 作为散列算法 *H* 的输入，计算结果作为新的 *T* 值；

c）把 *T* 与接收到的 *delta* 进行异或运算（XOR），生成新密钥 *keyNew*。

如果窃听者得到了 *R* 和 *delta*，但是不知道旧密钥 *keyOld*，他就无法计算新密钥。相反，如果 *keyOld* 被泄露，而且窃听者可以随时监视网络通信，获取每一个传送 *R* 和 *delta* 的报文，那他就能够不断计算出新的密钥，因此对待这样的攻击人们还是无能为力的。设计者建议发送 *R* 和 *delta* 的报文要用旧密钥进行加密。这样，窃听者就只能用被密钥保护的信息来确定该密钥的值了。

2. 基于视图的访问控制(VACM)模型

当一个SNMP实体处理检索(Get或GetNext等)或修改(Set)请求时,都要检查是否允许访问指定的管理对象,以及是否允许执行请求的操作。另外,当SNMP实体生成通知报文时,也要用到访问控制机制,以决定把消息发送给谁。在VACM模型中要用到以下概念。

SNMP上下文(Context):简称上下文,是SNMP实体可以访问的管理信息的集合。一个管理信息可以存在于多个上下文中,而一个SNMP实体也可以访问多个上下文。在一个管理域中,SNMP上下文由唯一的名字contextName标识。

组(Group):由二元组<securityModel,securityName>的集合构成。属于同一组的所有安全名securityName在指定的安全模型securityModel下的访问权限相同。组的名字用groupName表示。

安全模型(SecurityModel):表示访问控制中使用的安全模型。

安全级别(SecurityLevel):在同一组中的成员可以有不同的安全级别,即noAuthNoPriv(无认证不保密)、authNoPriv(有认证不保密)和authPriv(有认证要保密)。任何一个访问请求都有相应的安全级别。

操作(Operation):指对管理信息执行的操作,如读、写和发送通知等。

(1) 视图和视图系列。为了安全,需要把某些组的访问权限制在一个管理信息的子集中,提供这种能力的机制就是MIB视图。视图限定了SNMP上下文中管理对象类型(或管理对象实例)的一个特殊集合。例如,对于一个给定的上下文,可以有一个视图包含了该上下文中的所有对象。另外,还可以有其他一些视图,分别包含上下文中管理对象的不同子集。因此,一个组的访问权限不但被限制在一个(或几个)上下文中,而且还被限定在一个指定的视图中。

由于管理对象类型是通过树结构的对象标识符(Object Identifier)表示的,因而也可以把MIB视图定义成子树的集合,每一个子树都属于对象命名树,叫做视图子树。简单的MIB视图可能只包含一个视图子树,而复杂的MIB视图可表示为多个视图子树的组合。

虽然任何管理对象的集合都可以表示为一些视图子树的组合,然而有时可能需要大量的视图子树来表示管理对象的集合。例如,有时要表示MIB表中的所有列对象,而大量的列对象可能出现在不同的子树中。由于列对象的格式是类似的,因而可以把它们聚合成一个结构,叫做视图树系列(ViewTreeFamily)。

视图树系列由一个对象标识符(叫做系列名)和一个比特串(叫做掩码)组成。掩码的每一位对应一个子标识符的位置,用于指明视图树系列名中的哪些子标识符属于给定的系列。对于一个管理对象实例,如果下列两个条件都成立,则该对象实例属于视图树系列:

① 管理对象标识符至少包含了系列名包含的那些子标识符。

② 对应于掩码为1的位,管理对象标识符中的子标识符必须与系列名中的对应子标识符相匹配。

例如,若表示系列名的对象标识符为1.3.6.1.2.1,系列掩码为3F,则MIB-2中的任何对象都属于这个视图树系列。因此说，当系列掩码为全 1 时，视图树系列与系列名代表的子树相同。另外，当系列掩码的位数比视图树系列的子标识符少时，系列掩码可以用 1 补齐缺少的部分。

（2）VACM MIB 的组成。VACM MIB 由以下 4 个表组成；

① vacmContextTable。这个表列出了本地可用的上下文的名字，该表只有一个列对象 vacmContextName，是一个只读的字符串。

② vacmSecurityToGroupTable。这个表把一个二元组<securityModel, securityName>映像到一个组名 groupName，如图 4-37 所示。securityModel 和 securityName 作为这个表的索引。

vacmSecurityModel	snmpSecurityModel
vacmSecurityName	snmpAdminString
vacmGroupName	snmpAdminString
vacmSecurityToGroupStorageType	storageType
vacmSecurityToGroupStatus	rowStatus

图 4-37　vacmSecurityToGroupTable 的组成

③ vacmAccessTable。这个表规定了各个组的访问权限，如图 4-38 所示。其中的表项由一个外部对象 groupName 及该表中的 3 个对象（vacmAccessContextPrefix、vacmAccess SecurityModel 和 vacmAccessSecurityLevel）索引。这个表包含了 3 个视图，即 readView、writeView 和 notifyView，分别控制读、写和通知操作的访问权限。还有一个变量 vacmAccessContextMatch，指明 vacmAccessContextPrefix 与 ContextName 的匹配方式：exact（1）表示完全匹配；prefix（2）表示前缀部分匹配。

vacmAccessContextPrefix	snmpAdminString
vacmAccessSecurityModel	snmpSecurityModel
vacmAccessSecurityLevel	snmpSecurityLevel
vacmAccessContextMatch	INTEGER
vacmAccessReadViewName	snmpAdminString
vacmAccessWriteViewName	snmpAdminString
vacmAccessNotifyViewName	snmpAdminString
vacmAccessStorageType	storageType
vacmAccessStatus	rowStatus

图 4-38　vacmAccessTable 的组成

④ vacmViewTreeFamilyTable。这个表指明了用于访问控制的视图树系列，表行由变量 vacmViewTreeFamilyViewName 和 vacmViewTreeFamilySubtree 索引，如图 4-39 所示。其中的变量 vacmViewTreeFamilyType 指明对 MIB 对象的访问被允许还是被禁止：included（1）表示包含在内，即允许访问；excluded（2）表示排除在外，即禁止访问。

vacmViewTreeFamilyViewName	snmpAdminString
vacmViewTreeFamilySubtree	OBJECT IDENTIFIER
→ vacmViewTreeFamilyMask	OCTET STRING
→ vacmViewTreeFamilyType	INTEGER
vacmViewTreeFamilyStorageType	storageType
vacmViewTreeFamilyStatus	rowStatus

图 4-39　vacmViewTreeFamilyTable 的组成

（3）访问控制决策过程。访问控制决策过程如图 4-40 所示，对这个过程解释如下。

① 访问控制决策的输入由下列各项组成：

securityModel	使用的安全模型
securityName	请求访问的用户名
securityLevel	安全级别
viewType	视图的类型，如读、写和通知视图
contextName	包含 variableName 的上下文
variableName	管理对象 OID，由 object-type 和 object-instance 组成

② 首先把 securityModel(a)和 securityName(b)作为表 vacmSecurityToGroupTable 的索引(a, b)，找到该表中的一行，得到组名 groupName(x)；

③ 然后把 groupName(x)和 contextName(e)、securityModel(a)及 securityLevel(c)作为表 vacmAccessTable 的索引(x,e,a,c)，找出其中的一个表行；

④ 从上一步选择的表行中，根据 viewType(d)选择适当的 MIB 视图，用 viewName(y)表示。再把 viewName(y)作为表 vacmViewTreeFamilyTable 的索引，选择定义了 variableNames 的表行的集合；

⑤ 检查管理对象的类型(m)和实例(n)是否存在，得到的 MIB 视图中，从而作出访问决策(z)。

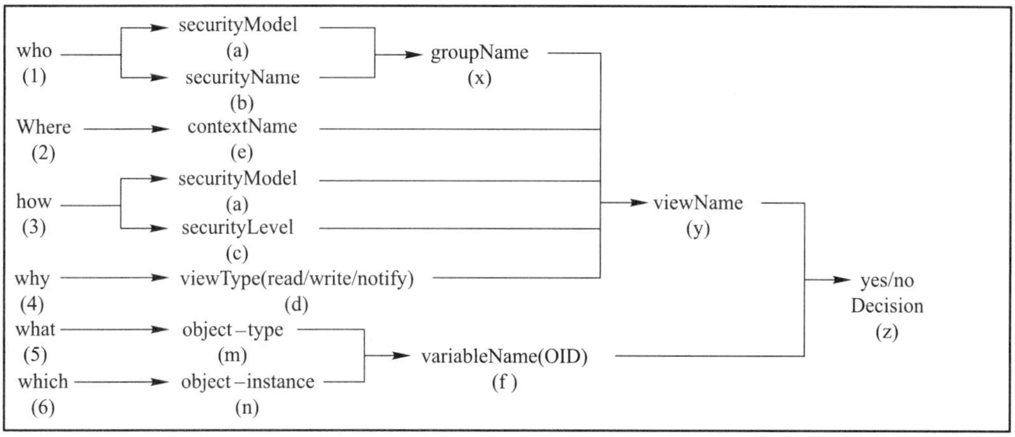

图 4-40　访问控制决策过程

在处理访问控制请求的过程中，可能返回的状态信息如下：

① 从表 vacmContextTable 中查找由 contextName 表示的上下文信息。如果指定的上下

文信息不存在,则向调用模块返回一个错误指示 noSuchContext。

② 通过表 vacmSecurityToGroupTable 把 securityModel 和 securityName 映像为组名 groupName。如果该表中不存在这样的组合,则向调用模块返回一个错误指示 noGroupName。

③ 在表 vacmAccessTable 中查找变量 groupName、contextName、securityModel 和 securityLevel 的组合。如果这样的组合不存在,则向调用模块返回一个错误指示 noAccessEntry。

④ 如果变量 viewType 是"read",则用 readView 检查访问权限;如果变量 viewType 是"write",则用 writeView 检查访问权限;如果变量 viewType 是"notify",则用 notifyView 检查访问权限;如果使用的视图是空的(viewName 长度为 0),则向调用模块返回错误指示 noSuchView。

⑤ 如果没有一个视图符合 viewType,则向调用模块返回错误指示 noSuchView;如果说明的变量名 variableName 不存在于 MIB 视图中,则向调用模块返回错误指示 notInView,否则说明的变量名存在于 MIB 视图中,向调用模块返回一个调用成功的状态信息 accessAllowed。

思考: SNMPv3 的构造是怎样的? 与 SNMPv1 和 SNMPv2 相比有什么不同? 它如何实现 SNMPv1 的各种功能?

4.5 SNMP 的不足

人们通常希望购买的网络管理产品能够准确地统计和报告通过设备的各种数据包,也希望来自不同厂商的管理站产品和代理产品能够很好地配合。但是目前市场上的 SNMP 产品实现的 MIB-2 数据库和 SNMP 协议与标准不是完全一致的。根据对目前市场上的多种产品进行测试,这些产品在实现用户的基本要求方面有很多差异,尤其是用户不能简单地相信制造商所声称实现的东西。客观上的原因是 SNMP 强调简单性,而忽视了功能性。尤其是 SNMP 的一致性标准还不成熟,因而不同的商家对标准的理解和认同的基础不一样。例如,有的网桥对通过的各种分组计数不准确,很多路由器不能正确区分不同的数据报,甚至有的设备不能报告它的网络接口地址。

思考: 如何看待 SNMP 的不足?

小 结

SNMP 是目前 TCP/IP 网络中应用最广泛的网络管理协议,是网络管理事实上的标准。它不仅包括网络管理协议本身,而且代表采用 SNMP 的网络管理框架。SNMP 经历了从 v1 到 v3 的发展历程。

本章从协议数据单元、支持的操作、报文发送接收、功能组、安全性、局限性等几个方面分别分析了 SNMP 的 3 个版本,对管理框架和通信过程给出了详细描述。SNMPv1 管理模型包括 4 个关键元素:管理端、管理代理、管理信息库、管理协议。与 SNMPv1 单纯的集中式管理模式不同,SNMPv2 支持分布式/分层式的网络管理结构,在 SNMPv2 管理模型中有些系统可以同时具有管理站和管理代理的功能,SNMPv2 定义了两个 MIB,一个相当于 SNMPv1 的 MIB-2,另一个是管理端到管理端的 MIB 库,提供对分布式管理结构的支持。SNMPv3 可运用于多种操作环境,具有多种安全处理模块,有极好的安全性和管理功能,弥补了前两个版本在安全方面的不足。

习　题　4

4-1　SNMPv1 支持哪些管理操作? 对应的 PDU 格式如何?

4-2　SNMPv1 报文采用什么样的安全机制? 这种机制有什么优缺点?

4-3　举例说明如何检索一个简单对象? 如何检索一个表对象?

4-4　怎样利用 GetNext 命令检索未知对象?

4-5　如何更新和删除一个表对象?

4-6　试描述数据加密、身份认证、数字签名和消息摘要在网络安全中的作用,这些安全工具能对付哪些安全威胁?

4-7　SNMPv2 对 SNMPv1 进行了哪些扩充?

4-8　SNMPv2 对计数器和计量器类型的定义做出了哪些改进? 这些改进对网络管理有什么影响?

4-9　举例说明不同类型的索引对象如何用作表项的索引。

4-10　在表的定义中,AUGMENTS 子句的作用是什么?

4-11　允许生成和删除的表与不允许生成和删除的表有什么区别?

4-12　试描述生成表项的两种方法。

4-13　SNMPv2 管理信息库增加了哪些新的对象?

4-14　试描述 SNMPv2 的 3 种检索操作的工作过程。

4-15　SNMPv2 的操作管理框架由哪些部分组成? 它们对管理操作的安全有什么作用?

4-16　管理站之间的通信有什么意义? 需要哪些管理信息的支持?

4-17　试描述 SNMPv2 加密报文的发送和接收过程。

4-18　SNMP 引擎是由哪些部分组成的? 各部分的作用是什么?

4-19　基于用户的安全模型可以防护哪些安全威胁?

4-20　时间系列检验的工作原理是什么? 这种检验不能防止哪些安全威胁?

4-21　HMAC-MDS-96 认证协议是怎样计算报文摘要的? 试对其安全性进行分析。

4-22　SNMPv3 怎样进行密钥管理?

4-23　视图是怎样定义的? 在处理一个访问请求时怎样进行访问控制决策?

4-24　SNMPv1 规定了哪些协议数据单元? 分别有什么作用?

4-25　SNMP 为什么不使用 TCP 传送报文?

4-26　简述 SNMP 报文的发送和接收过程。

4-27　与 SNMPv1 相比,SNMPv2 在操作上有哪些改变?

4-28　SNMPv2 对 MIB-2 的扩展包括哪些方面?

4-29　SNMPv2 中,如何进行行的创建和删除?

4-30 简述 SNMPv3 体系结构的特点。

4-31 SNMPv3 引擎有什么功能？包括哪几部分？

4-32 SNMPv3 在安全方面做了哪些改进？

第 5 章 远程网络监视

学习目标

远程网络监视(Remote Network Monitoring,RMON)是对 SNMP 标准的一个重要补充,SNMP 的管理注重节点本身,RMON 更关心网络的宏观管理,同时,它也是简单网络管理向互联网统一管理的过渡。RMON 对 SNMP 的管理信息库 MIB-2 进行了增补,添加了有关互联网管理的区域化网络信息,在 SNMP 协议的基础上扩展了网络管理的功能。

- RMON 的基本概念。
- 远程网络监视 RMON1 和 RMON2 的管理信息库。
- 远程网络监视的管理对象在网络管理中的应用实例。

建议学时

12 学时。

学习方法

本章的变量和表格较多,需要进行较多的记忆。对于应用,需要融会贯通。

5.1 RMON 的基本概念

MIB-2 提供了网络中单个节点设备的各项管理信息,例如,某个设备处理器的利用率或者其网络数据吞吐量,但是它不能提供多个节点集群的子网或整个网络的运行情况。对整个网络运行情况进行监视的设备称为网络监视器(Monitor)、网络分析器(Analyzer)或探测器(Probe)等。监视器收集网络上出现的每个分组或字节数,并进行统计和分析,提供给管理人员基础的管理信息,以通信为例,这些信息包括出错统计数据(残缺分组数、冲突次数等)、性能统计数据(分组数速率、分组大小和分布情况)等。监视器收集到的信息还可以存储,供以后使用。

监视器不仅用于收集信息,也可以根据分组类型进行过滤并捕获特殊的分组数据。为管理方便,每个子网可以配置一个监视器并通过 SNMP 协议与中央管理站进行通信,可以远程控制设备,因此该监视器也称为远程监视器。远程网络监视的配置如图 5-1 所示。监视器可以是一个独立设备,也可以是运行监视器软件的工作站或服务器等。图 5-1 中的中央管理站具有 RMON 管理能力,能够与各个监视器交换管理信息。RMON 监视器或探测器

(RMON Probe)实现 RMON 管理信息库(RMON MIB)。探测器中运行探测器进程,具有与 RMON 有关的功能。探测器进程能够读写本地的 RMON 数据库,并响应管理站的查询请求,RMON 探测器也称为 RMON 代理。

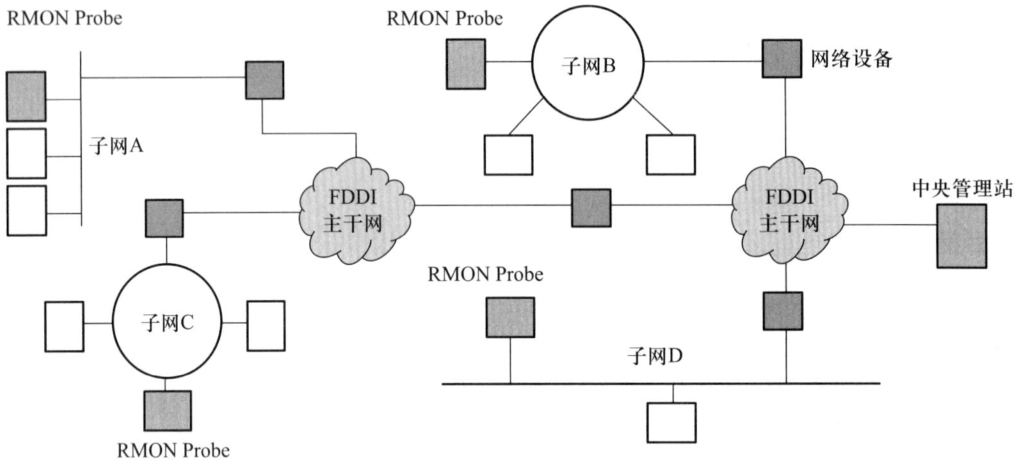

图 5-1 远程网络监视的结构与监视器的配置

5.1.1 远程网络监视的目标★☆☆☆☆

RMON 提供了网络管理所需的远程网络监视的管理信息库以及 SNMP 管理站与远程监视器之间的接口。RMON 区别于 SNMP 单节点的 MIB,其目标就是监视一定区域内子网的通信信息,以及网络上传送的动态数据。

1. 离线操作

在管理站由于各种原因停止轮询时,监视器能够按已设定的计划方案自动运行,采集和存储区域内子网的故障、性能和配置方面的信息,统计和积累数据,当管理站查询时及时反馈信息,当网络出现异常时产生事件报告并报送给管理站。

2. 主动监视

监视器本身具有足够的资源,除了响应管理站的轮询外,还可以连续地或间断地额外采集并存储子网内的故障、性能和通信参数、数据等,在网络失效时提供给管理站用于失效分析,这些信息管理站在以前可能并没有要求采集。

3. 问题检测和报告

当主动监视网络所需的系统开销太大时,监视器也可以改为被动模式,通过适当配置监视器,监视网络资源的关键指标,记录随时出现的异常情况(如网络拥堵),当超出预设的阈值时及时报告给管理站。

4. 提供增值数据

监视器除采集数据外,还可以主动分析收集到的子网数据,只将结果报告给管理站,从而减轻网络流量和管理站的负荷。例如,监视器可以分析子网的通信情况,计算出哪些节点流量较大、哪些节点出错最多等并报告给管理站,从而分担管理站的部分工作,降低网络传输的压力。

5. 多管理站操作

一个较大的网络可能有多个子网或多个管理站，监视器可以配置成能够并发工作，为不同的管理站提供不同的信息，从而提高了网络管理的容错能力。

并非每一个监视器都能实现所有这些目标，但是 RMON 规范并提供了实现这些目标的基础要素。

5.1.2　表管理原理★★☆☆☆

在 SNMPv1 的管理框架中，对表操作的规定并不完整。这是因为在制定 SNMPv1 的管理框架时这种需求并不迫切，因此也就没有特别规定。RMON 规范包含一组文本约定和过程化规则，在不修改和不违反 SNMP 管理框架的前提下为管理者提供了表操作的规范，明确了行增加和行删除操作。

1. 表结构

在 RMON 规范中增加了两种新的数据类型，以 ASN.1 表示如下。

OwnerString ::= DisplayString

EntryStatus ::= INTEGER{valid(1), createRequest(2), underCreation(3), invalid(4)}

在 RFC 1212 规定的管理对象宏定义中，DisplayString 已被定义为长 255 字节的 OCTET STRING 类型，这里又给了这个类型另外一个名字 OwnerString，从而赋予了新的语义。RFC 1757 把这些定义叫做文本约定(Textual Convention)，其作用是增强规范的可读性。在每一个可读写的 RMON 表中都有一个对象，其类型为 OwnerString，其值为所有者或创建者的名字，对象名以 owner 结尾。RMON 的表中还有一个对象，其类型为 EntryStatus，其值表示行的状态，对象名以 Status 结尾，该对象用于行的生成、修改和删除。

RMON 规范中的表结构由控制表和数据表两部分组成，控制表定义数据表的结构，数据表用于存储数据。图 5-2 为这种表的一个例子，该控制表中包含下面的列对象。

(1) rm1ControlIndex。唯一地标识 rm1ControlTable 中的一个控制行，该控制行定义了 rm1DataTable 中一个数据行集合，集合中的数据行由 rm1ControlTable 的相应行控制。

(2) rm1ControlParameter。这个控制参数应用于控制行控制的所有数据行。通常表有多个控制参数，而这个简单的表只有一个参数。

(3) rm1ControlOwner。该控制行的所有者。

(4) rm1ControlStatus。该控制行的状态。

数据表由 rm1DataControlIndex 和 rm1DataIndex 共同索引。rm1DataControlIndex 的值与控制行的索引值 rm1ControlIndex 相同，而 rm1DataIndex 的值唯一地指定数据行集合中的某一行。图 5-3 给出了这种表的一个例子，控制表有 3 行，因此定义了数据表的 3 个数据行集合。控制表第一行的所有者是 monitor，按照约定这是指代理本身。控制行和数据行集合的关系表示在图 5-3 中。

```
rm1ControlTable OBJECT-TYPE
    SYNTAX      SEQUENCE OF rmlControlEntry
    ACCESS      not-accessible
    STATUS      mandatory
    DESCRIPTION
      "A control table."
    ::= {exl1}
rm1 ControlEntry OBJECT-TYPE
    SYNTAX      rm1ControlEntry
    ACCESS      not-accessible
    STATUS      mandatory
    DESCRIPTION
      "Defines a parameter that Control
      a set of data table entries."
    INDEX {rm1ControlIndex}
    ::= {rm1ControlTable1}
rm1ControlEntry ::= SEQUENCE{
    rm1ControlIndex       INTEGER,
    rm1ControlParameter Counter,
    rm1ControlOwner       OwnerString,
    rm1ControlStatus      RowStatus}
rm1ControlIndex OBJECT-TYPE
    SYNTAX      INTEGER
    ACCESS      read-only
    STATUS      mandatory
    DESCRIPTION
      "The value of this object uniquely
      identifies this rm1Control entry."
    ::= {rm1ControEntry1}
rm1ControlParameter
    SYNTAX      INTEGER
    ACCESS      read-write
    STATUS      mandatory
    DESCRIPTION
      "The value of this object characterizes
      datatable rows associated with this entry."
    ::= {rm1ControlEntry2}
rm1ControlOwner OBJECT-TYPE
    SYNTAX      OwnerString
    ACCESS      read-write
    STATUS      mandatory
    DESCRIPTION
      "The entry that configured this entry."
    ::= {rm1ControlEntry3}
rm1ControlStatus OBJECT-TYPE
    SYNTAX      EntryStatus
    ACCESS      read-write
    STATUS      mandatory
    DESCRIPTION
      "The status of this rm1Control entry."
    ::= {rm1ControlEntry4}
```

```
rm1DataTable OBJECT-TYPE
    SYNTAX      SEQUENCE OF rm1DataEntry
    ACCESS      net-accessible
    STATUS      mandatory
    DESCRIPTION
      "A data table."
    ::= {exl2}
rm1DataEntry OBJECT-TYPE
    SYNTAX      rm1DataEntry
    ACCESS      not-accessible
    STATUS      mandatory
    DESCRIPTION
      "A single data table entry."
    INDEX {rm1DataControlIndex, rm1DataIndex}
    ::= {rm1DataTable1}
rm1DataEntry ::= SEQUENCE{
    rm1DataControlIndex     INTEGER,
    rm1DataIndex            INTEGER,
    rm1DataValue            Counter}
rm1DataControlIndex OBJECT-TYPE
    SYNTAX      INTEGER
    ACCESS      read-only
    STATUS      mandatory
    DESCRIPTION
      "The control set of identified by a value of this
      index is the same control set identified by the
      value of rm1ControlIndex."
    ::= {rm1DataEntry1}
rm1DataIndex OBJECT-TYPE
    SYNTAX      INTEGER
    ACCESS      read-only
    STATUS      mandatory
    DESCRIPTION
      "An index that uniquely identifies a particular
      entry among all data entries associated with
      the same rm1controlEntry."
    ::= {rm1DataEntry2}
rm1DataValue OBJECT-TYPE
    SYNTAX      Counter
    ACCESS      read-only
    STATUS      mandatory
    DESCRIPTION
      "The value reported by this entry."
    ::= {rm1DataEntry3}
```

图 5-2 RMON 表例 1

rmlControlTable

rmlControlIndex	rmlControlParameter	rmlControlOwner	rmlControlStatus
1	5	monitor	valid
2	26	manager alpha	valid
3	19	manager beta	valid

rmlDataTable

rmlDataControlIndex	rmlDataIndex	rmlDataValue
1	1	46
2	1	96
2	2	35
2	3	77
2	4	93
2	5	86
3	1	92
3	2	26

图 5-3　RMON 表例 2

2. 增加行

管理站用 Set 命令在 RMON 表中增加新行,并遵循下列规则。

(1) 管理站用 SetRequest 生成一个新行。如果新行的索引值与表中其他行的索引值不冲突,则代理产生一个新行,其状态对象的值为 createRequest(2)。

(2) 新行产生后,由代理把状态对象的值置为 underCreation(3)。对于管理站没有设置新值的列对象,代理可以设置为默认值,或者让新行维持这种不完整、不一致状态,等待管理站的设置命令,这取决于具体的实现情况。

(3) 新行的状态值保持为 underCreation(3),直到管理站产生了所有要生成的新行。这时由管理站设置每一新行状态对象的值为 valid(1)。

(4) 如果管理站要生成的新行已经存在,则返回一个错误。

以上算法的效果就是在多个管理站同时请求产生同一概念行时,仅最先到达的请求成功,其他请求失败。另外,管理站也可以把一个已存在的行的状态对象的值由 invalid 改写为 valid,恢复旧行的作用,这样的操作等于产生了一个新行。

3. 删除行

只有行的所有者才能发出 SetRequestPDU,把行状态对象的值设置为 invalid(4),这样就删除了行。注意,这种方式是否意味着物理删除行取决于具体的实现。

4. 修改行

首先设置行状态对象的值为 invalid(4),然后用 SetRequestPDU 改变行中其他对象的值。图 5-4 给出了行状态的变化情况,图 5 4 中的实线是管理站的作用,虚线是代理的作用。

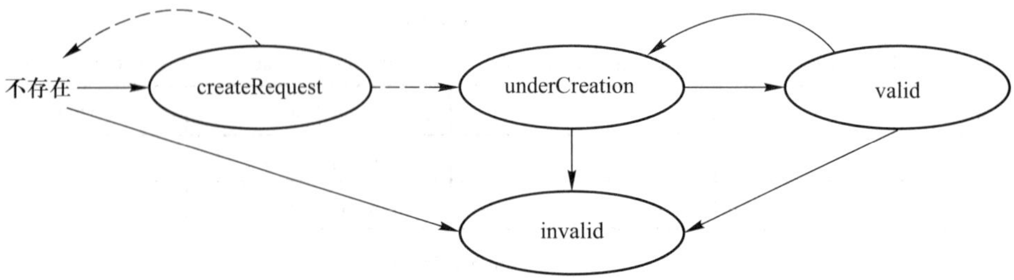

图 5-4 行状态的转换

5.1.3 多管理站访问★★☆☆☆

RMON 监视器设计为允许多个管理站并发地访问。当多个管理站访问时可能出现下列问题。

(1) 多个管理站对资源的并发访问可能超过监视器的监视能力。

(2) 一个管理站可能长时间占用监视器资源,使得其他站得不到访问。

(3) 占用监视器资源的管理站可能崩溃,然而没有释放资源,使得其他站无法访问。

RMON 控制表中的列对象 Owner 规定了表行的所属关系。所属关系可以采用以下方法,可以解决多个管理站并发访问的问题。

(1) 管理站能识别自己所属的资源,也知道自己不再需要的资源。

(2) 网络操作员可以知道管理站占有的资源,并决定是否释放这些资源。

(3) 被授权的网络操作员可以单方面决定是否释放其他操作员保有的资源。

(4) 如果管理站经过了重启动过程,则它应该首先释放不再使用的资源。

RMON 规范建议,所属标志应包括 IP 地址,管理站名,网络管理员的名字、地址和电话号码等。所属标志不能作为口令或访问控制机制使用。在 SNMP 管理框架中唯一的访问控制机制是 SNMP 视图和团体名。如果一个可读写的 RMON 控制表出现在某些管理站的视图中,则这些管理站都可以进行读写访问。但是控制表行只能由其所有者改变或删除,其他管理站只能进行只读访问。实际上这些限制的实施已超出了 SNMP 和 RMON 的范围。

为了提供共享的功能,监视器通常配置一定的默认功能。定义这些功能的控制行的所有者是监视器,所属标志的字符串以监视器名打头,管理站只能以只读方式利用这些功能。

思考:网络管理中不仅需要对网络上的各种设备进行管理,还需要对组成网络的节点以及信息流进行管理。那么,为保证上述工作的正常进行,需要什么样的条件支持?

5.2 RMON 的管理信息库

与 SNMP 类似,RMON 也需要相应的管理信息库的支持。RMON 规范定义了管理信息库 RMON MIB,位于 MIB-2 下的第 16 个子树。RMON MIB 共分为 10 组,如图 5-5 所示。存储在每一组中的信息都是监视器从一个或几个子网中统计和收集的数据。这 10 个功能组都是任选的,但实现时有下列连带关系:

(1) 实现警报组时必须实现事件组。

（2）实现最高 N 台主机组时必须实现主机组。

（3）实现捕获组时必须实现过滤组。

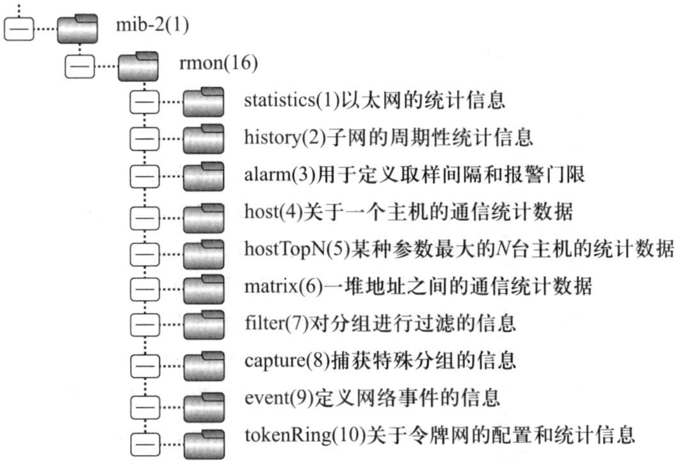

图 5-5　RMON MIB 子树

5.2.1　以太网的统计信息★★☆☆☆

RFC 1757(Feb 1995)定义的 RMON MIB 主要包含以太网的各种统计数据，以及有关分组捕获、网络事件报警方面的信息。以下是以太网统计信息方面的内容。

1. 统计组

统计组提供一个表，该表每一行表示一个子网的统计信息。其中的大部分对象是计数器，记录监视器从子网上收集到的各种不同状态的分组数。统计组的所有对象如图 5-6 所示，其中两个不是计数器类型的变量解释如下。

（1）etherStatsIndex(1)。整数类型，表项索引，每一表项对应一个子网接口。

（2）etherStatsDataSource(2)。类型为对象标识符，表示监视器接收数据的子网接口。

这个对象的值是 MIB-2 接口组中的变量 ifIndex 的实例。例如，若该表项对应 1 号接口，则 etherStatsDataSource 的值是 ifIndex1，这样就把统计表与 MIB-2 接口组互相联系起来了。

图 5-6 所示的对准错误是指非整数字节的分组。

在这个组中，其中有 3 个变量是可读写的，即 etherStatsDropEvents、etherStatsOwer 和 etherStatsStatus。为这 3 个变量设置不同的值，监视器就可以从不同的子网接口收集同样的信息。显然，这些子网必须是以太网。

把统计组与 MIB-2 接口组比较后会发现，有些数据是重复的。但是统计组提供的信息分类更详细，而且同样是针对以太网特点设计的。

把统计组与 Dot3 统计表比较后发现，也有些数据是相同的，但是统计的角度不一样。Dot3 统计表收集单个系统的信息，而统计组收集的是关于整个子网的统计数据。

统计组的很多变量对性能管理是有用的，而变量 etherStatsDropEvents、etherStats CRCAlignErrors 和 etherStatsUndersizePkts 对故障管理也有用。如果对某些出错情况要采取措施,则可以对变量 etherStatsDropEvents、etherStatsCRCAlignErrors 或 etherStatsCollisions 分别设定门限值,超过门限后产生事件警报。

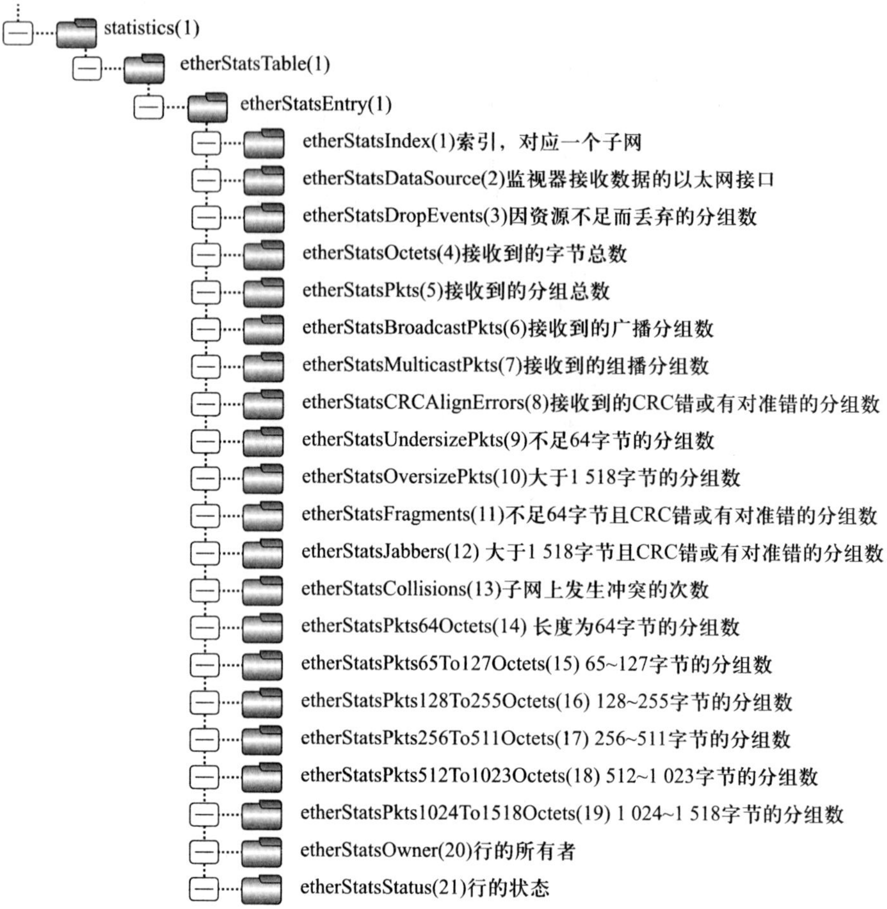

图 5-6　RMON 统计组

2. 历史组

历史组存储的是以固定间隔取样所获得的子网数据。该组由历史控制表和历史数据表两个表所组成。控制表定义被取样的子网接口编号、取样间隔及每次取样数据的多少,而数据表则用于存储取样期间获得的各种数据。表的细节如图 5-7 所示。

历史控制表(historyControlTable)定义的变量 historyControlInterval 表示取样间隔长度,取值范围为 1~3 600 s,默认值为 1 800 s。变量 historyControlBucketsGranted 表示可存储的样品数,默认值为 50。如果都取默认值,则每 1 800 s(30 min)取样一次,每个样品记录在数据表的一行中,只保留最近的 50 行。

数据表中包含与以太网统计表类似的计数器,提供关于各种分组的计数信息。与统计表的区别是这个表提供一定时间间隔之内的统计结果,这样可以进行一些与时间有关的分析。例如,可以计算子网利用率变量 etherHistoryUtilization,如果计算出取样间隔(Interval)期间收到的分组数 Packets 和字节数 Octets,则子网利用率可计算如下:

$$\text{Utilization} = (\text{Packets} \times (96+64) + \text{Octets} \times 8) / (\text{Interval} \times 10^7) \tag{5-1}$$

其中 10^7 表示数据速率为 10 Mbps。以太网的帧间隔为 96 bit，帧前导字段 64 bit，因此每个帧有(96+64) bit 的开销。

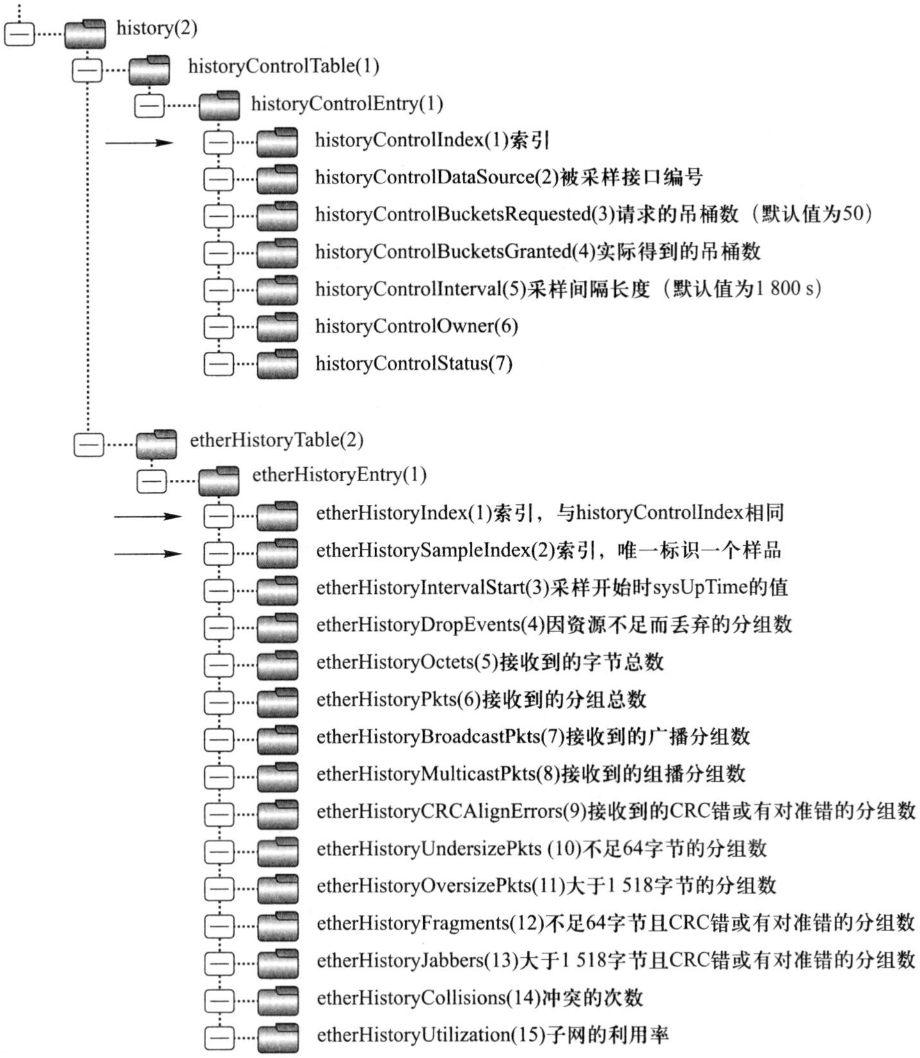

图 5-7　RMON 历史组

历史组控制表和数据表的关系参见图 5-8。控制表的每一行有一个唯一的索引值，而各行的变量 historyControlDataSource 和 historyControlInterval 的组合值都不相同。其意义为对一个子网可以定义多个取样功能，但每个功能的取样区间应不同。例如，RMON 规范建议对每个被监视的接口至少应有两个控制行，一个行定义 30 s 的取样周期，另一个行定义 30 min的取样周期。短周期用于检测突发的通信事件，而长周期用于监视接口的稳定状态。

从图 5-8 可以看出，对应第 i 个($1 \leqslant i \leqslant K$)控制行有 B_i 个数据行，这里 B_i 是控制变量 historyControlBucketsGranted 的值。一般来说，变量 historyControlBucketsGranted 的值由监视器根据资源情况分配，但应与管理站请求的值 historyControlBucketsRequested 相同或接近。每一个数据行(也叫做吊桶，Bucket)保存一次取样中得到的数据，这些数据与统计表中的数据有关。例如,历史表中的数据 etherHistoryPkts 等于统计表中的数据 etherStatsPkts 在取样间隔结束时的值减去取样间隔开始时的值,如图 5-9 所示。

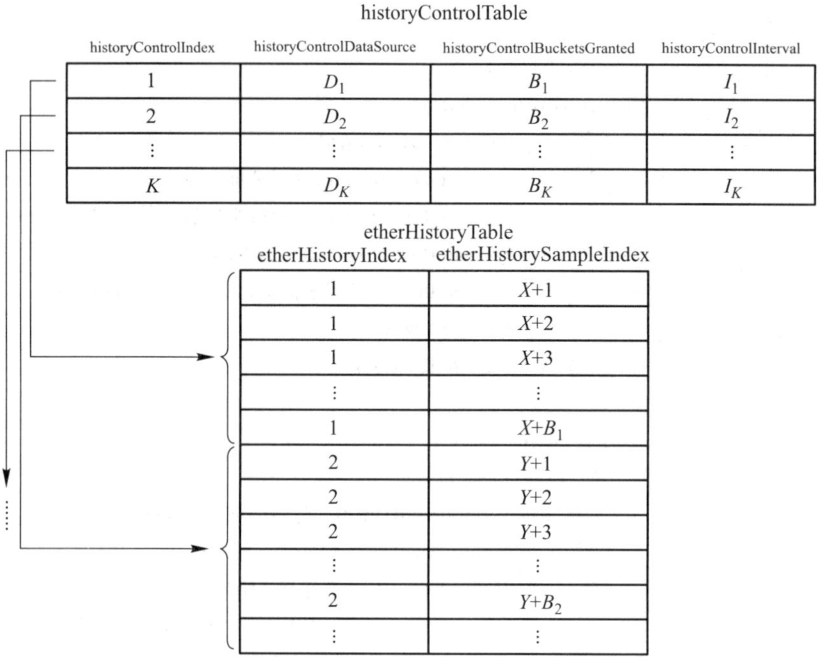

图 5-8 历史组控制表与数据表的关系

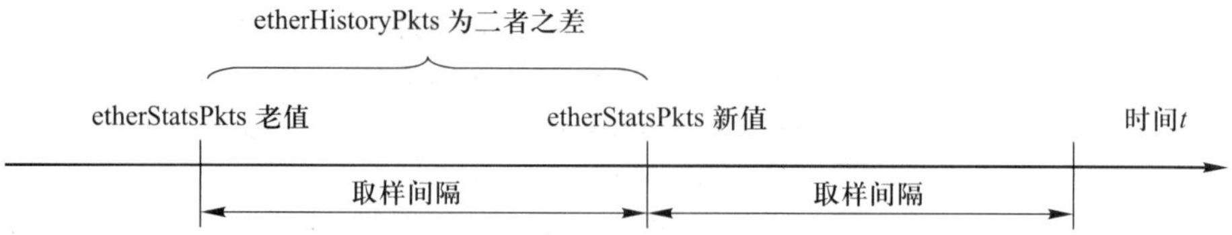

图 5-9 etherHistoryPkts 的值

当每一个取样间隔开始时,监视器就在历史数据表中产生一行,行索引 etherHistoryIndex 与对应控制行的 historyControlIndex 相同,而 etherHistorySampleIndex 的值则加 1。当 etherHistorySampleIndex 的值增至与 historyControlBuckctsGranted 的值相等时,这一组数据行就当作循环使用的缓冲区,丢弃最老的数据行,保留 historyControlBucketsGranted 个最新的数据行。例如,如图 5-8 所示,第一组已丢弃了 X 个旧数据行,第二组则丢弃了 Y 个旧数据行。

3. 主机组

主机组收集新出现的主机信息,其内容与接口组相同,如图 5-10 所示。监视器观察子网上传送的分组,根据源地址和目标地址了解网上活动的主机,为每一个新出现(启动)的主机建立并维护一组统计数据。每一个控制行对应一个子网接口,而每一个数据行对应一个子网上的一个主机。这样主机表 hostTable 的总行数为:

$$N = \sum_{i}^{k} N_i \tag{5-2}$$

其中 N_i 为控制表第 i 行 hostControlTableSize 的值；k 为控制表的行数；N 为主机表的行数，i 为控制表索引 hostControlIndex 的值。

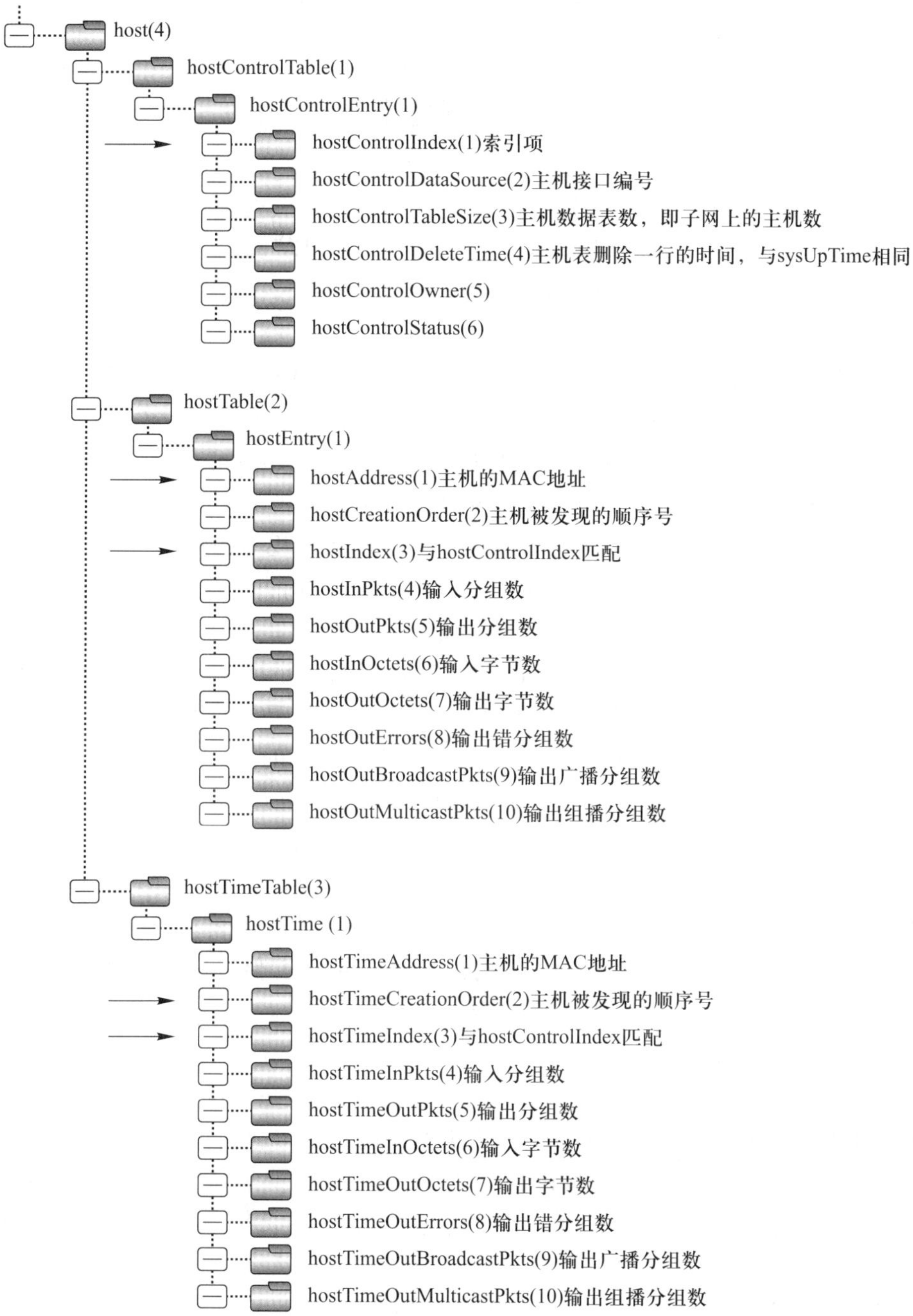

图 5-10　RMON 主机组

图 5-11 所示的 RMON 计数器配置中，监视器有两个子网接口（$k=2$）。子网 X 与接口 1 相连（对应的 hostControlIndex 值 = 1），有 3 台主机，因此该行的 hostControlTableSize 的值为

3($N_1=3$);子网 Y 与接口 2 相连,有两台主机,因此对应子网 Y 的值是 hostControlIndex = 2($N_2=2$)。

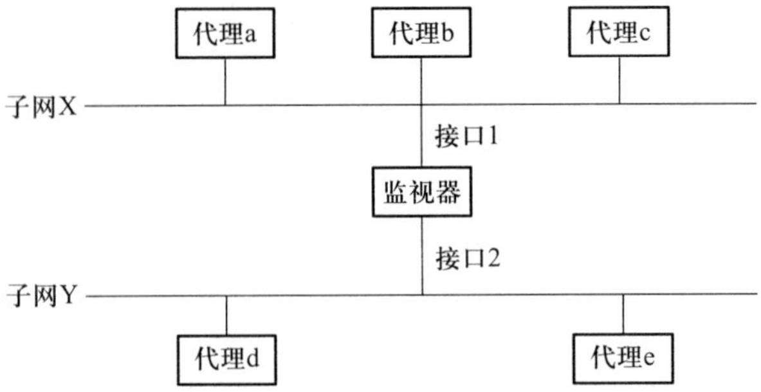

图 5-11 RMON 计数器配置例

主机数据表 hostTable 的每一行由主机 MAC 地址 hostAddress 和接口号 hostIndex 共同索引,记录各个主机的通信统计信息。

主机控制表配置完成后,监视器就开始检查各个子网上出现的分组。如果发现有新的源地址出现,就在主机数据表中增加一行,并且把 hostControlTableSize 的值增加 1。理想的情况是监视器能够保存接口上发现的所有主机的数据,但监视器的资源有限,有时必须按先进先出的顺序循环使用已建立的数据行。当一个新行加入时,同一接口的一个旧行被删除,与同一接口有关的行变量 hostCreationOrder 的值减 1,而新行的 hostCreationOrder 值为 N_i。

主机时间表 hostTimeTable 与 hostTable 的内容相同,但是以发现时间 hostTimeCreationOrder 排序的,而不是以主机的 MAC 排序的。这个表有两种重要应用。

如果管理站知道表的大小和行的大小,就可以用最有效的方式把有关的管理信息装入 SNMP 的 Get 和 GetNextPDU 中,这样检索起来更快捷方便。由于该表是以 hostTimeCreationOrder 按由小到大的顺序排列的,因而应答的先后顺序不会影响检索的结果。

这个表的结构方便管理站找出某个接口上最新出现的主机,而不必查阅整个表。主机组的两个数据表实际上是同一个表的两个不同的逻辑视图,并不要求监视器实现两个数据重复的表。另外,这一组的信息与 MIB-2 的接口组是相同的,但是这个组的实现会更有效,因为暂时不工作的主机并不占用监视器资源。

4. 最高 *N* 台主机组

这一组记录某种参数最大的 N 台主机的有关信息,这些信息的来源是主机组。在一个取样间隔中收集到的一个子网上的一个主机组变量的数据集合叫做一个报告。可见,报告是针对某个主机组变量的,是该变量在取样间隔中的变化率。最高 N 台主机组提供的是一个子网上某种变量变化率最大的 N 台主机的信息。这个组包含一个控制表和一个数据表,如图 5-12 所示,图中加上了注释。

变量 hostTopNRateBase 为整数类型,可取下列值之一。

```
INTEGER{
    hostTopNInPkts(1),
    hostTopNOutPkts(2),
    hostTopNInOctets(3),
```

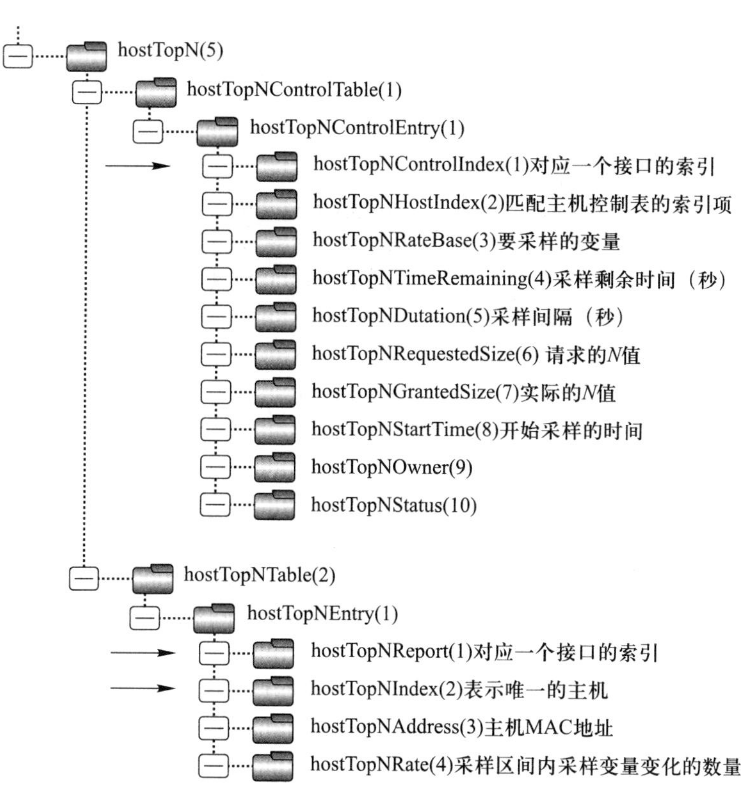

图 5-12　RMON 最高 *N* 台主机组

```
    hostTopNOutOctets(4),
    hostTopNOutErrors(5),
    hostTopNOutBroadcastPkts(6),
    hostTopNOutMulticastPkts(7)
}
```

hostTopNRateBase 定义了要采样的变量,实际上就是主机组中统计的 7 个变量之一。数据表变量 hostTopNRate 记录的是上述变量的变化率。报告准备过程是这样的:开始时管理站生成一个控制行,定义一个新的报告,指示监视器计算一个主机组变量在取样间隔结束和开始时的值之差。取样间隔长度(单位为 s)存储在变量 hostTopNDutation 和 hostTopNTimeRemaining 中。在取样开始后,hostTopNDutation 保持不变。而 hostTopNTimeRemaining 递减,记录采样剩余时间。当剩余时间减到 0 时,监视器计算最后结果,产生 *N* 个数据行的报告。报告由变量 hostTopNIndex 索引,*N* 个主机以计算的变量值递减的顺序排列。报告产生后管理站只以只读方式访问。如果管理站需要产生新报告,则可以把变量 hosTopNTimeRemaining 置为与 hosTopNDutation 的值一样,这样原来的报告被删除,又开始产生新的报告。

5. 矩阵组

这个组记录子网中一对主机之间的通信量,信息以矩阵的形式存储。矩阵组表示如图 5-13 所示,图中加上了注释。

矩阵组由 3 个表组成。控制表的一行指明了发现主机对会话的子网接口,其中的变量

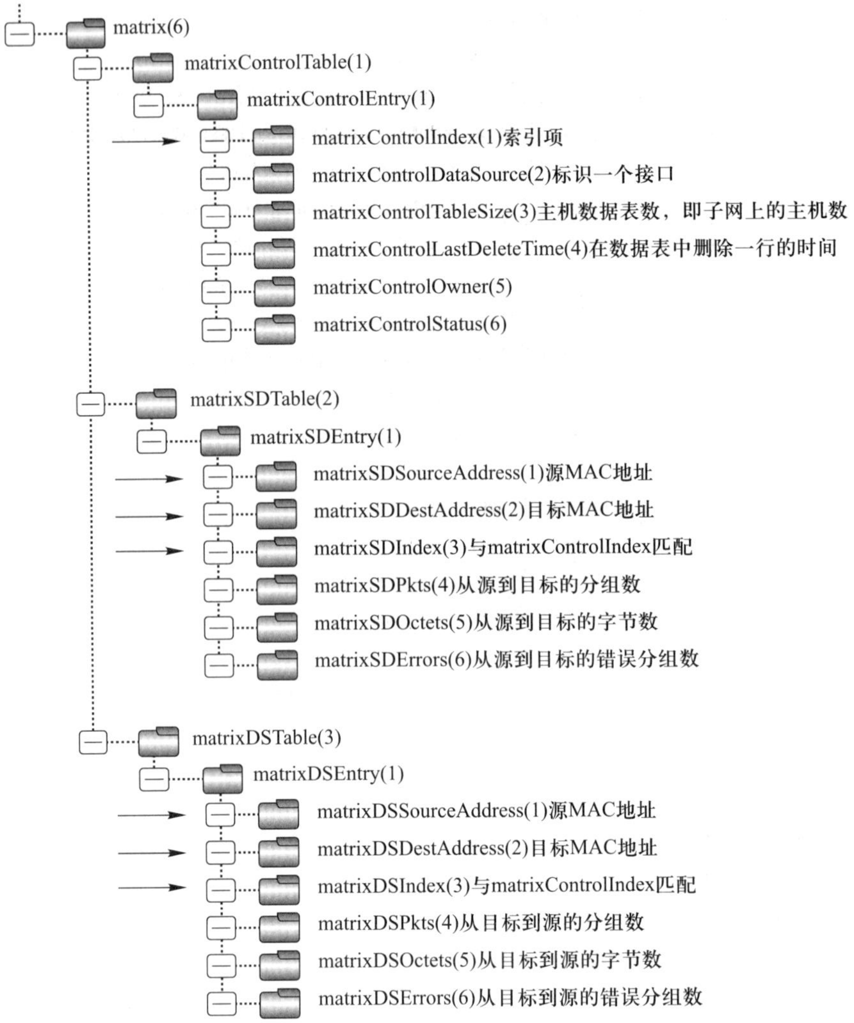

图 5-13 RMON 矩阵组

matrixControlTableSize 定义了数据表的行数，而变量 matrixControlLastDeleteTime 说明数据表行被删除的时间，与 MIB-2 的变量 sysUpTime 相同。如果没有删除行，matrixControlLastDeleteTime 的值为 0。

数据表分成源到目标(SD)和目标到源(DS)两个表，它们的行之间的逻辑关系如图 5-14所示。SD 表首先由 matrixSDIndex 索引，然后由源地址索引，最后由目标地址索引。而 DS 表首先由 matrixDSIndex 索引，然后由目标地址索引，最后由源地址索引。

如果监视器在某个接口上发现了一对主机会话，则在 SD 表中记录两行，每行表示一个方向的通信。DS 表也包含同样的两行信息，但是索引的顺序不同。这样，管理站可以检索到一个主机向其他主机发送的信息，也容易检索到其他主机向某一个主机发送的信息。

如果监视器发现了一个会话，但是控制表定义的数据行已用完，则监视器需要删除现有的行。标准规定首先删除最近最少使用的行。

目标地址

源地址	M(i,1)	M(i,2)	M(i,3)	…	$M(i,N_i)$
M(i,1)	–	R	R	…	R
M(i,2)	R	–	R	…	R
M(i,3)	R	R	–	…	R
⋮	⋮	⋮	⋮	⋮	⋮
$M(i,N_i)$	R	R	R	…	–

图 5-14　matrixSDTable 表行和 matrixDSTable 表行之间的逻辑关系

5.2.2　令牌环网的统计信息★☆☆☆☆

RFC 1513 扩展了 RMON MIB，增加了有关 IEEE 802.5 令牌环网的管理信息。首先是在统计组增加了两个表：tokenRingMLStatsTable 和 tokenRingPStatsTable。前者统计令牌环中各种 MAC 控制分组，后者统计各种数据分组。这两种表中的计数器分别表示在表 5-1 和表 5-2中。

表 5-1　tokenRingMLStatsTable 中的计数器

tokenRingMLStatsDropEvents 由于缺乏资源而丢弃的分组数	tokenRingMLStatsInternalErrors 适配器内部错误数
tokenRingMLStatsMacOctets 好的 MAC 分组中的字节数	tokenRingMLStatsBurstErrors 突发的内部错误数
tokenRingMLStatsMacPkts 接收的 MAC 分组总数	tokenRingMLStatsACErrors 地址复制错误数
tokenRingMLStatsPurgeEvents 环进入清除状态的次数	tokenRingMLStatsAbortErrors 夭折错误数
tokenRingMLStatsPurgePkts 检测到的清除分组数	tokenRingMLStatsLostFrameErrors 丢失帧错误数
tokenRingMLStatsBeaconEvents 环进入信标状态的次数	tokenRingMLStatsCongestionErrors 接收拥挤错误数
tokenRingMLStatsBeaconPkts 检测到的信标分组数	tokenRingMLStatsFrameCopiedErrors 帧复制错误数
tokenRingMLStatsClaimTokenEvents 环进入声明令牌状态的次数	tokenRingMLStatsFrequencyErrors 频率错误数
tokenRingMLStatsClaimTokenPkts 检测到的声明令牌分组数	tokenRingMLStatsTokenErrors 令牌错误数
tokenRingMLStatsNAUNChanges 检测到 NAUN 改变的次数	tokenRingMLStatsSoftErrorsReports 软件错误数
tokenRingMLStatsLineErrors 在出错报告分组中报告的行错误数	tokenRingMLStatsRingPollEvebts 环查询数

这些表中提到“好的”和“坏的”分组。根据 RFC 1757 的定义,“好的分组”是指没错误的具有有效长度的分组;“坏的分组”是指帧格式可以识别,但是含有错误或者具有无效长度的分组。表 5-2 中的各种不同长度的数据分组都是好的数据分组。

表 5-2 tokenRingPStatsTable 中的计数器

tokenRingPStatsDataOctets 好的 MAC 数据分组中的字节数	tokenRingPStatsDataPkts256to511Octets 256~511 字节的数据分组数
tokenPingPStatsDataPkts 好的 MAC 分组数	tokenRingPStatsDataPkts512to1023Octets 512~1 023 字节的数据分组数
tokenRingPStatsDataBroadcastPkts 广播分组数	tokenRingPStatsDataPkts1024to2047Octets 1 024~2 047 字节的数据分组数
tokenRingPStatsDataMulticastPkts 组播分组数	tokenRingPStatsDataPkts2048to4095Octets 2 048~4 095 字节的数据分组数
tokenRingPStatsDataPkts18to63Octets 18~63 字节的数据分组数	tokenRingPStatsDataPkts4096to8191Octets 4 096~8 191 字节的数据分组数
tokenRingPStatsDataPkts64to127Octets 64~127 字节的数据分组数	tokenRingPStatsDataPkts8192to8000Octets 8 192~8 000 字节的数据分组数
tokenRingPStatsDataPkts128to255Octets 128~255 字节的数据分组数	tokenRingPStatsDataPktsGreaterThan8000Octets 大于 8 000 字节的数据分组数

RFC 1513 还扩展了历史组,定义了两个新的历史表:tokenRingMLHistoryTable 和 tokenRingPHistoryTable。这两个表都由历史组控制表 historyControlTable 控制。与统计组的两个新表类似,这两个表分别收集各种 MAC 控制分组和数据分组的有关数据。RFC 1513 在 RMON MIB 中增加了一个新的 tokenRing 组,这个组包含 4 个子组,分别是:

(1) 环站组。这个组包含有关每个站的统计数据和状态信息。该组由控制表和数据表组成。

(2) 环站顺序组。这个组提供站在环上的顺序。该组只有一个表 ringStationOrderTable。

(3) 环站配置组。这个组提供控制环站的手段。RMON 监视器可以把站从环上移去,或者向站下载配置信息。该组由控制表和数据表组成。

(4) 环源路由组。该组只有一个表 sourceRoutingStatsTable,提供源路由信息的使用情况,其中的变量如表 5-3 所示。

表 5-3 sourceRoutingStatsTable 中的变量

sourceRoutingStatsInFrames 本地环网接收的帧数	sourceRoutingStatsLocalLLCFrames 接收的本地 LLC 帧数(无路由信息字段)
sourceRoutingStatsOutFrames 本地环网发送的帧数	sourceRoutingStats1HopsFrames 接收的单跳步帧数
sourceRoutingStatsThroughFrames 经过本地环网的帧数	sourceRoutingStats2HopsFrames 接收的 2 跳步帧数

续表

sourceRoutingStatsAllRoutesBroadcastFrames 接收的全路广播帧数	sourceRoutingStats3HopsFrames 接收的 3 跳步帧数
sourceRoutingStatsSingleRoutesBroadcastFrames 接收的单路广播帧数	sourceRoutingStats4HopsFrames 接收的 4 跳步帧数
sourceRoutingStatsInOctets 接收的字节数	sourceRoutingStats5HopFrames 接收的 5 跳步帧数
sourceRoutingStatsOutOctets 发送的字节数	sourceRoutingStats6HopsFrames 接收的 6 跳步帧数
sourceRoutingStatsThroughOctets 经过的字节数	sourceRoutingStats7HopsFrames 接收的 7 跳步帧数
sourceRoutingStatsAllRoutesBroadcastOctets 全路广播帧数的字节数	sourceRoutingStats8HopsFrames 接收的 8 跳步帧数
sourceRoutingStatsSingleRoutesBroadcastOctets 单路广播帧数的字节数	sourceRoutingStatsMoreThan8HopsFrames 接收的大于 8 跳步帧数

令牌环网在国内的使用较少,有需要的读者可以参阅 RFC 1513 的详细文档。

5.2.3 警报组★★☆☆☆

RMON 警报组定义了一组网络性能的门限值,超过门限值时向控制台产生报警事件。RMON 警报组必须和事件组同时实现。警报组由一个表组成,如图 5-15 所示,该表的一行定义了一种警报:监视的变量、采样区间和门限值。

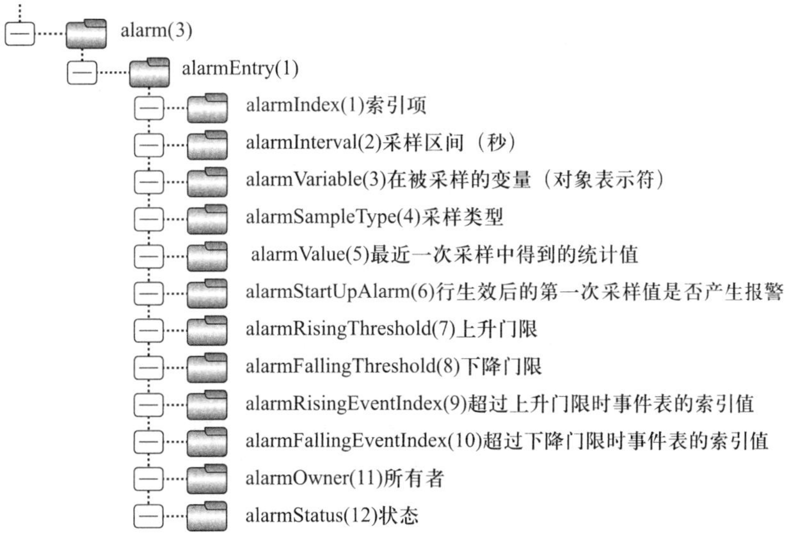

图 5-15 RMON 警报组

采样类型分为两种:absoluteValue(1)表示直接与门限值比较;deltaValue(2)表示相减

后比较。因为比较的是变化率,所以叫做增量报警。关于行生效后是否产生报警,alarmStartupAlarm 的取值有下面 3 种。

(1) risingAlarm(1)。该行生效后第一个采样值≥上升门限(RisingThreshold),产生警报。

(2) fallingAlarm(2)。该行生效后第一个采样值≤下降门限(FallingThreshold),产生警报。

(3) risingOrFallingAlarm(3)。该行生效后第一个采样值≥上升门限,或者≤下降门限,产生警报。

警报组定义了下面的报警机制。

(1) 如果行生效后的第一个采样值≤上升门限,则后来的一个采样值≥上升门限,产生一个上升警报。

(2) 如果行生效后的第一个采样值≥上升门限,且 alarmStartupAlarrn = 1 or 3,则产生一个上升警报。

(3) 如果行生效后的第一个采样值≥上升门限,且 alarmStartupAlarm = 2,则当采样值落回上升门限后又变成≥上升门限时产生一个上升警报。

(4) 产生一个上升警报后,若采样值落回到上升门限下,但未低于下降门限,则下一次到达上升门限将不再产生警报。这个规则的作用是避免信号在门限附近波动时产生很多报警,加重网络负载。

下降警报的规则是类似的。

图 5-16 给出了一个报警的例子,本例中 alarmStartupAlarm = 1(或 3),★和☆号的地方应产生警报。●和○号的地方不产生警报,其中★和●号表示上升过程,☆和○号表示下降过程。

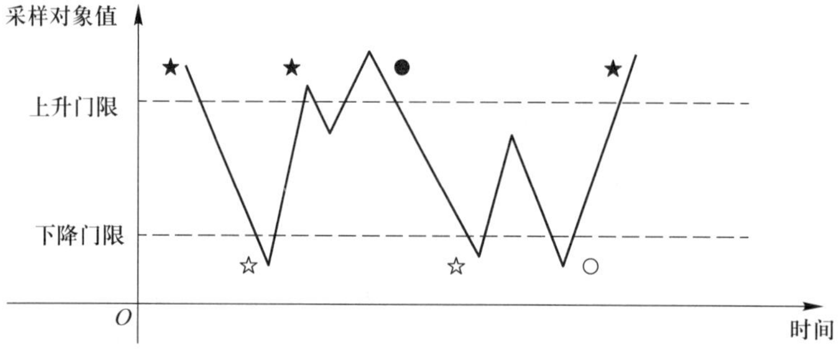

图 5-16　报警实例

关于增量报警方式(采样类型为 deltaValue),RMON 规范建议每个周期应采样两次,把最近两次采样值的和与上限比较,这样可以避免漏报超过门限的情况。例如:

时间/s	0	10	20
观察的值	0	19	32
增量值	0	19	13

如果上升门限是 20,则不报警。但是按双重采样规则,每 5 s 观察一次,则

时间/s	0	5	10	15	20

观察的值	0	10	19	20	32
增量值	0	10	9	1	12

阴影部分在5~10 s、10~15 s时连续两次取样的和是20,已达到报警门限,应产生一个报警事件。

5.2.4 过滤组和通道组★★☆☆☆

过滤组提供一种手段,使得监视器可以观察接口上的分组,通过过滤选择出某种指定的特殊分组。这个组定义了两种过滤器:数据过滤器采用按位模式匹配,即要求分组的一部分匹配或不匹配指定的位模式;而状态过滤器采用按状态匹配,即要求分组具有特定的错误状态(有效、CRC错误等)。各种过滤器可以用逻辑运算(AND、OR等)来组合,形成复杂的测试模式。一组过滤器的组合叫做通道(channel)。可以对通道测试的分组计数,也可以配置通道使得通过的分组产生事件(由事件组定义),或者使得通过的分组被捕获(由捕获组定义)产生事件。通道的过滤逻辑是相当复杂的,以下举例说明过滤的逻辑。

1. 过滤逻辑

首先定义与测试有关的变量。

input	过滤的输入分组
filterPktData	用于测试的位模式
filterPktDataMask	要测试的有关位的掩码
filterPktDataNotMask	指示进行匹配测试或不匹配测试

下面分步骤进行由简单到复杂的位模式配位测试。

(1) 测试输入分组是否匹配位模式。这需要进行逐位异或:

```
if(input^filterPktData == 0) filterResult = match
```

(2) 测试输入分组是否不匹配位模式。这也需要逐位异或:

```
if(input^filterPktData !=0) filterResult = mismatch
```

(3) 测试输入分组中的某些位是否匹配位模式。逐位异或后与掩码逐位进行逻辑与运算(掩码中对应要测试的位是1,其余为0):

```
if((input^filterPktData)&filterPktDataMask == 0) filterResult = match;
else filterResult = mismatch
```

(4) 测试输入分组中是否某些位匹配测试模式,而另一些位不匹配测试模式。这里要用到变量filterPktDataNotMask,该变量有些位是0,表示这些位要求匹配;有些位是1,表示这些位要求不匹配。

```
relevant_bits_different = (input^filterPktData)&filterPktDataMask;
if((relevant_bits_different&filterPktDataNotMask) == 0)
    filterResult = successful_match;
```

实例如下,假定希望过滤出的以太网分组的目标地址为0xA5,而源地址不是0xBB。由于以太网地址是48位,而且前48位是目标地址,后48位是源地址,因而有关变量设置如下:

```
filterPktDataOffset = 0
filterPktData = 0x0000000000A50000000000BB
```

filterPktDataMask = 0xFFFFFFFFFFFFFFFFFFFFFFFF

filterPktDataNotMask = 0x000000000000FFFFFFFFFFFF

其中,变量 filterPktDataOffset 表示分组中要测试部分距分组头的距离(其值为 0,表示从头开始测试)。状态过滤逻辑是类似的。每一种错误条件是一个整数值,并且是 2 的幂。为了得到状态模式,只要把各个错误条件的值相加,这样就把状态模式转换成了位模式。例如,以太网有下面的错误条件:

位 0——分组大于 1 518 字节。

位 1——分组小于 64 字节。

位 2——分组存在 CRC 错误或对准错误。

如果一个分组错误状态值为 6(110B),则它有后两种错误。

2. 通道操作

通道由一组过滤器定义,被测试的分组要通过通道中有关过滤器的检查。分组是否被通道接受,取决于通道配置中的一个变量:

channelAcceptType ::= INTEGER{acccptMatched(1), acceptFailed(2)}

如果该变量的值为 1,则分组数据和分组状态至少要与一个过滤器匹配,分组被接受;如果该变量的值为 2,则分组数据和分组状态与每一个过滤器都不匹配,分组被接受。对于 channelAcceptType = 1 的情况,如图 5-17 所示。

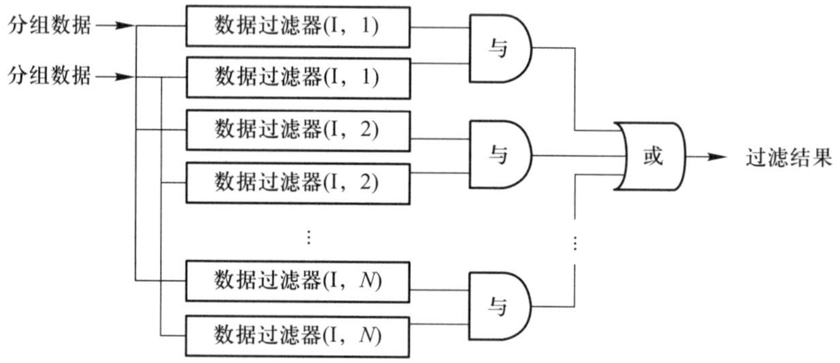

图 5-17　通道变量 channelAcceptType = 1 的情况

与通道操作有关的变量如下:

channelAcceptType 的值和过滤器集合决定是否接受分组。

channelMatches(计数器)对接受的分组计数。

channelDataControl 控制通道开/关。

channelEventStatus 当分组匹配时该变量指示通道是否产生事件,是否被捕获。

channelEventIndex 产生的事件的索引。

根据这些变量的值,通道操作逻辑如下(result = 1 表示分组通过检查,result = 0 表示分组没有通过检查):

```
if(((result == 1)&&(channelAcceptType == acceptMatched))||
    ((result == 0)&&(channelAcceptType == acceptFailed)))
    {
```

```
        channelMatches = channelMatches + 1;
        if(channelDataControl == ON)
        {
            if((channelEventStatus != eventFired)&&(channelEventIndex != 0))
                generateEvent();
            if(channelEventStatus == eventReady)
                channelEventStatus = eventFired;
        }
    }
```

3. 过滤组结构

过滤组由两个控制表组成，如图5-18所示。过滤表filterTable定义了一组过滤器，通道表channelTable定义由若干过滤器组成的通道。

过滤表的每一行定义一对数据过滤器和状态过滤器，变量filterChannelIndex说明该过滤器所属的通道。通道表的每一行定义一个通道。通道表的有关变量解释如下：

(1) channelDataControl。通道开关，控制通道是否工作，可取值on(1)或off(2)。

(2) channelTurnOnEventIndex。指向事件组的一个事件，该事件生成时把有关的channelDataControl变量的值由on变off。当这个变量为0时，不指向任何事件。

(3) channelTurnOffEventIndex。指向事件组的一个事件，该事件生成时把有关的channelDataControl变量的值由off变on。当这个变量为0时，不指向任何事件。

(4) channelEventIndex。指向事件组的一个事件，当分组通过测试时产生该事件。当这个变量为0时，不指向任何事件。

(5) channelEventStatus。事件状态，可取下列值：

eventReady(1)	分组匹配时产生事件，然后值变为eventFired
eventFired(2)	分组匹配时不产生事件
eventAlwaysReady(3)	每一个分组匹配时都产生事件

当变量channelEventStatus的值为eventReady时，如果产生了一个事件，则channelEventStatus的值自动变为eventFired，就再不会产生同样的事件了。管理站响应事件通知后可以恢复。channelEventStatus的值为eventReady，以便产生类似的事件。参阅RFC 2819。

5.2.5 包捕获和事件记录★★☆☆☆

1. 包捕获组

包捕获组建立一组缓冲区，用于存储从通道中捕获的分组。这个组由控制表和数据表组成，如图5-19所示。

变量bufferControlFullStatus表示缓冲区是否用完，可以取两个值：spaceAvailable(1)表示尚有存储空间；full(2)表示存储空间已占满。变量bufferControlFullAction表示缓冲区的两种不同用法，取值lockWhenFull(1)表示缓冲区用完时不再接受新的分组，取值wrapWhenFull(2)表示缓冲区作为先进先出队列循环使用。

还有一组参数说明分组在捕获缓冲区中如何存储，以及SNMP Get和GetNext如何从捕获缓冲区提取数据。

图 5-18 RMON 过滤组

(1) bufferControlCaptureSliceSize(CS)。每个分组可存入缓冲区中的最大字节数。

(2) bufferControlDownloadSliceSize(DS)。缓冲区中每个分组可以被单个 SNMP PDU 检索的最大字节数。

(3) bufferControlDownloadOffset(DO)。SNMP 从缓冲区取得的第一个字节距分组头的位移。

(4) captureBufferPacketLength(PL)。被接收的分组的长度。

(5) captureBufferPacketData。存储的分组数据。

设 PDL 是 captureBufferPacketData 的长度，则下面的关系成立：

$$PDL = MIN(PL, CS) \tag{5-3}$$

显然，存储在捕获缓冲区中的分组数据既不能大于分组的实际长度，也不能大于缓冲区

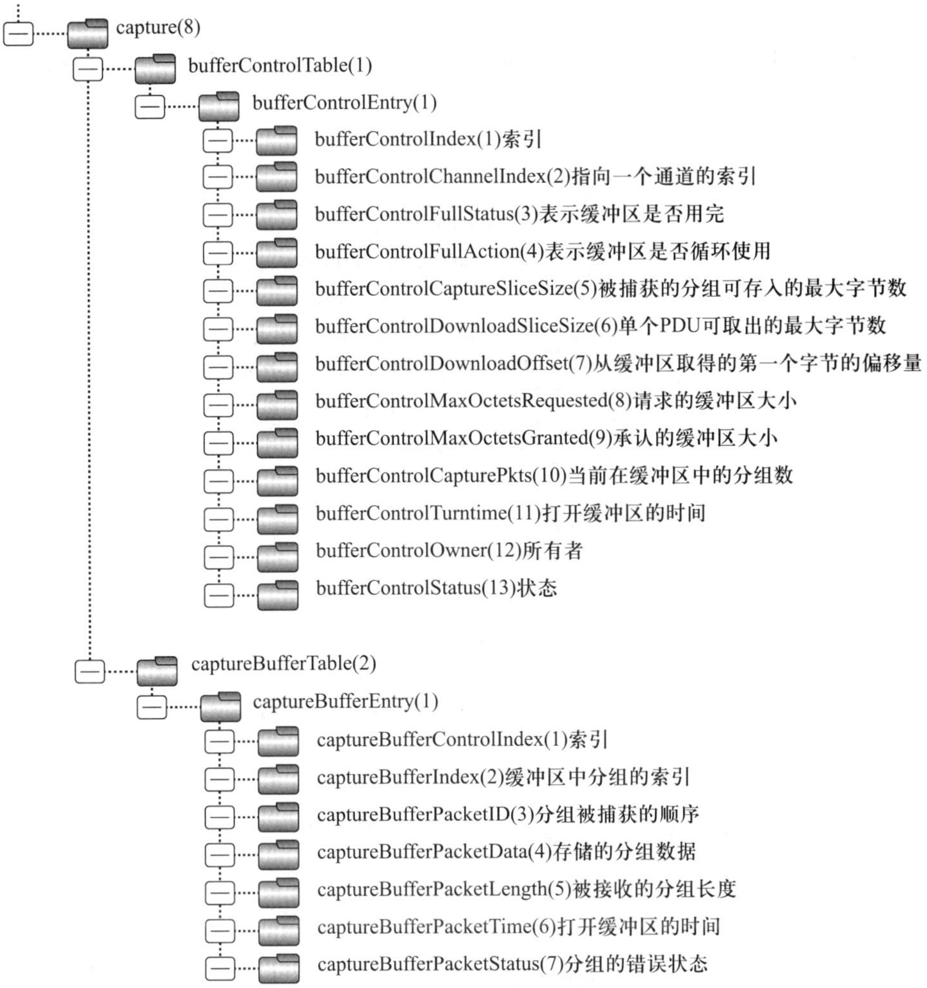

图 5-19 RMON 包捕获组

允许的最大长度。当 CS 大时，分组可全部进入缓冲区；当 PL 大时，只有一个分组片存储在缓冲区中。无论是整个分组，还是分组片，在缓冲区中都是以字节串（OCTET STRING）的形式存储的。如果这个字节串大于 SNMP 报文长度，检索时就只能装入一部分。标准提供了两个变量（DO 和 DS）帮助管理站分次分段检索捕获缓冲区中的数据。变量 DO 和 DS 都是可读写的。通常管理站先设置 DO = 0，DS = 100，可以读出缓冲区的前 100 字节。当然管理站也可以得到 PL 和分组的错误状态。如果有必要，再设置 DO = 100，再检索分组的下一部分。

2. 事件组

事件组的作用是管理事件。事件是由 MIB 中其他地方的条件触发的，事件也有触发其他地方的作用。产生事件的条件在 RMON 其他组中定义，如警报组和过滤组都有指向事件组的索引项。事件还能使得这个功能组存储有关信息，甚至引起代理进程发送陷入消息。

事件组的对象如图 5-20 所示。该组分为两个表：事件表和 log 表。前者定义事件的作用，后者记录事件出现的顺序和时间。事件表中的变量 eventType 表示事件类型，可以取 4

个值:none(1)表示非后面的 3 种情况;log(2)表示这类事件要记录在 log 表中;snmp-trap(3)表示事件出现时发送陷入报文;log-and-snmp-trap(4)表示 2 和 3 同时起作用。

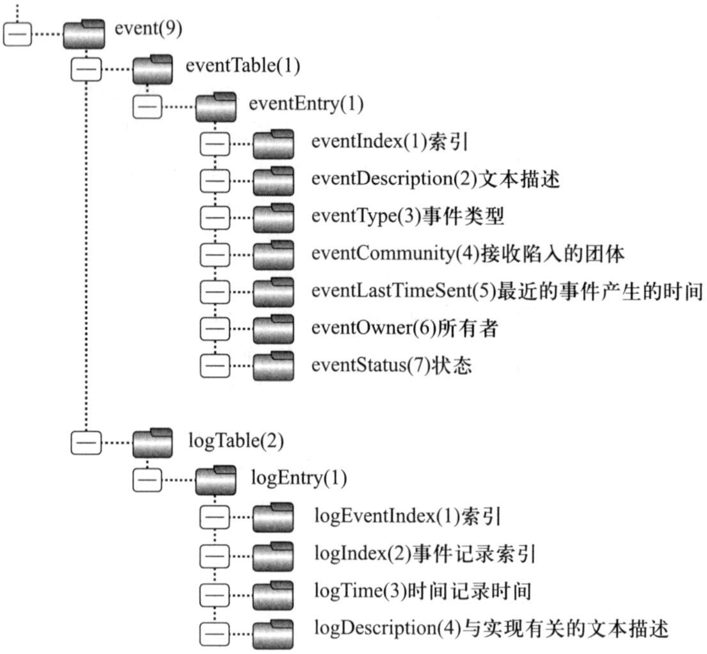

图 5-20　RMON 事件组

> **思考:**RFC 文档规定了 RMON 的管理信息库内容,其要点是什么?主要增加了哪些部分?对网络管理起到了什么作用?

5.3　RMON2 的管理信息库

前面介绍的 RMON MIB 只能存储 MAC 层管理信息。从 1994 年开始对 RMON MIB 进行了扩充,使得能够监视 MAC 层之上的通信,这就是后来的 RMON2,同时把前一标准叫做 RMON1,或简称 RMON。

5.3.1　RMON2 MIB 的组成★★☆☆☆

RMON2 监视 OSI/RM 第 3~7 层的通信,能对数据链路层以上的分组进行译码。这使得监视器可以管理网络层协议(包括 IP),因此能了解分组的源和目标地址,能知道路由器负载的来源,使得监视的范围扩大到通信之外。监视器也能监视应用层协议,如电子邮件协议、文件传输协议、HTTP 等,这样监视器就可以记录主机应用活动的数据,可以显示各种应用活动的图表。这些对网络管理人员都是很重要的信息。另外,在网络管理标准中,通常把网络层之上的协议都叫做应用层协议,以后提到的应用层包含 OSI 的第 5、6、7 层。

RMON2 扩充了原来的 RMON MIB,增加了 9 个新的功能组,如图 5-21 所示。

这些功能组的作用如下。

(1) 协议目录组(protocolDir)。提供了表示各种网络协议的标准化方法,使得管理站可以了解监视器所在的子网上运行什么协议。这是很重要的，特别当管理站和监视器来自不同制造商时是完全必要的。

（2）协议分布组（protocolDist）。提供每个协议产生的通信统计数据，如发送了多少分组、多少字节等。

（3）地址映像组（addressMap）。建立网络层地址（IP 地址）与 MAC 地址的映像关系。这些信息在发现网络设备、建立网络拓扑结构时使用。这一组可以为监视器在每一个接口上观察到的每一种协议建立一个表项，说明其网络地址和物理地址之间的对应关系。

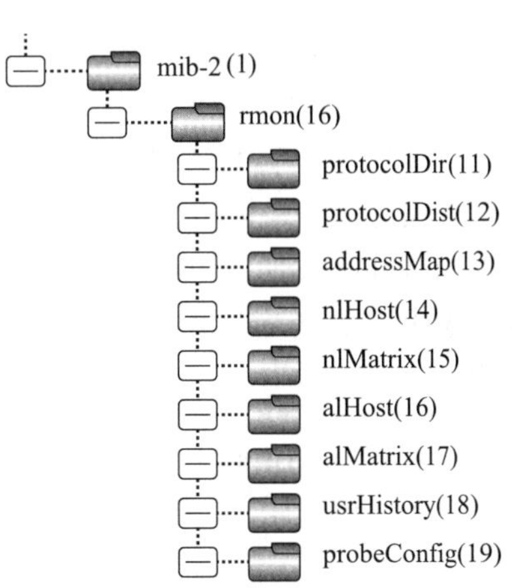

图 5-21　RMON2 MIB

（4）网络层主机组（nlHost）。这一组类似于 RMON1 的主机组，收集网上主机的信息，如主机地址、发送接收的分组/字节数等。但是与 RMON1 不同，这一组不是基于 MAC 地址，而是基于网络层地址。这样管理人员可以超越路由器看到子网之外的 IP 主机。

（5）网络层矩阵组（nlMatrix）。记录主机对（源/目标）之间的通信情况，收集的信息类似于 RMON1 的矩阵组，但是按网络层地址标识主机。其中的数据表分为 SD 表、DS 表和 TopN 表，与 RMON1 的对应表也是相似的。

（6）应用层主机组（alHost）。对应每个主机的每个应用协议（指第 3 层之上的协议）在 alHost 表中有一个表项，记录有关主机发出和接收的分组字节数等。这一组使用户可以了解每个主机上的每个应用协议的通信情况。

（7）应用层矩阵组（alMatrix）。统计一对应用层协议之间的各种通信情况，以及某种选定的参数（如交换的分组数、字节数）最大的（TopN）一对应用层协议之间的通信情况。

（8）用户历史组（usrHistory）。按照用户定义的参数，周期地收集统计数据。这使得用户可以研究系统中的任何计数器，如关于路由器与路由器之间的连接情况的计数器。

（9）监视器配置组（probeConfig）。定义了监视器的标准参数集合，这样可以提高管理站和监视器之间的互操作性，使得管理站可以远程配置不同制造商的监视器。

5.3.2　RMON2 增加的功能★★☆☆☆

RMON2 引入了两种与对象索引有关的新功能，增强了 RMON2 的能力和灵活性。下面介绍这两种新功能。

1. 外部对象索引

在 SNMPv1 管理信息结构的宏定义中，没有说明索引对象是否必须是被索引表的列对象。在 SNMPv2 的 SMI 中，已明确指出可以使用不是概念表成员的对象作为索引项。在这种情况下，必须在概念行的 DESCRIPTION 子句中给出文字解释，说明如何使用这样的外部对象唯一地标识概念行实例。

RMON2 采用了这种新的表结构，经常使用外部对象索引数据表，以便把数据表与对应的控制表结合起来。图 5-22 给出了这样的例子。这个例子与图 5-2 所示的 rm1 表是类似的，只不过改写成了 RMON2 的风格。在图 5-2 所示的 rm1 表中，数据表有两个索引对象。第一个索引对象 rm1DataControlIndex 只是重复了控制表的索引对象。在图 5-22 所示的数据表中，这个索引对象没有了，只剩下了唯一的索引对象 rm2DataIndex。但是在数据表的概念行定义中说明了两个索引 rm2ControlIndex 和 rm2DataIndex，同时在 rm2DataIndex 的描述子句中说明了索引的结构。

假设要检索第二控制行定义的第 89 个数据值，则可以给出对象实例标识 rm2DataValue.2.89，显然这样定义的数据表比 RMON1 的表少一个作为索引的列对象。另外，RMON2 的状态对象的类型为 RowStatus，而不是 EntryStatus。这是 SNMPv2 的一个文本约定。

```
rm2ControlTable OBJECT-TYPE
    SYNTAX      SEQUENCE OF rm2ControlEntry
    ACCESS      not-accessible
    STATUS      mandatory
    DESCRIPTION
      "A control table."
    ::= {ex1}
rm2ControlEntry OBECT-TYPE
    SYNTAX      rm2ControlEntry
    ACCESS      not-accessible
    STATUS      mandatory
    DESCRIPTION
      "Defines a paramenter that Control
      a set of data table entries."
    INDEX {rm2ControlIndex}
    ::= {rm2ControlTable1}
rm2ControlEntry ::= SEQUENCE{
    rm2ControlIndex         INTEGER,
    rm2ControlParamenter    Counter,
    rm2ControlOwner         OwnerString,
    rm2ControlStatus        RowStatus}
    rm2ControlIndex         OBJECT-TYPE
    SYNTAX                  INTEGER
    ACCESS                  read-only
    STATUS                  mandatory
    DESCRIPTION
      "The unique index for this
      rm2Control entry."
rm2ControlParamenter
    SYNTAX      INTEGER
    ACCESS      read-write
    STATUS      mandatory
    DESCRIPTION
      "The value of this object characteriszes
      data table rows associated with this entry."
    ::= {rm2ControlEntry2}
rm2ControlOwner OBJECT-TYPE
    SYNTAX      OwnerString
    ACCESS      read-write
    STATUS      mandatory
    DESCRIPTION
      "The entry that configured this entry."
    ::= {rm2ControlEntry3}
rm2ControlStatus OBJECT-TYPE
    SYNTAX      RowStatus
    ACCESS      read-write
    STATUS      mandatory
    DESCRIPTION
      "The status of this rm2Control entry."
    ::= {rm2ControlEntry4}
rm2DataTable OBJECT-TYPE
    SYNTAX      SEQUENCE OF rm2DataEntry
    ACCESS      not-accessible
    STATUS      mandatory
    DESCRIPTION
      "A data table."
    ::= {ex1 2}
rm2DataEntry OBJECT-TYPE
    SYNTAX      rm2DataEntry
    ACCESS      not-accessible
    STATUS      mandatory
    DESCRIPTION
      "A single data table entry."
    INDEX{rm2ControlIndex, rm2DataIndex}
    ::= {rm2DataTable1}
rm2DataEntry ::= SEQUENCE{
    rm2DataIndex      INTEGER,
    rm2DataValue      Counter}
rm2DataIndex OBJECT-TYPE
    SYNTAX      INTEGER
    ACCESS      read-only
    STATUS      mandatory
    DESCRIPTION
      "the index that uniquely idantifies a
      particular entry among all data entries
      associated with the same rm2ControlEntry."
    ::= {rm2DataEntry1}
rm2DataValue OBJECT-TYPE
    SYNTAX      Counter
    ACCESS      read-only
    STATUS      mandatory
    DESCRIPTION
      "The value reported by the entry."
    ::= {rm2DataEntry2}
```

图 5-22 RMON2 的控制表和数据表

2. 时间过滤器索引

网络管理应用需要周期地轮询监视器，以便得到被管理对象的最新状态信息。为了提高效率，用户希望监视器每次只返回那些自上次查询以来改变了的值，未改变的不予处理，这样可以降低处理器的负荷。SNMPv1 和 SNMPv2 中都没有直接解决这个问题的方法。然而 RMON2 的设计者却给出了一种新颖的方法，在 MIB 的定义中实现了这个功能，这就是用时间过滤器进行索引。参阅 RFC 4502。

RMON2 引入了一个新的文本约定：

```
TimeFilter ::= TEXTUAL-CONVENTION
    STATUS      CURRENT
    DESCRIPTION
      "……"
    SYNTAX TimeTicks
```

类型为 TimeFilter 的对象专门用于表索引，其类型也就是 TimeTicks。这个索引的用途是使得管理站可以从监视器取得自从某个时间以来改变过的变量，这里的时间由类型为 TimeFilter 的对象表示。为了说明时间过滤器的工作原理，考虑如图 5-23 所示的例子。这个表 fooTable 有 3 个列对象：fooTimeMark 是时间过滤器（TimeFilter 类型）；fooIndex 是表的索引；fooCounts 是一个计数器：假设表索引仅取值 1 和 2，则该表有两个基本行。图 5-24 给出了这个表的一个实现，分 6 个不同时刻表示出表的当前值。可以看出，监视器对每个基本行打上了该行计数器值改变时的时间戳。开始时间戳为 0，两个计数器的值都是 0。后来在 500 s、900 s 和 2 300 s 时计数器 1 的值改变，在 1 100 s 和 1 400 s 时计数器 2 的值改变。如果管理站检索这个表，则发出下面的请求：

GetRequest（fooCounts.fooTimeMark 的值.fooIndex 的值）

```
fooTable OBJECT-TYPE
    SYNTAX      SEQUENCE OF fooEntry
    ACCESS      not-accessible
    STATUS      current
    DESCRIPTION
      "A control table."
    ::= {ex1}
fooEntry OBJECT-TYPE
    SYNTAX      FooEntry
    ACCESS      not-accessible
    STATUS      current
    DESCRIPTION
      "One row in fooTable."
    INDEX{fooTimeMark, fooIndex}
    ::= {fooTable1}
FooEntry ::= SEQUENCE{
    fooTimeMask TimeFilter,
    fooIndex    INTEGER,
    fooCounts   Counter32}
    ::= {rm2ControlEntry3}
fooTimeMark OBJECT-TYPE
    SYNTAX      TimeFilter
    ACCESS      not-accessible
    STATUS      current
    DESCRIPTION
      "A TimeFilter for this entry."
    ::= {fooEntry1}
fooIndex OBJECT-TYPE
    SYNTAX      INTEGER
    ACCESS      not-accessible
    STATUS      current
    DESCRIPTION
      "Basic row index for this entry."
    ::= {fooEntry2}
fooCounts OBJECT-TYPE
    SYNTAX      Counter32
    ACCESS      read-only
    DESCRIPTION
      "Current count for this entry."
    ::= {fooEntry3}
```

图 5-23 时间过滤器示例

timestamp	fooIndex	fooCounts
0	1	0
0	2	0

(a) Time = 0

timestamp	fooIndex	fooCounts
500	1	1
0	2	0

(b) Time = 500

timestamp	fooIndex	fooCounts
900	1	2
0	2	0

(c) Time = 900

timestamp	fooIndex	fooCounts
900	1	2
1100	2	1

(d) Time = 1100

timestamp	fooIndex	fooCounts
900	1	2
1400	2	2

(e) Time = 1400

timestamp	fooIndex	fooCounts
2300	1	3
1400	2	2

(f) Time = 2300

图 5-24 时间过滤器索引的表

监视器按照下面的逻辑检查各个基本行：

if(timestamp-for-this-fooIndex >= fooTimeMark-value-in-Request)

在应答 PDU 中返回这个实例

else 跳过这个实例

下面举例说明检索过程。

假设管理站每 15 s 轮询一次监视器，nms 表示时间，则应答步骤如下：

(1) 在 nms = 1 000 时，监视器开始工作，管理站第 1 次查询。

GetRequest(sysUpTime.0, fooCounts.0.1, fooCounts.0.2)

(2) 监视器在本地时间 600 时收到查询请求，计数器 1 在 500 时已变为 1，因此应答为：

Response(sysUpTime.0 = 600, fooCounts.0.1 = 1, fooCounts.0.2 = 0)

(3) 在 nms = 2 500 时(15 s 以后)，监视器第 2 次查询，欲得到自 600 以后改变的值：

GetRequest(sysUpTime.0, fooCounts.600.1, fooCounts.600.2)

(4) 监视器在本地时间 2 100 时收到查询请求，计数器 1 在 900 时已变为 2，计数器 2 在 1 100 时变为 1，后又在 1 400 时变为 2，因此应答为：

Response(sysUpTime.0 = 2100, fooCounts.600.1 = 2, fooCounts.600.2 = 2)

(5) 在 nms = 4 000 时(15 s 以后)，监视器第 3 次查询，欲得到自 2 100 以后改变的值：

GetRequest(sysUpTime.0, fooCounts.2100.1, fooCounts.2100.2)

(6) 监视器在本地时间 3 600 时收到查询请求，计数器 1 的值已变为 3，计数器 2 无变化，因此应答为：

Response(sysUpTime.0 = 3600, fooCounts.2100.1 = 3)

(7) 在 nms = 5 500 时(15 s 以后)，监视器第 4 次查询：

GetRequest(sysUpTime.0, fooCounts. 3600.1, fooCounts.3600.2)

(8) 监视器在本地时间 5 500 时收到查询请求，两个计数器均无变化，不返回新值，即：

Response(sysUpTime.0 = 5500)

可以看出，使用 TimeFilter 可以使管理站有效地过滤出最近变化的值。

思考：RMON2 新增了哪些功能？它的主要目的是什么？

5.4　RMON2 的应用

本节介绍 RMON2 新功能的应用，主要是网络协议的表示方法、用户历史的定义方法和监视器的标准配置方法等。

5.4.1　协议的标识★★☆☆☆

任何一个网络都可能运行许多不同的协议，有些协议是标准的，有些是专用于某种特定产品的。一个网络运行的各个协议之间还有复杂的关系，如可能同时运行多个网络层协议(IP 和 IPX)，一个 IP 有多个数据链路层协议的支持，而 TCP 和 UDP 同时运行于 IP 之上等。在远程网络监视中必须能够识别各种类型的网络协议，并且能将各种协议之间的关系表示出来。RMON2 提供了表示协议类型和协议关系信息的标准方法。这样就拓展了 RMON 的功能。

RMON2 用协议标识符和协议参数共同表示一个协议及该协议与其他协议之间的关系。协议标识符是由字节串组成的分层的树结构，类似于 MIB 对象组成的树。RMON2 赋予每一个协议层范围的字节串，编码为 4 个十进制数，表示为[a.b.c.d]的形式，这是协议标识符树的结点。如各种数据链路层协议被赋予下面的字节串：

```
ether2      =  1[0.0.0.1]
llc         =  2[0.0.0.2]
snap        =  3[0.0.0.3]
vsnap       =  4[0.0.0.4]
wgAssigned  =  5[0.0.0.5]
anylink     =   [1.0.a.b]
```

最后的 anylink 是一个通配符，可指任何链路层协议。有时监视器可以监视所有的 IP 数据报，而不论它包装在什么链路层协议帧中，这时可以用 anylink 说明 IP 下面的链路层协议。

链路层协议字节串是协议标识符树的根，下面每个直接相连的结点是链路层协议直接支持的上层协议，或者说是直接包装在数据链路帧中的协议(通常情况下是网络层协议)。整个协议标识符树就是这样逐级构造的，如图 5-25 所示。

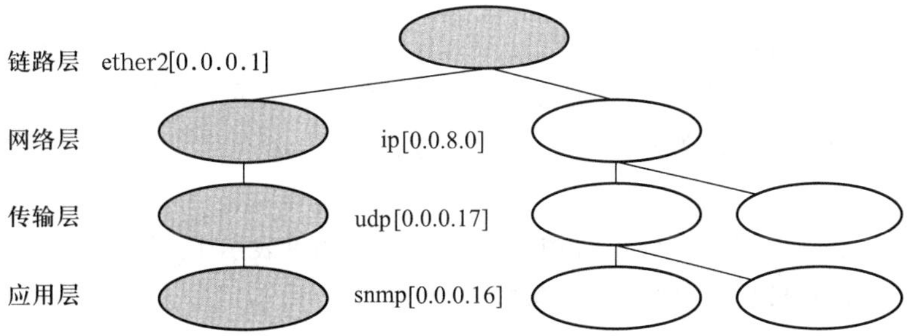

图 5-25　协议标识符树

这里表示的是以太网协议直接支持 IP，UDP 运行于 IP 之上，最后，SNMP 报文封装在 UDP 数据报中传送。用文字表示就是 ether2.ip.udp.snmp。

RMON2 的协议标识符的格式如图 5-26 所示。开头有一个字节的长度计数字段 cnt，后续各层协议的子标识符字段。每层协议的子标识符都与上述链路层协议字节串相似，是 32 位，编码为 4 个十进制数。这里已经赋予 2 型以太网协议的字节串是[0.0.0.1]。以太网之上的协议的字节串形式为[0.0.a.b]，其中的 a 和 b 是 2 型以太网协议 MAC 帧中的类型字段的 16 位二进制数，这 16 位二进制数用来表示 2 型以太网协议支持的上层协议。2 型以太网协议为 IP 分配的字节串是[0.0.8.0]。与此类似，在 IP 头中的 16 位协议号表示 IP 支持的上层协议，IP 标准为 UDP 分配的编号是 17。UDP 为 SNMP 分配的端口号为 161。这样，4 层协议的字节串级联起来，前面加上 16 表示长度，就形成了完整的 SNMP 标识符。

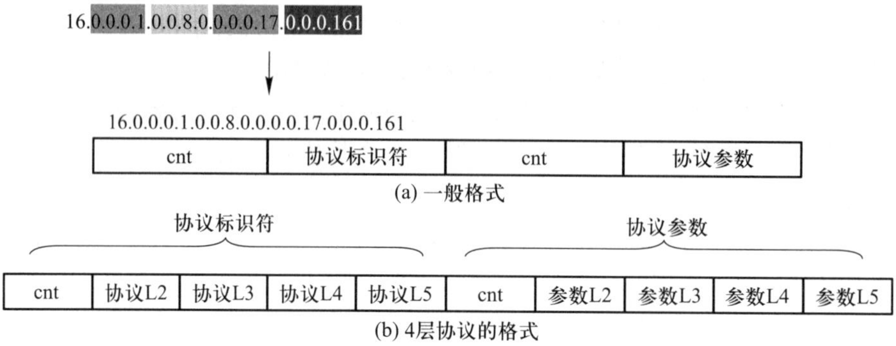

图 5-26　协议标识符和协议参数的格式

需要注意，对监视器能解释的每个协议都必须有一个协议标识符。假如有个监视器可以识别 2 型以太网帧、IP 和 UDP 数据报及 SNMP 报文，则 RMON2 MIB 中必须记录 4 个协议标识符：

ether2(4.0.0.0.1)

ether2.ip(8.0.0.0.1.0.0.8.0)

ether2.ip.udp(12.0.0.0.1.0.0.8.0.0.0.0.17)

ether2.ip.udp.snmp(16.0.0.0.1.0.0.8.0.0.0.0.17.0.0.0.161)

从图 5-26 可以看出协议参数的格式：长度计数字段后跟各层协议的参数。参数的每一个比特定义了一种能力。例如，最低两比特的含义如下：

(1) 比特 0 表示允许上层协议 PDU 分段。如七层报文可以分成若干 IP 数据报传送，则 IP 层的参数比特 0 为 1。

(2) 比特 1 表示可以为上层协议指定端口号。如 TFTP(Trivial File Transfer Protocol)，其专用端口号是 69。如果上层用户进程向端口 69 发送连接请求，则 TFTP 进程响应用户请求，派生出一个临时进程，并为其分配临时端口号，返回用户进程，用户就可以用 TFTP 传送文件了。

现在可以把上例中的协议标识符加上协议参数。如果表示 IP 之上的协议 PDU 可以分段传送，则有下面的协议标识符和协议参数串：

16.0.0.0.1.0.0.8.0.0.0.0.17.0.0.0.161.4.0.1.0.0

5.4.2　协议目录表★★☆☆☆

RMON2 的协议目录表的结构如图 5-27 所示。其中的协议标识符 protocolDirID 和协议参数 protocolDirParameters 作为表项的索引，另外还为每个表项指定了一个唯一的索引 protocolDirLocalIndex，可由 RMON2 的其他组引用该表项。对另外 5 个变量解释如下：

（1）protocolDirDesc（4）。关于该协议的文字描述。

（2）protocolDirType（5）。协议类型是可扩展的，如果表中生成一个新项，所表示的协议是该协议的子项；协议类型是具有地址识别能力的，如果监视器可以区别源地址和目标地址，则分别对源和目标计数。

（3）protocolDirAddressMapConfig（6）。表示协议是否支持（网络层对数据链路层）地址映像。

（4）protocolDirHostConfig（7）。与网络层和应用层主机表有关。

（5）protocolDirMatrixConfig（8）。与网络层和应用层矩阵表有关。

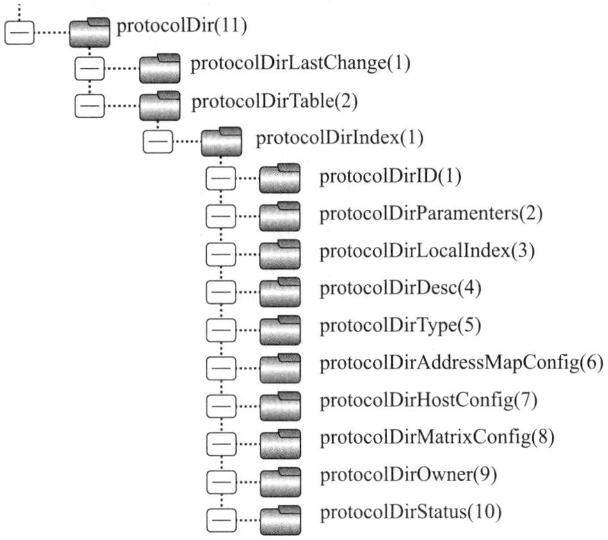

图 5-27　协议目录组

5.4.3　用户定义的数据收集机制★★☆☆☆

关于历史数据收集在 RMON1 中是预先定义的，在 RMON2 中可以由用户定义。以下介绍的用户历史收集组规定定义历史数据的方法。

历史收集组由 3 级表组成。第 1 级是控制表 usrHistoryControlTable，这个表说明了一种采样功能的细节（采样的对象数、采样区间数和采样区间长度等），它的一行定义了下一级的一个表。第 2 级是用户历史对象表 usrHistoryObjectTable，它也是一个控制表，说明采样的变量和采样类型。该表的行数等于上一级表定义的采样对象数。第 3 级表 usrHistoryTable 才是历史数据表，该表由第 2 级表的一行控制，记录着各个采样变量的值和状态，以及采样间隔的起止时间。用户历史收集组如图 5-28 所示。

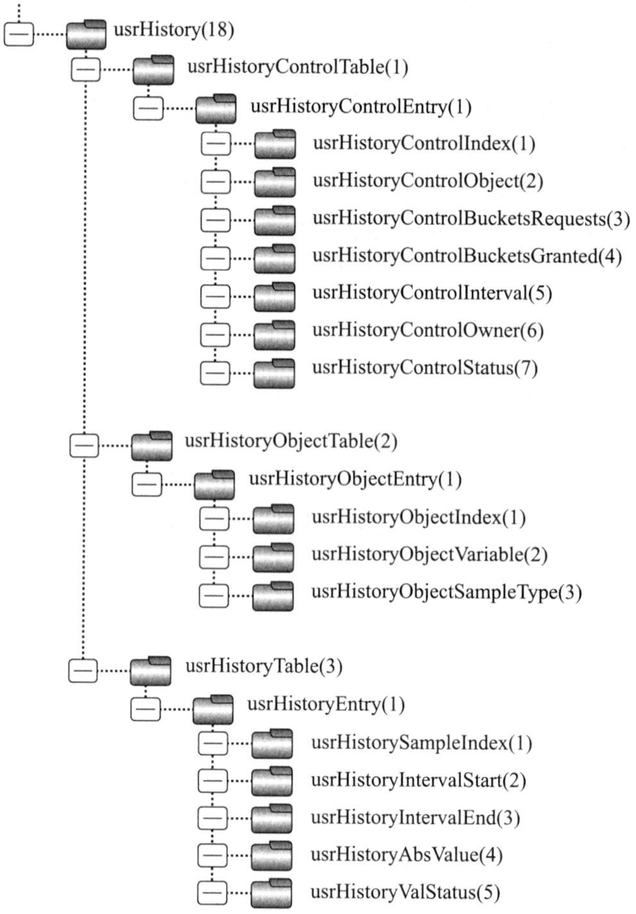

图 5-28 用户历史收集组

5.4.4 监视器的标准配置法★★☆☆☆

为了增强管理站和监视器之间的互操作性,RMON2 在监视器配置组中定义了远程配置监视器的标准化方法。这个组由一些标量对象和 4 个表组成。这些标量对象具体如下:

probeCapabilities	说明支持哪些 RMON 组
probeSoftwareRev	设备的软件版本
probeHardwareRev	设备的硬件版本
probeDateTime	监视器的日期和时间
probeResetControl	可以取不同的值,表示运行、热启动或冷启动等
probeDownLoadFile	自举配置文件名
probeDownLoadTFTPServer	自举配置文件所在的 TFTP 服务器地址
probeDownLoadAction	若取值 imageValid(1),则继续运行;若取值 downloadToPROM(2)或 downloadToRAM(3),则重启动,装入另外一个应用程序
probeDownLoadStatus	表示不同的运行状态

监视器配置组中的 4 个表是串行配置表、网络配置表、陷入定义表和串行连接表。

(1) 串行配置表用于定义监视器的串行接口，它包含下列变量：

serialMode	连接模式可以是直接连接或通过调制解调器连接
serialProtocol	数据链路协议可以是 SNP 或其他协议
serialTimeout	终止连接之前等待的秒数
serialModemInitiString	用于初始化 Modem 的控制字符串
serialModemHangUpString	断开 Modem 连接的控制字符串
serialModemConnectResp	描述 Modem 响应代码和数据速率的 ASCII 串
serialModemNoConnectResp	由 Modem 产生的报告连接失效的 ASCII 串
serialDialoutTimeout	拨出等待时间

(2) 网络配置表用于定义监视器的网络接口，它包含下列变量：

netConfigIpAddress	接口的 IP 地址
netConfigSubnetMask	子网掩码
netDeraultGateway	默认网关的 IP 地址

(3) 陷入定义表定义了陷入的目标地址等有关信息，它包含的变量如下：

trapDestIndex	行索引
trapDestProtocol	接收陷入的团体名
trapDestAddress	传送陷入报文的协议
trapConnectIndex	传送陷入的站地址

(4) 串行连接表存储与管理站建立 SLIP 连接需要的参数，它包含下列变量：

serialConnectIndex	行索引
serialConnectDestIpAddress	SLIP 连接的 IP 地址
serialConnectType	可分为 direct(1)、modern(2)、switch(3)和 modemSwitch(4)4 种类型
serialConnectDialString	控制建立 Modem 连接的字符串
serialConnectSwitchconnectSeg	控制建立数据交换连接的字符串
serialConnectDisconnectSeg	控制终止数据交换连接的字符串
serialConnectSwitchResetSeg	使数据交换连接复位的字符串

思考： RMON 都有哪些应用？用户如何收集历史数据？RMON 和 RMON2 是怎么要求的？

小　结

使用 SNMP 进行网络管理时，管理站通过轮询的方式向管理代理的 MIB 发出查询请求，从而得到网络设备有关的通信信息和统计数据。但 SNMP 一般对网络中的单机进行监视和管理，对于整体或区域的管理缺乏相应的模型。引入 RMON MIB 的目的是使 SNMP 更为有效。RMON 是由一组统计数据、分析数据和诊断数据构成，体现了网络中整体或部分区域的综合状况和网络性能。本章通过介绍 RMON 的基本概念，综合分析了 RMON 管理信息库及 RMON2 MIB 的改进，并对 RMON 的应用进行了详细介绍。结合 SNMP，合理使用 RMON 能够明显提高网络管理的效率，改善网络管理的质量，增强网络服务可靠性。

习 题 5

5-1 为什么需要 RMON？网络监视器能提供哪些管理信息？

5-2 RMON 扩充了哪些功能组？它们的作用是什么？

5-3 RMON 对表对象的管理做出了什么改进？

5-4 试根据矩阵组定义的管理对象设计一个显示网络会话的工具。

5-5 举例说明 RMON 进行状态过滤的逻辑。

5-6 试描述警报组、过滤组、事件组和包捕获组的关系。

5-7 为什么要使用外部对象作为表的索引？

5-8 RMON2 如何标识协议之间的关系？

5-9 RMON 监视器如何配置？

5-10 试把 RMON 对象划分到各个管理功能域。

5-11 RMON1 和 RMON2 的区别和联系是什么？

5-12 RMON2 新增了哪些功能？它们的作用是什么？

第6章　网络管理开发技术

学习目标

通过本章的学习，认识网络管理软件的开发过程，了解网络管理软件开发的相关技术，掌握SNMP编程的基本方法。

- 网络管理开发的基本概念：网络管理开发的功能、SNMP编程的任务和开发方法。
- WinSNMP API的常用接口。
- 网络管理程序开发的基本方法。

建议学时

12学时。

学习方法

完成课程后面相关的思考题和练习题，在实际环境下进行简单编程并进行实验。

6.1　网络管理开发概述

通用的网络管理应用程序通常叫做管理平台，它提供一组通用的网络管理功能，也提供实现专用管理程序的工具。许多厂商设计开发的网络管理系统就是网络管理程序的具体实现。网络应用管理程序可以使用C、C++、Java等多种语言进行开发，不论使用哪种语言开发，基于哪种操作系统平台开发，都需要在设计网络管理应用程序时确定以下内容：

（1）确定被管理节点的网络地址，如IP地址。

（2）确定远程节点的网络端口号，默认使用UDP 161端口。

（3）确定接受陷入信息的网络端口号，默认使用UDP 162端口。

（4）确定团体名（Community），通常只读权限的团体名为public，读写权限的团体名为private。

（5）确定相应定时器等待的时间间隔。

（6）确定失败重复请求的次数。

（7）确定轮询时间的间隔。

6.1.1　网络管理应用程序的基本功能★★☆☆☆

网络管理应用程序的基本功能是辅助管理员监视网络，发现活动的网络设备，排除网络故障。具体包括以下内容。

1. 网络发现

网络发现通常包括探测活动站点和标识 SNMP 管理站两部分功能。

2. 管理站轮询

定期的轮询活动站点,可以使用 ICMP 报文检查站点的活动状态,也可以利用 SNMP 协议收集管理信息。

3. MIB 编译器和数据库

MIB 以 ASN.1 编写,以 ASCII 文件存储,经编译后转换成代理可以使用的格式。MIB 数据库是 MIB 模块的集合。简单应用可以不使用 MIB 数据库。

4. MIB 浏览器

MIB 浏览器使用搜索目录树的方法,定位和显示 MIB 库中的被管理对象的值,通过向某个 MIB 对象发送 GetNextRequest 请求,接受和显示变量绑定表中的内容。

5. MIB 搜索器

MIB 搜索器是一个比较简单的 MIB 浏览器,用于发现被管理对象的 MIB 库。在 SNMP 协议中没有标准的方法让被管理站点公布其名字、版本号、MIB 模块的内容及其支持对象。MIB 搜索器可以动态地发现各个站点中可以访问的对象,但只能检索存储在变量中的 MIB 信息,其他 MIB 模块不能被检索。

6. 陷入信息记录

管理应用接收到一个陷入报文后,可以在拓扑结构上显示一个图标,或者弹出一个消息窗口甚至是声音报警。同时,将陷入数据及其发生的时间和地址写入陷入记录文件。在 Windows 系统下,可以使用 Win32 Event Logging API 向事件记录中填写消息。

6.1.2 SNMP 编程任务★★★☆☆

SNMP 协议是网络管理程序和 SNMP 代理之间的通信协议,主要用来管理网络设备,几乎所有的智能网络产品都要支持 SNMP,以方便管理员的管理和软件开发者的开发测试等。SNMP 编程主要包括两大部分:网络管理程序的开发和 SNMP 代理软件的开发。网络管理程序主要运行在管理端,SNMP 代理软件运行在特定的网络管理设备上。

1. SNMP 编程内容

网络管理程序和 SNMP 代理程序都需要支持 SNMP 协议。同时,不论是管理程序还是 SNMP 代理,都同时是客户端和服务端程序。作为服务器,网络管理程序需要监听 UDP 162 端口,用来接收 SNMP 代理发送的陷入消息;SNMP 代理需要监听 UDP 161 端口,用来接收 SNMP 管理程序发送的各种查询请求。作为客户端,网络管理程序可以向 SNMP 代理发送查询请求,SNMP 代理可以随时向管理程序发送陷入消息。

SNMP 管理程序需要实现以下三个基本功能:

(1) 构造正确的 PDU,组成 SNMP 报文。

(2) 对发送(接收)的 SNMP 报文进行 BER 编码(解码)。

(3) 接收并处理陷入程序。

2. SNMP 变量

SNMP 变量是程序运行时 SNMP 代理维护的被管理对象的实例。网络管理程序通过查询 SNMP 变量的值,获知被管理设备的运行状态;通过设置 SNMP 变量的值,实现远程配置设备的网络参数的目的。

SNMP 代理中的 SNMP 变量是由代理程序所实现的 MIB 所决定的。MIB 通过 SMI 树描述 MIB 中的对象,MIB 的对象分为标量对象和列表对象,每个标量对象会对应一个 SNMP 变量,一个列表对象对应的 SNMP 变量数量由列表对象所包含的实例数量决定。

SNMP 变量对于网络管理程序的开发非常重要,管理过程的实质是程序对 SNMP 变量的操作。因此在设计开发程序之前,需要先确定在被管理设备中都有哪些 SNMP 变量,这些变量都对应着哪些设备管理功能,这是进行 SNMP 编程的前提条件。

3. MIB 表操作

MIB 表结构中的列对象往往包含着一组相关的网络信息,程序需要经常对表进行操作,可以获取一个列对象的所有实例,也可以获取几个列对象的所有实例。根据表结构的特点和 SNMP GetNext 操作的特点,通过 GetNext 完成对整个表的检索工作。

6.1.3　基于 SNMP 的网络管理应用开发方法★☆☆☆☆

在 Windows 下实现 SNMP 协议的编程,可以采用 Winsock 接口,在 UDP 161、162 端口上进行消息的传送和接收。Windows 提供了一套封装好的 SNMP 协议的实现,同时还提供了一套可以在 Windows 下开发基于 SNMP 协议的网络应用程序接口,即 WinSNMP API。WinSNMP API 函数实现了基本的 SNMP 功能,使用 SNMP 消息完成 SNMP 实体间的通信。Windows 下的 SNMP 网络管理程序开发可以直接调用 WinSNMP API 来实现。除了 Microsoft 提供的 WinSNMP API,还有第三方开发的用于进行 SNMP 程序开发的 API 软件包,例如 UCD SNMP、PowerT、SNMP++等,使用这些软件包都可以极大地简化 Windows 上的 SNMP 程序开发。

> **思考:**SNMP 的开发过程是怎样的? 都有哪些方法?

6.2　Windows SNMP 服务

随着计算机网络技术的不断发展以及 SNMP 协议的不断扩展和升级,用户对于 SNMP 协议的需求已经不局限于各种网络设备,如路由器、交换机、防火墙等。网络专家和操作系统专家们开始尝试将 SNMP 协议应用到操作系统和一些关键的应用服务之中。从 20 世纪 90 年代开始,Windows 系列操作系统开始广泛的流行,如何基于 SNMP 协议对 Windows 系列操作系统进行监控和管理也变得非常必要。Windows 系列操作系统自 Windows 2000 开始就已经内置了 SNMP 服务。了解 Windows SNMP 服务的基本概念和 SNMP 服务的安装和配置方法是本节的主要内容。

6.2.1　Windows SNMP 服务基本概念★☆☆☆☆

Windows SNMP 服务是 Microsoft 在其 Windows 系列操作系统上实施简单网络管理协议(SNMP)而设计的系统服务。该服务主要用于配置远程设备,监视网络性能,审核网络使用情况,并检测网络故障或不适当的访问。Windows SNMP 协议被设计并包含于 Windows

Vista 和 Windows Server 2000 之后的各版本 Windows 之中,但它不是默认安装的系统服务和功能组件。如果要在 Windows 上使用 SNMP 服务需要进行额外的安装。

Windows SNMP 服务自设计之初至今并没有大的改动。Windows Vista 和 Windows Server 2008 及之后的各版本 Windows 中的 Windows SNMP 服务都支持 SNMPv1 和 SNMPv2C。Windows 2000 及以后的版本,包括 Windows XP 和 Windows Server 2003 都支持 SNMPv2 协议。

1. Windows SNMP 服务体系结构

Windows SNMP 服务基于 SNMP 协议标准进行设计和实现,遵循 SNMP 协议体系结构中的分布式结构构架。Windows SNMP 服务使用分布式体系结构,包括:多个受管理节点,每个节点的 SNMP 实体称为代理(SNMP Agent),通过远程访问来管理节点设备。至少一个 SNMP 实体用来运行应用管理程序,监视和控制受管理的节点设备,称为 SNMP 管理站(SNMP Manager)。SNMP 代理和 SNMP 管理站之间需要通过 SNMP 来传达管理信息。管理信息指的是被称为管理信息库(MIB)的虚拟信息存储管理对象的集合。这些管理信息使用用户数据报协议(UDP)进行发送,通过互联网协议(IP)在管理站和代理之间进行路由转发。

Windows Server 2003 及后续的操作系统中的 SNMP 服务被设计成可以与任何第三方 SNMP 管理器进行交互的 SNMP 代理程序。Windows 实现 SNMP 协议和 SNMP 代理包含 SNMP 管理系统和代理、管理信息库(MIB)、SNMP 消息、SNMP 团体(Communities)和 SNMP 管理站与代理间的通信过程等组件。在内部体系结构中,Windows 实现的 SNMP 被分割为管理功能和代理功能。在某些情况下,这两个功能之间会产生重叠。图 6-1 说明了 Windows 的 SNMP 结构如何结合 TCP/IP 协议体系结构进行工作的原理。

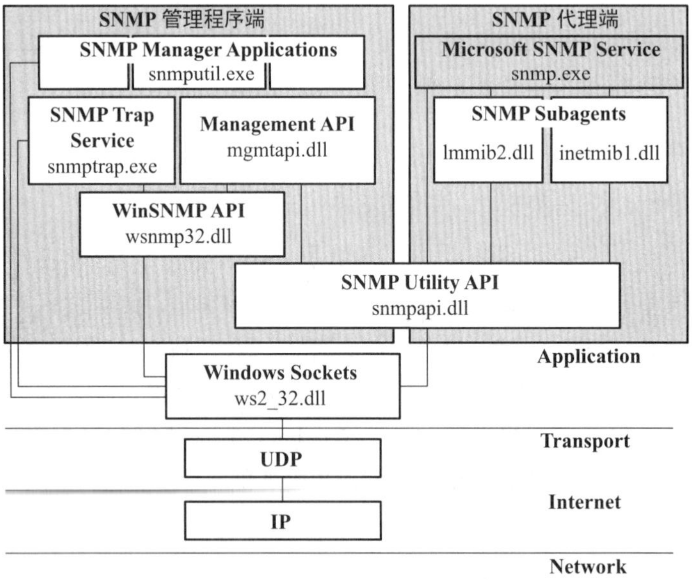

图 6-1　Windows SNMP 结构工作原理

同时,Windows 的 SNMP 结构的各组件由多个可执行文件和动态链接库实现,不同的程序执行不同的功能。

（1）Microsoft SNMP 服务。也称作主代理或者可扩展代理，Windows 系统服务的启动程序，由 snmp.exe 组成，提供代理功能。负责收到 SNMP 请求，并将其传送到相应的 SNMP 子代理的 DLL 进行处理。该服务还负责从 SNMP 子代理拦截事件（陷入），并转发陷入信息到相应的管理系统。

（2）SNMP 子代理。也称为扩展代理，由 inetmib1.dll、hostmib.dll、lmmib2.dll 以及其他程序组成，提供代理功能。SNMP 子代理提供了一组入口点，当收到 SNMP 请求时，SNMP 服务通过调用这些入口点之一，传递到相应的子代理程序。子代理程序处理消息并将信息反馈给 SNMP 服务之后转发给相应的管理系统。

（3）SNMP 工具 API。由 snmpapi.dll 组成，同时具备代理功能和管理功能。提供了 SNMP 服务进行内存管理操作、地址解码流程、对象标识处理流程等接口。提供了一组 SNMP 子代理用于处理和操作 SNMP 对象的流程。虽然使用 snmpdll.dll 不是必需的，但是 API 定义的框架极大地方便了新的 SNMP 子代理的开发。

（4）WinSNMP API 和 Management API。由 wsnmp32.dll 和 mgmtapi.dll 组成，提供管理功能。该模块主要用来帮助开发 SNMP 管理软件。WinSNMP API 提供一组函数用来进行编码、解码、发送和接收 SNMP 消息等功能。Management API 是基于 WinSNMP API 和 SNMP Utility API 的一个简单 API，提供了一组有限的 API 函数用来快速开发具备基本功能的 SNMP 管理程序。

（5）SNMP 陷入服务。由 snmptrap.exe 组成，提供管理功能。使用 WinSNMP API 转发由 SNMP 代理发送到相应的 SNMP 管理应用程序的陷入消息。

（6）SNMP 管理程序。由 snmputil.exe 组成，提供管理功能。提供了一个基本的命令行工具，可以向网络中的任何 SNMP 代理检索信息。管理应用程序使用管理 API 开发。

2. Windows SNMP 服务的工作流程

下面的例子描述了 Windows SNMP 服务如何在网络中进行工作。图 6-2 描述了 SNMP 管理站和 SNMP 代理之间的工作过程。假定管理端主机 A 要获得主机 B 的活动网络连接数。

（1）主机 A 担当 SNMP 管理站，首先构造一个 SNMP Get 请求报文，报文中包括要获取的活动连接数（Get Active Sessions）的信息、SNMP 管理端的团体名（MonitorInfo）以及报文的目的地址，即 SNMP 代理主机 B 的 IP 地址（131.107.7.24）。SNMP 管理端可以采用 Microsoft SNMP Management API library（mgmtapi.dll）或者 Microsoft WinSNMP API library（wsnmp32.dll）实现；

（2）SNMP 管理站利用 SNMP Service libraries 将构造好的报文发送给主机 B；

（3）主机 B 收到报文后，首先验证报文中的团体名（MonitorInfo）是否合法，并验证与该团体名相对应的访问权限和源 IP 地址是否合法。如果团体名或者访问权限不合法，而且 SNMP 服务已被配置成需要发送人认证陷入，代理就会向指定的陷入目的地主机 C 发送一个认证失败（AuthenticationFailure）的陷入报文，这里，主机 B 和主机 C 都属于陷入报警团体（TrapAlarmCommunity）；

（4）SNMP 代理的主要组件需要调用相应的扩展代理，从 MIB 库中获取所请求的活动连接信息；

（5）利用获得的连接的信息，SNMP 代理服务构造一个响应报文，其中包括活动连接数

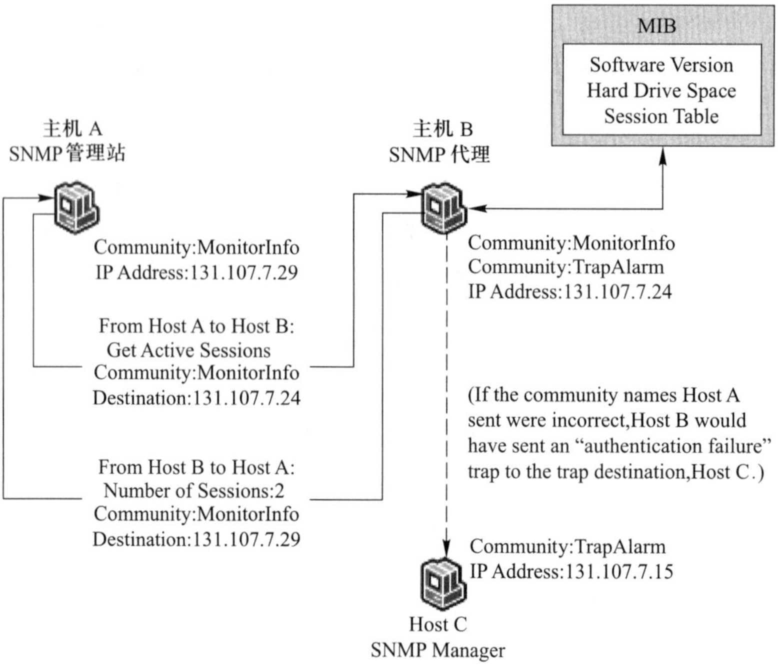

图 6-2　SNMP 管理站和 SNMP 代理之间的工作过程

和 SNMP 管理站的目的地址,即主机 A 的 IP 地址(131.107.7.29);

(6) 主机 B 将响应报文发送给主机 A。

管理站向代理请求的信息包含在 MIB 中。MIB 是一组可管理的对象,这些对象代表了与网络设备有关的各种类型的信息。SNMP 管理端和代理对 MIB 对象的理解是一致的。Windows SNMP 服务支持 Internet MIB-2、LAN Manager MIB-2、DHCP MIB、HTTP MIB 等。

6.2.2　Windows SNMP 服务的安装配置和测试★★★☆☆

Windows SNMP 服务作为 Windows 系列操作系统的可选组件在默认情况下并不随操作系统安装而安装,而是需要用户进行手工添加。在不同版本的 Windows 操作系统上安装 SNMP 服务的方法基本一致,与 Windows 其他系统服务的安装方法类似。安装 SNMP 服务之前需要先确保已经安装了 TCP/IP 协议。

1. 安装 SNMP 服务

首先通过 Windows 开始菜单打开 Windows 控制面板程序。在类别模式下选择程序,之后在程序和功能中选择打开或者关闭 Windows 功能。如果是 Windows 桌面系统,在 Windows 功能列表中直接勾选简单网络管理协议(SNMP)并确认。如果是 Windows Server 服务器操作系统,在打开的服务器管理器中选择功能、添加功能,查找并勾选 SNMP 服务后下一步进行 SNMP 服务的安装。图 6-3 是 Windows 7 下 Windows 功能选择界面,图 6-4 是 Windows Server 2008 R2 下添加功能向导界面。

2. 配置 SNMP 服务

完成 SNMP 服务安装后,SNMP 虽然已经启动,但是默认情况下并不能为 SNMP 管理站提供 SNMP 查询。还需要配置 SNMP 团体名才可以响应 SNMP 管理站发来的请求。

图 6-3　Windows 7 下 Windows 功能选择界面

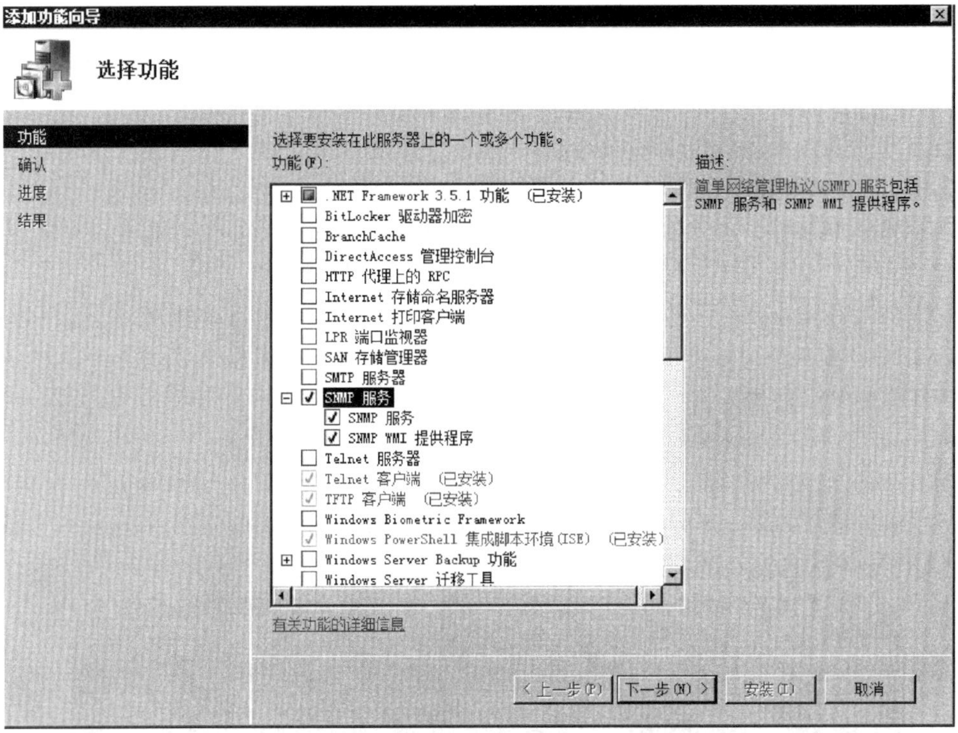

图 6-4　Windows Server 2008 R2 添加功能向导界面

在 Windows 系统中使用 Windows+R 快捷键运行 service.msc，打开 Windows 服务管理控制台。找到并双击打开 SNMP Service 服务的属性窗口。选择安全标签页，在中文版 Windows 下“团体”被称为“社区”。在“接受的社区”名称中添加所需要的“社区”名称，默

图 6-5　添加和配置 SNMP 服务界面

认情况下添加只读权限的"public"社区名。图 6-5 为添加和配置 SNMP 服务界面。

3. 测试 SNMP 服务

测试 SNMP 服务是否正常工作需要使用 SNMP 管理端程序，可以使用第三方厂商开发的网络管理软件使用配置好的 SNMP 团体名进行 SNMP 测试。

SNMPUTIL(snmputil.exe)是微软公司开发的一个 SNMP 测试实用程序，用户可以在 Windows 2000 的资源包中找到，并且可以在 Windows 2000 之后版本的 Windows 上运行。SNMPUTIL 的基本语法是：

snmputil [get | getnext | walk] agent community oid [oid …]

其中，agent 代表启动了 SNMP 服务的 Windows 服务器地址，community 代表访问 Windows 服务器所需要的 SNMP 服务团体名，oid 表示 MIB 对象 ID。图 6-6 是一个 SNMPUTIL 进行 SNMP 服务测试的简单示例。

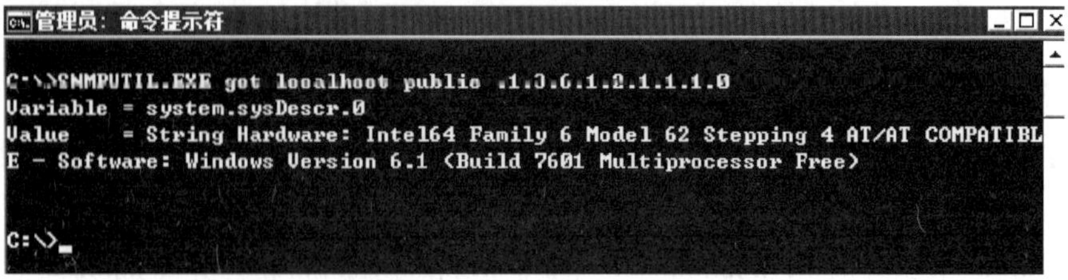

图 6-6　使用 SNMPUTIL 测试 SNMP 服务的实例

> **思考**:Windows SNMP 的管理方法是怎样的? 每一个部分要注意哪些问题?

6.3　Windows 网络管理应用程序开发

在 Windows 系统中开发网络管理应用程序需要使用系统提供的 API 函数,主要包括扩展代理 API、管理 API、实用程序 API 和 WinSNMP API。编写 SNMP 代理和 SNMP 管理应用程序一般都需要用到这些库函数。

6.3.1　Windows SNMP 应用程序接口★★★★☆

1. SNMP 扩展代理 API 函数

SNMP 扩展代理 API 函数定义了 SNMP 服务和第三方 SNMP 扩展代理动态库之间的接口。应用程序使用这些函数从收到的 SNMP PDU 中解析指定的变量绑定。扩展代理 API 主要包括 7 个 API 函数。

(1) SnmpExtensionClose。

SNMP 服务调用 SnmpExtensionClose 函数请求 SNMP 扩展代理释放资源并终止操作。函数原型为:

```
void SnmpExtensionClose( void) ;
```

参数:无。

返回值:无。

(2) SnmpExtensionInit。

SnmpExtensionInit 函数用来初始化 SNMP 扩展代理动态库。函数原型为:

```
BOOL SnmpExtensionInit(
    _In_DWORD                    dwUptimeReference,
    _Out_HANDLE                  * phSubagentTrapEvent,
    _Out_AsnObjectIdentifier     * pFirstSupportedRegion
);
```

参数:dwUptimeReference 为扩展代理指定一个参考用校准时间。一般情况下,扩展代理程序应当忽略这个参数,SNMP 扩展代理使用 SnmpSvcGetUptime 函数来获取 SNMP 服务已经运行的百分之一秒计数。

phSubagentTrapEvent 为扩展代理传回到 SNMP 服务的事件句柄指针。此句柄用于通知 SNMP 服务扩展代理要发送一个或多个陷入消息。

pFirstSupportedRegion 为指向用于接收扩展代理支持的第一个 MIB 子树的 AsnObject-Identifier结构的指针。

返回值:函数执行成功返回 TRUE,失败返回 FALSE。

(3) SnmpExtensionInitEx。

SnmpExtensionInitEx 函数标识 SNMP 扩展代理支持的附加的管理信息库子树。函数原型为:

```
BOOL SnmpExtensionInitEx(
```

```
    _Out_AsnObjectIdentifier        * pNextSupportedRegion
);
```

参数：pNextSupportRegion 指向接收扩展代理支持的下一个 MIB 子树的 AsnObjectIdentifier 结构指针。

返回值：如果 pNextSupportedRegion 参数已被附加了 MIB 子树初始化，返回值是 TRUE。如果没有 MIB 子树需要注册则返回 FALSE。

(4) SnmpExtensionMonitor。

SnmpExtensionMonitor 函数向 SNMP 扩展代理提供有关服务的内部计数器和参数信息。函数原型为：

```
BOOL SnmpExtensionMonitor(
    _In_LPVOID pAgentMgmtData
);
```

参数：pAgentMgmtData 指向 AsnAny 对象结构的指针。

返回值：除非 SNMP 扩展代理正在处理 pAgentMgmtData 参数的值时发生意外错误，否则扩展代理应返回 TRUE。如果扩展代理返回 FALSE，则 SNMP 服务不加载扩展代理，并且该服务停止向 SNMP 请求扩展代理。

(5) SnmpExtensionQuery。

SnmpExtensionQuery 函数解析 SNMP 请求中的一个或多个在 SNMP 扩展代理中注册的 MIB 子树。函数原型为：

```
BOOL SnmpExtensionQuery(
    _In_BYTE                  bPduType,        //SNMPv1 PDU 请求类型
    _Inout_SnmpVarBindList  * pVarBindList,    //指向变量绑定的指针
    _Out_AsnInteger32         * pErrorStatus,  //指向 SNMPv1 错误状态的指针
    _Out_AsnInteger32         * pErrorIndex    //指向错误索引的指针
);
```

参数：见注释。

返回值：函数执行成功则返回 TRUE，否则返回 FALSE。

(6) SnmpExtensionQueryEx。

SnmpExtensionQueryEx 函数解析 SNMP 请求中的一个或多个在 SNMP 扩展代理中注册的 MIB 子树变量。函数原型为：

```
BOOL SnmpExtensionQueryEx(
    _In_DWORD                 dwRequestType,     //扩展代理请求类型
    _In_DWORD                 dwTransactionId,   //引入 PDU 标志符
    _Inout_SnmpVarBindList  * pVarBindList,      //指向变量绑定表的指针
    _Inout_AsnOctetString   * pContextInfo,      //指向上下文信息的指针
    _Out_AsnInteger32       * pErrorStatus,      //指向 SNMPv2 错误状态的指针
    _Out_AsnInteger32       * pErrorIndex        //指向错误索引的指针
);
```

参数：见注释。

返回值：函数执行成功则返回 TRUE，否则返回 FALSE。

（7）SnmpExtensionTrap。

SnmpExtensionTrap 函数获取 SNMP 服务需要为 SNMP 扩展代理产生陷入的信息。函数原型为：

```
BOOL SnmpExtensionTrap(
    _Out_AsnObjectIdentifier * pEnterpriseOid,  //陷入的企业对象标识
    _Out_AsnInteger32        * pGenericTrapId,  //一般陷入的类型
    _Out_AsnInteger32        * pSpecificTrapId, //专用陷入的类型
    _Out_AsnTimeticks        * pTimeStamp,      //时间戳
    _Out_SnmpVarBindList     * pVarBindList     //变量绑定表指针
);
```

参数：见注释。

返回值：如果函数返回一个陷入，则返回值为 TRUE，否则返回 FALSE。SNMP 服务重复调用此函数直至返回值为 FALSE。

2. SNMP 管理 API 函数

SNMP 管理 API 函数定义第三方 SNMP 管理端应用程序与管理函数动态库（mgmtapi.dll）之间的接口。此动态库与 SNMP 陷入服务（snmptrap.exe）一起工作，并能够与一个或者多个第三方管理端应用程序相结合。第三方管理端应用程序可以调用这些管理函数实现发送 SNMP 请求报文，接收响应等管理操作。SNMP 管理 API 由 9 个函数组成。

（1）SnmpMgrClose。

SnmpMgrClose 函数关闭通信套接字和指定会话相关的数据结构。函数原型为：

```
BOOL SnmpMgrClose(
    _In_ LPSNMP_MGR_SESSION session
);
```

参数：Session 指向标识要关闭会话的内部结构的指针。

返回值：函数执行成功则返回值为非零，否则返回零。

（2）SnmpMgrCtl。

SnmpMgrCtl 函数设置与一个 SNMP 会话相关联的操作参数。函数原型为：

```
BOOL SnmpMgrCtl(
    _In_LPSNMP_MGR_SESSION session,          //会话结构指针
    _In_DWORD              dwCtlCode,        //操作控制码
    _In_LPVOID             lpvInBuffer,      //输入参数使用的缓存指针
    _In_DWORD              cbInBuffer,       //输入缓存的大小
    _Out_LPVOID            lpvOutBuffer,     //输出参数使用的缓存指针
    _Out_DWORD             cbOutBuffer,      //输出缓存的大小
    _Out_LPDWORD           lpcbBytesReturned //返回数据的实际大小
);
```

参数：见注释。

返回值：如果函数执行成功，返回值为非零。否则返回值为零。

(3) SnmpMgrGetTrap。

SnmpMgrGetTrap 函数返回在允许接收陷入时调用者还没有收到的重要陷入数据。函数原型为:

```
BOOL SnmpMgrGetTrap(
    _Out_AsnObjectIdentifier * enterprise,     //企业对象标识符
    _Out_AsnNetworkAddress * IPAddress,        //IP 地址
    _Out_AsnInteger        * genericTrap,      //一般陷入类型
    _Out_AsnInteger        * specificTrap,     //指定陷入类型
    _Out_AsnTimeticks      * timeStamp,        //时间戳
    _Out_SnmpVarBindList   * variableBindings  //变量绑定
);
```

参数:见注释。

返回值:函数运行成功,则返回一个陷入并且返回值非零。反复调用 SnmpMgrGetTrap 直至函数返回零。函数也可能返回 SNMP_MGMTAPI_TRAP_ERRORS、SNMP_MGMTAPI_NOTRAPS、SNMP_MEM_ALLOC_ERROR 三种错误。

(4) SnmpMgrGetTrapEx。

SnmpMgrGetTrapEx 函数返回在允许接收陷入时调用者还没有收到的重要陷入数据,同时返回与陷入相关的源传输地址和团体陷入。函数原型为:

```
BOOL SnmpMgrGetTrapEx(
    _Out_AsnObjectIdentifier * enterprise,     //企业对象标识符
    _Out_AsnNetworkAddress * agentAddress,     //代理地址
    _Out_AsnNetworkAddress * sourceAddress,    //源地址
    _Out_AsnInteger        * genericTrap,      //一般陷入类型
    _Out_AsnInteger        * specificTrap,     //指定陷入类型
    _Out_AsnOctetString    * community,        //团体名
    _Out_AsnTimeticks      * timeStamp,        //时间戳
    _Out_SnmpVarBindList   * variableBindings  //标量绑定
);
```

参数:见注释。

返回值:函数返回值与 SnmpMgrGetTrap 函数类似,除此之外还会返回与陷入相关的源传输地址和团体陷入。

(5) SnmpMgrOidToStr。

SnmpMgrOidToStr 函数转换内部对象标志符结构为字符串形式。函数原型为:

```
BOOL SnmpMgrOidToStr(
    _In_AsnObjectIdentifier  * oid,            //要转换的对象标志符
    _Out_LPSTR               * string          //对象标志符的字符串标识
);
```

参数:见注释。

返回值:函数运行成功则返回非零,否则返回零。函数调用时也有可能返回 Windows 套

接字错误。

(6) SnmpMgrOpen。

SnmpMgrOpen 函数初始化套接字和数据结构，允许与指定的 SNMP 代理进行通信。函数原型为：

```
LPSNMP_MGR_SESSION SnmpMgrOpen(
    _In_LPSTR       lpAgentAddress,      //目标 SNMP 代理的名称和地址
    _In_LPSTR       lpAgentCommunity,    //目标 SNMP 代理的团体名
    _In_INT         nTimeOut,            //以毫秒表示的通信超时限制
    _In_INT         nRetries             //通信超时后的重试次数
);
```

参数：见注释。

返回值：函数运行成功，返回值为 LPSNMP_MGR_SESSION 结构的指针。

(7) SnmpMgrRequest。

SnmpMgrRequest 函数向指定的 SNMP 代理发送 Get、GetNext 或 Set 请求。函数原型为：

```
SNMPAPI SnmpMgrRequest(
    _In_LPSNMP_MGR_SESSION    session,             //SNMP 会话指针
    _In_BYTE                  requestType,         //Get、GetNext 或 Set
    _Inout_SnmpVarBindList    * variableBindings,  //变量绑定
    _Out_AsnInteger           * errorStatus,       //SNMPv1 错误状态
    _Out_AsnInteger           * errorIndex         //错误索引
);
```

参数：见注释。

返回值：函数执行成功则返回非零，否则返回 NULL。

(8) SnmpMgrStrToOid。

SnmpMgrStrToOid 函数将字符串转换为对象标志符结构。函数原型为：

```
BOOL SnmpMgrStrToOid(
    _In_LPSTR                 string,
    _Out_AsnObjectIdentifier  * oid
);
```

参数：string 指向欲转换的以 null 结尾的字符串的指针。Oid 指向接收转换结果的对象标志符变量的指针。

返回值：函数执行成功则返回非零值，否则返回零。此函数不会返回 Windows 套接字错误代码。

(9) SnmpMgrTrapListen。

SnmpMgrTrapListen 函数注册 SNMP 管理端应用程序通过 SNMP 陷入服务接收 SNMP 陷入。函数原型为：

```
BOOL SnmpMgrTrapListen(
    _Out_HANDLE * phTrapAvailable
);
```

参数:phTrapAvailable 指向用于接收为处理陷入事件的事件句柄指针。

返回值:函数执行成功则返回非零值,否则返回零。

3. SNMP 实用工具 API 函数

SNMP 实用工具 API 函数简化了 SNMP 数据结构的操作并提供了在 SNMP 应用程序开发过程中非常有用的函数集。SNMP 实用工具 API 总共包括 27 个函数,如表 6-1 所示。

表 6-1 SNMP 实用工具 API 函数列表

函 数 名	功 能 描 述
SnmpSvcGetUptime	返回 SNMP 服务已经运行了多长时间(以百分之一秒为单位)
SnmpSvcSetLogLevel	设置 SNMP 服务日志级别
SnmpSvcSetLogType	设置 SNMP 服务日志类型
SnmpUtilAsnAnyCpy	复制由 pAnySrc 参数指定的变量到 pAnyDst 参数
SnmpUtilAsnAnyFree	释放为指定 AsnAny 结构分配的内存
SnmpUtilDbgPrint	允许 SNMP 服务器能够输出调试信息
SnmpUtilIdsToA	将对象标志符转换为 NULL 结尾的单字节 ASCII 字符串
SnmpUtilMemAlloc	分配动态内存
SnmpUtilMemFree	释放指定的内存对象
SnmpUtilMemReAlloc	改变指定内存对象的大小
SnmpUtilOctetsCmp	比较两个八位字符串
SnmpUtilOctetsCpy	复制 AsnOctetString 对象到一个目标 AsnOctetString
SnmpUtilOctetsFree	释放指定的八位字符串
SnmpUtilOctetsNCmp	比较两个八位数字符串
SnmpUtilOidAppend	向一个目标 AsnObjectIdentifier 追加一个源数据标识符
SnmpUtilOidCmp	比较两个包含对象标识符
SnmpUtilOidCpy	复制对象标识符
SnmuUtilOidFree	释放指定对象标识符
SnmpUtilOidNCmp	比较两个对象标识符
SnmpUtilOidToA	将对象标识符转换为 ASCII 字符串
SnmpUtilPrintAsnAny	打印 Any 参数的数值到标准输出
SnmpUtilPrintOid	格式化并打印指定结果的对象标志符到标准输出
SnmpUtilVarBindCpy	复制指定的 Snmp Varbind 结构并分配需要的内存
SnmpUtilVarBindListCpy	复制指定的 Snmp 变量列表并分配必要的内存
SnmpUtilVarBindFree	释放指定 VarBind 结构分配的内存
SnmpUtilVarBindListFree	释放默认变量绑定结构的内存

4. WinSNMP API

WinSNMP 为在 Windows 下开发基于 SNMP 网络协议的网络管理程序解决方案。WinSNMP 为 SNMP 网络管理开发提供了必须遵循的开放式的单一结构规范。

WinSNMP 具有以下特点：

(1) 为基于 SNMP 开发的网络管理应用程序提供接口。

(2) 支持 SNMPv1 和 SNMPv2C。

(3) 除支持 SNMP 管理端功能外，WinSNMP API 2.0 还支持 SNMP 代理功能。

(4) 支持 32 位应用程序和多线程。

(5) 适用于 Windows 2000 及后续的操作系统。

(6) 比 SNMP 管理 API 提供更多的功能函数。

WinSNMP API 以函数形式封装了 SNMP 协议的各部分，且针对 SNMP 使用 UDP 的特点设计了消息重传、超时重发等机制。基于 WinSNMP 的应用程序必须通过 wsnmp32.dll 访问 WinSNMP API 函数。WinSNMP API 提供了 7 大类约 50 多个 API 函数。

6.3.2　Win SNMP 编程概念★★★☆☆

使用 WinSNMP 设计开发网络管理程序会涉及许多基本的编程概念。

1. SNMP 消息与同步模式

WinSNMP 采用异步消息驱动模式。消息驱动是 Win32 编程模式的一个主要特点。WinSNMP 包含 3 个重要的异步函数：SnmpSendMsg、SnmpRecvMsg、SnmpRegister。WinSNMP 的整个编程模式就是基于异步的。

2. WinSNMP 支持级别

WinSNMP 实现提供 SNMP 通信支持的多个级别。

(1) Level 0：只支持消息编码与解码，不支持 SnmpSendMsg、SnmpRecvMsg、SnmpRegister 函数。这些函数需要与其他的 SNMP 实体通信。

(2) Level 1：支持 0 级通信和在 SNMPv1 框架下与 SNMP 代理实体相互操作。

(3) Level 2：支持 1 级通信和在 SNMPv2C 框架下与 SNMP 代理实体相互操作。

(4) Level 3：支持 2 级通信和与其他 SNMPv2 管理站的通信。

3. 协议数据单元 PDU

一个 PDU 包括一个变量绑定列表，PDU 的结构受限于 WinSNMP 服务。WinSNMP 管理应用程序用 HSNMP_PDU 类型句柄存取 PDU。WinSNMP 管理器应用程序在调用 SnmpSendMsg 函数或 SnmpEncodeMsg 函数以前必须产生一个 PDU。应用程序可以提取或修改 PDU 的数据元素，释放为 PDU 分配的资源。

4. 陷入从 SNMPv1 到 SNMPv2C

当 WinSNMP 实现从 SNMPv1 框架下的实体操作中收到陷入时，它把此陷入转换到 SNMPv2C 格式。因此，当 SnmpRecvMsg 传送陷入时它总是用 SNMPv2C 格式。WinSNMP 管理器应用程序可以检查变量绑定列表中的最后一个变量绑定入口来决定入口是否从 SNMPv1 转换到 SNMPv2C 格式的陷入。

5. 本地数据库

WinSNMP 服务本地数据库需要存储网络协议信息和版本号、实体和上下文转换模式、重发机制等内容。

6. 重发策略

WinSNMP 管理器应用程序可以用各种方式进行 SNMP 操作请求。应用程序可以给 SNMP 代理发送多个请求但不等待应答，或者发送单个的请求并等待应答。当编写 WinSNMP 管理应用程序时，必须决定基于应用程序发布操作请求的方式、通信操作需要的可靠等级。之后必须选择重发策略并实现此重发策略。

实现保存超时值和重发次数的应用程序的数据库中，实现为每一个目标实体保存其各自的值。管理应用程序必须建立它们自己的轮询频率并管理定时器变量。

7. 实体和上下文转换模式

WinSNMP 管理应用程序通过设定实体和上下文转换模式可以指定实体和上下文参数的解释和翻译。WinSNMP 实现保存此模式于数据库中。

8. WinSNMP 数据管理概念

使用 WinSNMP API 进行编程时采用的主要管理概念包括对象标识符、WinSNMP 描述符、资源句柄对象、C 类型串、分配 WinSNMP 内存对象。

9. 陷入和通知

WinSNMP 管理器应用程序必须用 SNMPAPI_ON 调用 SnmpRegister 函数注册接收陷入和通知。应用程序可以通过用 SNMPAPI_OFF 调用此函数卸载，使不能进行陷入和通知。当应用程序调用 SnmpRegister 时有几个可选项可用。应用程序可以注册或卸载以下的陷入和通知：

（1）一种陷入或通知。

（2）所有陷入和通知。

（3）陷入和通知请求的全部源。

（4）从所有管理实体来的陷入和通知。

（5）为每一个上下文的陷入和通知。

6.3.3 Win SNMP 编程模式★★☆☆☆

WinSNMP 程序主要由 WinSNMP 应用程序、WinSNMP 会话、WinSNMP 服务三部分组成。WinSNMP 服务为应用程序提供以下服务：

（1）实现管理实体间的管理通信。管理实体可以处于本地计算机，也可以通过局域网、广域网或者 Internet 连接。

（2）隐藏 SNMP 协议、ASN.1 语法及 BER 编码在传输过程中的具体细节。

（3）验证接收到的 SNMP PDU 的正确性，并拒绝接收无效的 PDU。

（4）依据相关 RFC 规定转换 SNMPv2 PDU 类型。

（5）为使 SNMPv2 能够向下兼容 SNMPv1，在发送 SNMPv1 陷入时，将该陷入转换为 SNMPv2 陷入。

（6）应用程序重发策略服务。

（7）设定实体和上下文转换模式。

WinSNMP 会话是 WinSNMP 管理器应用程序调用和 WinSNMP 服务之间资源和通信管理的基本单位。会话是资源管理的最小单位，也是 WinSNMP 应用程序和 WinSNMP 服务之间通信管理的最小单位。一个良好的 WinSNMP 应用程序应该使用会话结构逻辑管理它的操作，并将实现中的资源需求控制在最小。

WinSNMP 一般编程任务包括管理对象标识符、释放 WinSNMP 描述符、设定实体和上下文转换模式、管理重发策略。使用 WinSNMP 开发网络管理应用的基本编程步骤如下：

(1) 打开 WinSNMP 应用程序；

(2) 打开一个或者多个 SNMP 会话；

(3) 注册接收陷入或者通知；

(4) 产生一个或多个变量绑定列表结合到一个 PDU 中；

(5) 提交一个或多个 SNMP 操作请求；

(6) 检取 SNMP 操作请求的应答；

(7) 处理请求应答；

(8) 关闭每一个 WinSNMP 会话；

(9) 关闭 WinSNMP 应用程序。

WinSNMP API 按照 SNMP 协议封装了各种操作，包括 PDU、VarBindList 以及协议操作的各项函数。在具体开发 WinSNMP 应用时，可以按照 SNMP 协议的描述，调用 WinSNMP 相关函数，完成一次完整的 SNMP 通信。

思考： Windows SNMP 的编程方法是怎样的？每一个部分要注意哪些问题？

6.4　SNMP++软件包

SNMP++是 HP 公司用 C++语言开发的一个开源类库，官方主页是 http://www.agentpp.com，版本也在不断更新中。

6.4.1　SNMP++简介★☆☆☆☆

SNMP++软件包使用面向对象技术开发，所涉及的数据结构全部封装在相应的类中。底层的操作细节完全透明，使用者只需要设置好相应的参数，采用调用对象成员的方法，就可以完成 SNMP 操作。

SNMP++软件包由.cpp 文件和.h 文件组成。软件包支持 SNMPv1、SNMPv2、SNMPv2C 和 SNMPv3。如果要使用 SNMPv3 中的加密功能，还需要下载额外的 libdes 软件包。是否支持 SNMPv3 可以通过修改预编译选项来设置。

SNMP++具有以下的特点：

(1) 内存管理。在创建或者销毁对象时，SNMP++类负责该对象使用资源的申请和释放。SNMP++的对象可以静态或者动态创建，程序员不用担心由于使用 SNMP++对象而引起的资源或内存泄漏问题。

(2) 可移植性强。SNMP 类的实现考虑了不同操作系统的要求，所有的类都是由 C++编写，因此使用 SNMP++编写的网络管理程序有很好的可移植性。

(3) 提供超时和重传机制。SNMP++在 Target 类中提供了超时和重传服务，程序员只需要设置参数就可以实现超时和重传功能，不必编写超时和重传的代码。同时，对于不同的

Target 可以很容易地实现不同的超时和重传机制。

(4) 阻塞模式与非阻塞模式的网络请求。SNMP++提供了两种模式的网络请求:阻塞模式和非阻塞模式。阻塞模式是一个请求发出后,程序等候应答包,直至超时。非阻塞模式则是在请求发出后,控制返回继续执行,等返回包到来后再去做处理。非阻塞模式的实现比阻塞模式的实现要复杂,但更加灵活。

(5) 支持陷入的发送和接收。使用 SNMP++可以很方便地实现陷入的发送与接收功能,而且可以调整陷入发送和接收时的 UDP 端口。

SNMP++是开放源代码的程序包,下载得到的是源代码文件。开发时可以将源文件加入到程序中,也可以将 SNMP++类编译成连接库,直接在程序中进行调用。

6.4.2 SNMP++软件包中的类介绍★☆☆☆☆

Windows 下的 SNMP++是在 WinSNMP 的基础上进行的二次封装。SNMP++软件包包含 70 多个类,主要分为数据结构类、变量绑定类、PDU 类、Target 类、snmp 类、支持类和 SNMPv3 加密类。

1. 数据结构类

数据结构类封装了 SMI 中定义的 ASN.1 数据类型和 SNMP 中定义的数据类型。所有的数据类型都继承自 SnmpSyntax 抽象类,类中定义了几个常用的方法以及一个数据类型为 SmiVALUE 结构类型的属性 smival,用来存放 ASN.1 的值。SmiVALUE 被定义为一个 union 类型,用以保存各种不同的数据类型。

这些类中,有的类直接映射了一种 SNMP 中使用的数据类型,如 Oid 类;有的类又作为基类,派生出更详细的类,如 Address 类。其中比较重要的类有 Oid、IpAddress、UdpAddress 等。

2. 变量绑定类

SNMP 中的变量绑定是一个对象标志符和一个 ASN.1 值组成的序列,SNMP++中使用 Vb 封装了这种数据结构。Vb 类中使用一个 Oid 对象存储一个对象标志符,一个指向 SnmpSyntax 类型的指针绑定一个 ASN.1 值,以及对这两个数据进行操作的一组方法。

3. PDU 类

SNMP++中使用 PDU 类封装 SNMP 报文中的 PDU 结构。Trap PDU 的结构不同于其他 PDU 结构,PDU 类中有存储这些信息的成员变量,包括一个 request id、错误状态和错误索引、变量绑定部分和 Trap PDU 包含的信息。

4. SnmpTarget 类

SnmpTarget 类封装了 SNMP 管理工作站一次 SNMP 通信活动的目标代理信息,可以将 SnmpTarget 看作一个网络设备中运行的 SNMP 代理。SnmpTarget 不仅封装了网络地址和端口信息,还封装了诸如团体名字符串、重传次数、接收时限等通信策略。SnmpTarget 类也是一个抽象类,有两个子类:CTarget 类和 UTarget 类,前者用于 SNMPv1、SNMPv2,后者用于 SNMPv3。

5. Snmp 类

Snmp 类封装了一次 SNMP 通信活动建立的 UDP 连接。在所有的类中,只有该类使用网络资源和代理进行通信连接。Snmp 类做了通信活动中大部分的工作,程序员所做的工作只需要声明一个该类的对象,并设置对应的参数即可。

Snmp 类主要完成以下功能:处理通过 UDP 或者 IPX 层的数据传输;从 PDU 中获取 Vb 对象或将 Vb 对象绑定到 PDU;接收或者发送 PDU;管理所有可用的 SNMP 资源。

思考:SNMP++软件包都有哪些部分?

小　结

本章分析了网络管理应用程序的基本功能,给出了在 Windows 平台下开发基于 SNMP 的网络应用程序的基本方法。介绍了 WinSNMP API 的接口知识、WinSNMP API 的基本概念和 WinSNMP 的编程模式。最后介绍了 SNMP++软件包的基本知识、软件包的基本结构以及如何使用 SNMP++软件包进行网络管理程序的开发。

习 题 6

6-1　简述 Microsoft Windows SNMP 服务体系结构。

6-2　在 Windows Server 2008 中如何安装配置 SNMP 服务?

6-3　如何使用 snmputil 测试 SNMP 服务?

6-4　简述 WinSNMP API 的主要功能函数。

6-5　简述 WinSNMP API 开发网络管理应用程序的编程模式。

第7章 实用网络管理系统

学习目标

随着计算机网络的组成越来越复杂，对于网络的管理已经不能仅靠管理员手工进行，需要通过网络管理系统对网络进行管理。所以研究网络管理系统的功能和特点，结合实际的需要，选择合适的网络管理手段，采用自动化的网络管理系统对网络进行有效的管理是本章的学习目标。

网络管理系统的基本概念：介绍网络管理系统的基本概念和发展趋势。

常见的网络管理系统。

Cacti 网络管理系统的特点和功能。

Cacti 的使用方法。

建议学时

12 学时。

学习方法

通过预习对本章的学习内容有初步了解；宏观学习法，从整体着眼，把握网络管理系统的基本功能和特点；了解实验示例中的网络管理系统应用方法；完成课程后面相关的思考题和练习题。

7.1 网络管理系统概述

随着网络技术的不断发展，网络的规模不断扩大和网络结构的复杂化使得在实际的网络管理过程中需要通过网络管理系统来保证整个网络的正确运行。网络运行的稳定、可靠与网络管理的技术水平直接相关。网络管理是保证计算机网络，特别是大型、复杂的计算机网络正常运行的关键。建设一个功能完备、工作稳定的网络应用管理系统，可以有效地监控整个网络，实时地监控和查看整个网络的运行状态，统计网络各位置的流量和错误，检测网络上可能出现的瓶颈，收集和管理网络设备事件，进行自动化的处理或者进行告警，以保证网络的稳定可靠运行。网络应用管理系统已经成为网络管理不可或缺的重要组成部分。

在网络管理过程中，SNMP 协议可以通过设置被管理对象的参数值对网络设备等被管理对象进行控制，同时，也可以通过读取被管理对象的 MIB 中的值来检测网络的运行状态。

在实际的网络管理中一般都是通过网络管理系统，即实现了网络管理功能的应用系统对网络进行管理。网络管理系统对网络进行管理时，系统对网络设备的底层操作和管理对于用户来说是透明的。一般地，网络管理系统都会将用户的操作结果以图形、图表、表格等方式反馈给用户。

7.1.1 网络管理系统基本概念★☆☆☆☆

网络管理系统是实现管理网络功能、保障网络正常运行的软、硬件组成的综合系统。网络管理系统可以实现多种管理功能，例如配置管理、性能管理、故障管理、安全管理和计费管理等功能。网络管理系统一般由支持网络管理协议的网络管理系统软件和网络设备组成。网络管理系统软件和网络设备一般都遵循 SNMP 协议进行工作，不同的软件系统的用户界面、操作功能、管理方式以及对外的应用接口和所支持的数据库等都不尽相同。

网络管理的最终目标是保障网络的安全运行，即对网络服务提供保障。网络管理系统是以提高网络服务的质量为目标，以保证网络安全稳定运行为前提，以管理网络事件为中心的网络服务质量管理体系。系统以网络资源实时发生的事件为基础，及时准确地了解网络的运行状况，建立与服务层面的关联，实现对网络的有效管理。因此，网络管理系统应当具备以下的特点：

(1) 具有全面监控网络性能的能力。

(2) 具有主动和预警管理的功能。

(3) 支持全网联动。

(4) 具有对资源进行有效管理的能力。

(5) 具有服务质量管理功能。

7.1.2 网络管理系统发展趋势★★☆☆☆

从网络管理的功能和特点来看，网络管理技术的热点和发展趋势主要体现在以下几个方面。

1. 开放性

网络管理系统应具备综合管理不同品牌设备的功能。随着对不同品牌网络设备进行集中管理的需求不断增加，网络设备生产商也在不断地采用更加开放的方式来实现对网络管理系统的支持。开放式的管理接口可以使网络管理软件能够管理其他厂商的网络管理设备，增加网络的适应性和灵活性。

通过开放网络管理系统的应用程序编程接口(API)使得用户或者第三方厂商可以对网络管理系统进行扩展。通过开放定制化、个性化的配置，使得普通用户可以不需要经过二次开发就可以完成对网络管理的个性化需求。

2. 综合性

综合性要求通过一个控制操作台就可以完成全部的对网络设备、网络应用等业务的管理，实现对业务运行状态的了解和对故障的定位、排除的支持。通过一个统一的系统平台实现对多个互联网络的管理。将网络管理系统、操作系统、应用管理、数据库管理逐渐整合到统一的平台也是系统综合性所追求的目标。

3. 智能化

随着网络管理系统要完成的工作越来越复杂、需要监控和管理的设备越来越多,对系统管理人员造成了繁重的工作要求。让网络管理系统可以自动地探测网络环境、自动持续不断地定时监控网络运行状态、自动发现网络故障、自动定位并排除网络故障,都是网络管理系统智能化的体现。

4. 安全性

对于网络而言,安全性是网络的生命保障,网络管理系统的安全性是评价网络管理系统的重要指标之一。由于 SNMP 协议本身设计的问题,SNMPv1、v2 都存在一定的安全隐患,全面支持安全性更强的 SNMPv3 也是提高网络管理系统安全性的重要方法。

5. 基于浏览器/服务器结构的管理

随着互联网技术的发展,越来越多的应用系统开始使用浏览器/服务器(B/S)模式进行工作。早期的网络管理软件大都采用客户端/服务器(C/S)工作模式,因此导致了由于操作系统升级、跨平台等问题引发的网络管理软件故障甚至无法继续正常使用。全面向 B/S 模式的应用系统转变,将极大地提高系统的跨平台性,提高系统的用户体验。B/S 结构的应用系统,也更加容易和其他的应用系统进行集成。

思考:网络管理系统的发展方向有哪些? 各有什么特点?

7.2 网络管理系统软件(平台)

网络管理系统软件主要用于对复杂网络和不同设备进行管理,因此系统的技术含量高、开发的难度较大,一般都由大型的信息技术公司或网络设备制造公司开发。例如,惠普公司的 OpenView、IBM 公司的 Tivoli NetView、思科公司的 CiscoWorks 等都是比较著名的网络管理系统软件。近些年随着互联网的发展,也涌现了不少开源、免费的网络管理系统软件,其中 Cacti 就是非常优秀的代表。

7.2.1 CiscoWorks★★★★☆

思科公司作为全球最著名的网络设备制造商生产了大量的不同类型、不同型号的网络设备。思科公司的网络设备,不论是路由器还是交换机或者防火墙等,都支持 SNMP 协议,可以通过网络对设备进行监控和管理操作。思科公司开发的网络管理系统 CiscoWorks 是一系列网络管理产品的集合,包括了基于 Web 浏览器的管理产品和基于控制台的管理产品。产品中包括增强的工具以及基于标准的第三方集成工具,用于对系统变化、配置、系统日志、连接管理和软件部署等进行管理。

CiscoWorks 管理软件中还含有故障管理工具,该工具能够发现故障所在位置,维护并查看错误日志,形成故障统计,接受错误检测报告并作出反应。该软件能够对 Cisco 的交换机、路由器等网络设备提供基于 Web 的管理。网络管理系统工作时产生的管理用网络流量小,可以有效地降低网络管理所需要的时间,降低故障率,提高工作人员的效率和网络的可用性。

CiscoWorks 建立了管理内部网络的 Cisco 管理连接、能够支持新的或增强的网络管理功能的插入模块,提供第三方管理工具的集成链接。Cisco 的网络管理产品主要包括以下几个部分。

1. Campus Manager(园区管理器)

园区管理器是为了管理思科交换网络而设计的、基于 Web 界面的应用管理工具套件，主要有第二层设备和连接探测、工作流服务器探测和管理、详细的拓扑结构检测、VLAN 和异步传输模式配置、终端站点跟踪、第二层和第三层网络路径分析工具、IP 电话用户与路径分析等组件。图 7-1 是 CiscoWorks 园区管理器的运行界面。其内容是自解释的。

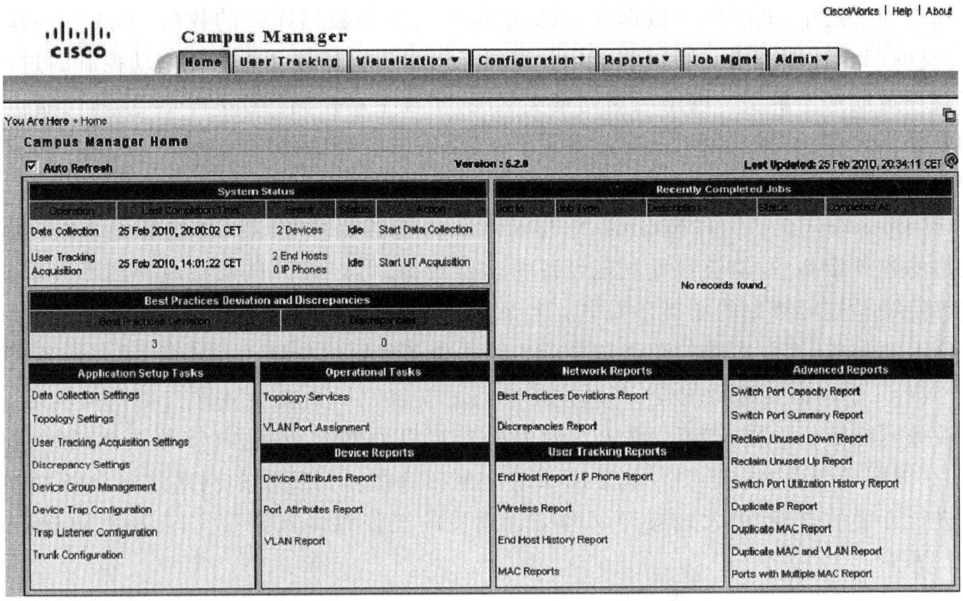

图 7-1　CiscoWorks 园区管理器运行界面

2. 内容流量监视器

内容流量监视器负责监视与管理网络内容流量的传输情况。内容流量是了解并维护网络中重要应用以及服务内容流量的关键，对内容流量的监控可以为负载均衡设备提供实时监视的应用工具。

3. 实时监视器

实时监视器是一种多用户传输管理工具包，能够为网络的监视、故障的排除和网络的维护提供全网络实时远程监控信息。图形应用报告和分析设备以及端口级远程监视器能够从 Catalyst 交换机、内部网络分析模块和外部交换机探测器中收集传输数据。

4. 资源管理器要素

资源管理器要素具有网络库存取和设备更换管理能力、网络配置与软件图像管理能力以及网络可用性和系统记录分析能力，同时，它还提供了与 Cisco 在线链接集成的功能。

5. 图形设备管理工具

图形设备管理工具提供所选设备的配置状况和图像显示，同时提供设备及端口状态的彩色编码图示。

6. 故障设备管理器

设备故障管理器为思科设备提供了实时故障分析能力。通过对多种数据进行收集和分析，故障设备管理器可以生成"智能陷入"，这些陷入可以在本地显示，也可以通过电子邮件方式传递给其他常用的事件管理系统。

7.2.2 HP OpenView★★★☆☆

惠普(HP)公司是最早开发网络管理产品的厂商,其产品 HP OpenView 已经得到了广泛的应用。产品集成了网络管理和系统管理的优点,使网络管理和系统管理集成在一个统一的用户界面之中,共享消息数据库、对象数据库及拓扑数据库中的数据,形成了一套单一的、完整的综合管理系统。HP OpenView 实现了网络运行从被动无序到主动控制的过渡,使网络管理员能够了解整个网络当前的真实状况,实现主动控制。OpenView 系列产品包括统一的管理平台和全面的服务,具有设备管理、网络安全管理、服务质量保障、故障自动监测和处理、设备搜索、网络存储、智能代理及 Internet 环境的开放式服务等功能。

HP OpenView 的 NNM(Network Node Manager)能够提供管理网络的智能手段,监控整个网络的各种设备,并能够自动发现设备的运行状态,将这些信息用直观的图形表示出来。还能够持续监控网络上的新设备及其运行状态。NNM 的发现和监控功能可以探测到位于广域网上的设备,多层次映射图能够显示出哪些设备和网络分段工作正常,哪些设备需要注意。NNM 几乎不需要进行配置,在网管工作站上安装完毕后就会立即自动扫描网络,生成综合业务网络的拓扑图,包括 NNM 发现的所有主机和网络设备,并按照网络结构进行分层,即在根图中包含多层子图。从最高层的全网拓扑图到最底层的网络连接设备,NNM 都可以进行方便的管理,极大地减轻了网络管理员的工作难度和强度。图 7-2 是 OpenView 的运行界面。

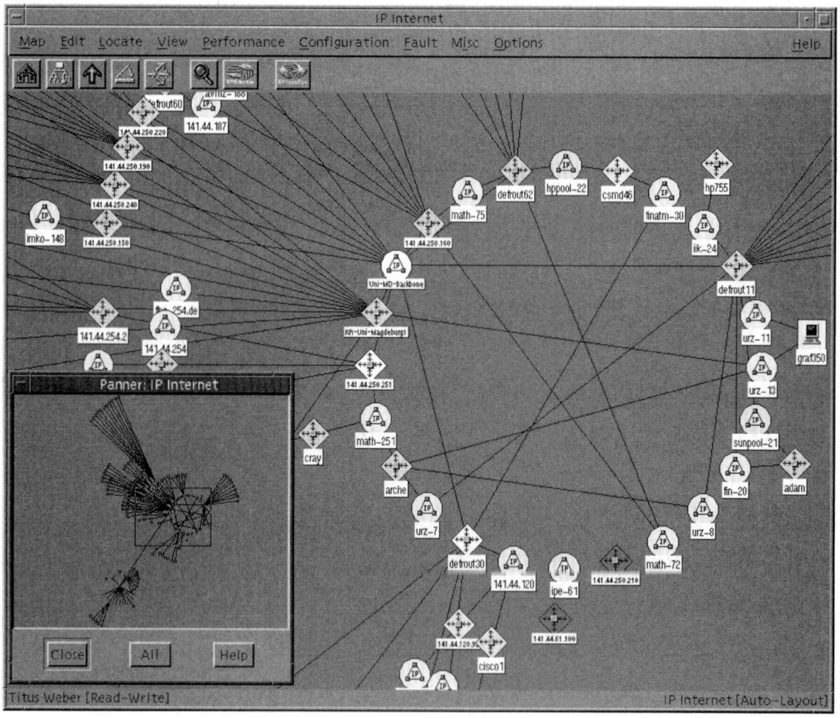

图 7-2 OpenView 运行界面

7.2.3 IBM Tivoli NetView★★★☆☆

NetView 是 IBM 公司开发的网络管理产品,主要运行于 UNIX 系统之上。Tivoli NetView 管理环境是用于网络管理的集成产品,可以为各种系统平台提供管理服务,具有跨主机系统、客户机/服务器系统、工作组应用、企业网络及 Internet 服务端到端的解决方案,并将系统管理包含在一个开放的、基于标准的体系结构中。

Tivoli NetView 包含了比较全面的资源管理功能,具有以下的特征:

(1) 平台。统一的管理平台。

(2) 可用性。包括网管软件、分布式系统监控功能、事件处理和自动化管理等。

(3) 安全性。扩展了用户管理功能和安全管理功能。

(4) 配置。软件分发管理和自动信息仓储管理。

(5) 可操作性。具有支持和控制远程用户的功能。

(6) 应用管理。全面的 Domain/Notes 管理和对各种大型数据库系统的管理。

(7) 工作组产品。可将局域网与 Tivoli 企业管理系统连接起来。

Tivoli NetView 的位置敏感型拓扑特性可以让网络管理员通过简单的配置说明来指导 Tivoli NetView 的映像布局。可以自动生成直观的拓扑视图,将有关的网络地址、层次与优先信息直接合并到拓扑视图中。此外,Tivoli NetView 的开放性体系结构可让网管员对来自其他单元的管理器拓扑数据进行集成,以便从一个中央控制台对多种网络资源进行管理。图 7-3 是 Tivoli NetView 的运行界面。

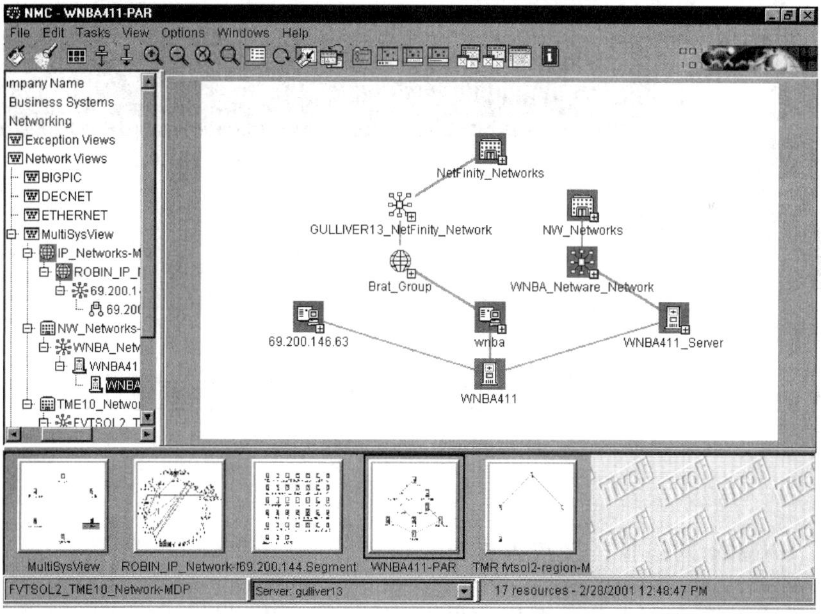

图 7-3　Tivoli NetView 运行界面

7.2.4 华为 Quidview★★★★☆

华为 Quidview 是华为公司针对 IP 网络开发的适合于各种网络管理的网络管理软件,是

iMessager 系列网管产品之一。Quidview 是一个简洁的网络管理工具,能够充分利用设备本身的管理信息库(MIB)完成设备的配置、配置信息的浏览及设备运行状态的监控等。软件不但能够和华为 N2000 结合,还能集成到其他的一些通用的网管平台上,实现从设备级到网络级全方位的网络管理。华为 Quidview 具有以下的特点。

1. 图形化的管理界面

Quidview 提供图形化的操作界面,用户可以从中选择需要的操作。用户可以通过指定设备的 IP 地址访问被管理设备并得到全仿真的完整设备视图,该视图可以直观地反映出设备各接口的运行状态。

2. 运行环境与平台无关

Quidview 使用 Java 语言开发。由于 Java 语言的跨平台特性,因此 Quidview 可以运行在各种操作系统平台之上。

3. 提供中英文页面显示功能

运行 Quidview 系统时,用户可以动态切换中文和英文文字作为操作显示界面。

4. 操作简单

在 Quidview 提供的图形化操作界面上,用户可以通过选择菜单完成一系列功能操作,其操作风格与 Windows 操作系统相似。图 7-4 是 Quidview 的运行界面。

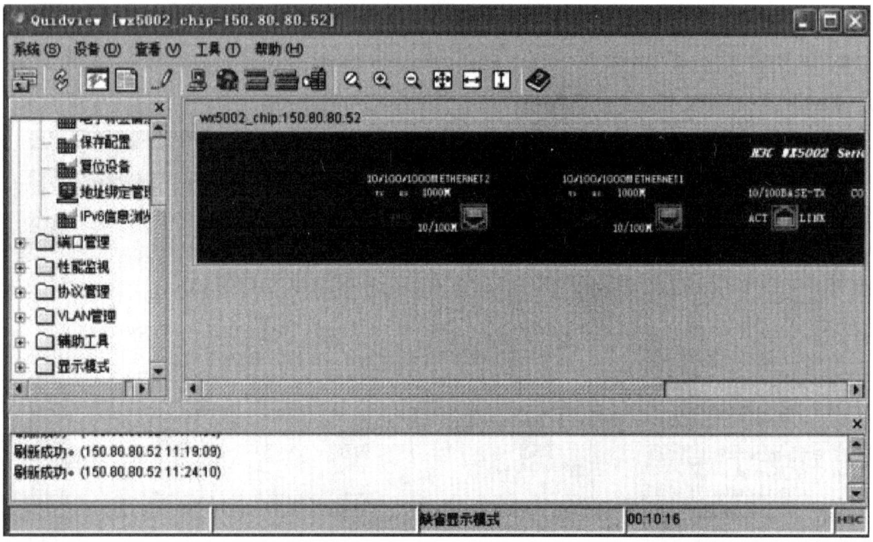

图 7-4 Quidview 操作界面

7.2.5 SNMPc 网络管理系统★★★☆☆

SNMPc 是安奈特公司开发的通用分布式网络管理系统,提供了许多区别于单机产品的功能。这些功能包括:

(1) 具有运行在多个计算机上的轮询与服务器等组件,SNMPc 可以延伸到管理非常大型的网络。

(2) 能够运行多个远程控制台,支持信息共享。

(3) 支持安全的 SNMPv3。

（4）可以扩展至管理 2 500 台设备。

（5）支持管理器的多级管理架构。

（6）支持冗余备份服务器。

（7）远程控制台及 Java Web 访问。

（8）服务器及轮询代理可以作为 Windows 服务运行。

（9）事件转发及电子邮件或短信通知。

（10）用户登录操作和编辑操作事件审计。

（11）应用服务器 TCP 轮询。

（12）可预定的 Web 及打印版趋势报告。

（13）自定义 MIB 表和 MIB 表达式。

（14）RMON-I 用户界面应用工具。

（15）GUI 设备支持开发工具。

（16）带有示例的应用程序编程界面（API）。

SNMPc 提供多种管理方式和功能组件。管理方式包括支持 TCP、ICMP、SNMPv1、SNMPv2C、SNMPv3 等协议的管理。组件包括轮询组件、服务器组件、LAN 控制台组件、Java 控制台、工作组管理等组件。图 7-5 是 SNMPc 的运行界面。

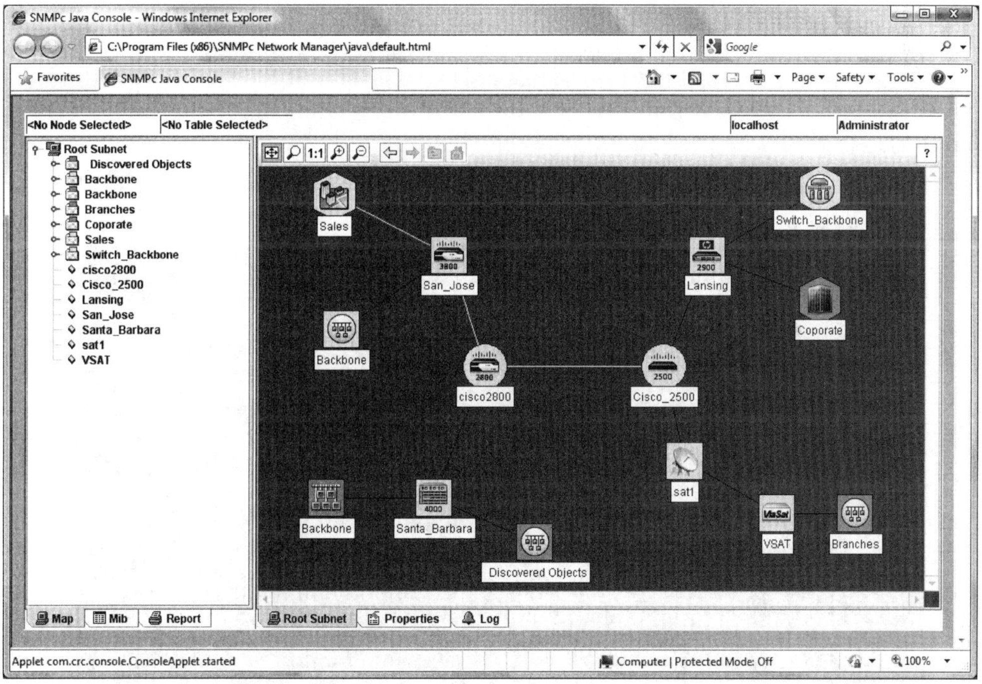

图 7-5　SNMPc 运行界面

7.2.6　Cabletron Spectrum ★★★☆☆

Cabletron 的 Spectrum 是一个可扩展的、智能的网络管理系统，它使用了面向对象的方法和 C/S 体系结构。Spectrum 构筑在一个人工智能的引擎之上，该引擎被称为 Inductive Modeling Technology(IMT),同时 Spectrum 借助于面向对象的设计,可以管理多种对象实体。该网络管理系统还提供对 Novell 的 NetWare 和 Banyan 的 VINES 这些局域网操作系统的相关支持。另外,一些本地的协议,如 AppleTalk 和 IPX 等,都可以利用外部协议 API 通过二次开发加入到 Spectrum 之中。Spectrum 网络管理系统主要包括以下的特性。

1. 网络监视特性

Spectrum 是具备处理网络对象相关性能力的系统。Spectrum 采用的归纳模型可以使它检查不同的网络对象和事件,从而找到其中的共同点,以归纳出同一本质的事件或故障。Spectrum 服务器提供自动轮询和手动轮询两种类型的轮询方法,提供包括弹出窗口、发出报警声响、发送报警电子邮件等形式的报警手段。Spectrum 还提供了自动拓扑发现功能,但运行速度比较慢。

2. 管理特性

在 Spectrum 中,管理员可以控制网络操作人员访问系统的界面,以控制系统的使用权限,同时严格控制一个域的操作人员只能控制自己的这一个管理域。

3. 可用性

Spectrum 提供图形化的用户管理界面,用户可以自定义自己的操作环境并设置自己的快捷方式。

总之,Spectrum 是一个性能强大同时非常灵活的网络管理系统。Spectrum 的灵活性也带来了一些复杂性,这种复杂性也限制了 Spectrum 的第三方开发的数量。图 7-6 是 Spectrum 的运行界面。

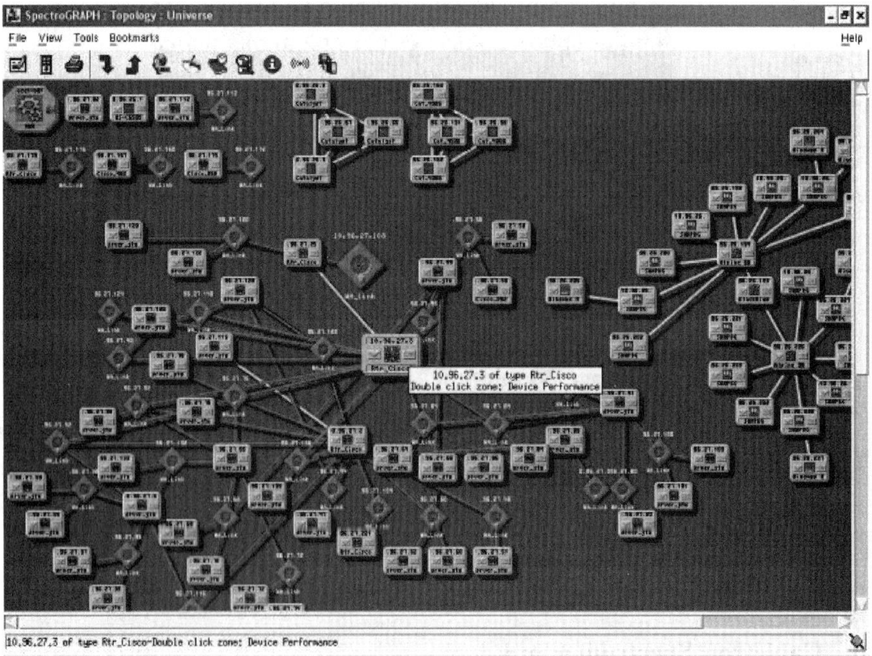

图 7-6 Spectrum 运行界面

7.2.7　SolarWinds Orion★★★☆☆

SolarWinds 公司的主要业务是开发和销售网络管理、网络监控以及网络探测工具，能够满足电信运营商、企事业单位对网络管理和专业咨询的不同需求。专业的 SolarWinds 网络性能监视管理系统在全球得到了广泛的使用。

Orion 是 SolarWinds 一系列网络管理工具中主要进行性能监控和故障管理的软件。Orion 是一个完全 Web 化的网络故障、流量和性能监视管理软件，实现对整个网络的可视化管理和实时监控。Orion 安装和配置简便，易于使用，可以适应任何大小的网络对网络管理的需求。Orion 的主要特点如下。

1. 可订制化的 Web 显示

Orion 系统的 Web 页面显示可以根据企业的规模和需要进行自定义显示，也可以根据不同的管理权限账号显示不同的管理页面。Web 管理权限账号的权限可以根据部门、地理位置、用户 ID 等进行个性化的自定义设置。

2. 网络地图

Orion 性能监视系统提供的网络地图功能可以使网络工程师方便地构建整个网络的图形拓扑图，并可以进入具体的区域、部门和设备去查询网络的实时状态。

3. 告警功能

Orion 具有告警引擎，允许网络工程师为网络中的各种不同的状况进行告警设置，并将这些告警机制应用于不同分类的设备。

4. 报表生成功能

Orion 的报表生成功能允许网络工程师直接提取数据库中的数据形成多种 Web 报表，并可以直接将报表转换为 Excel 格式进行保存。

5. SNMP 兼容性

Orion 支持 SNMPv1、v2、v3 的不同版本，同时 Orion 也能够接收 SNMP traps 信息。SNMP traps 是在网络设备被检测到异常时所发送的特殊配置的公告信息。图 7-7 是 Orion 的运行界面。

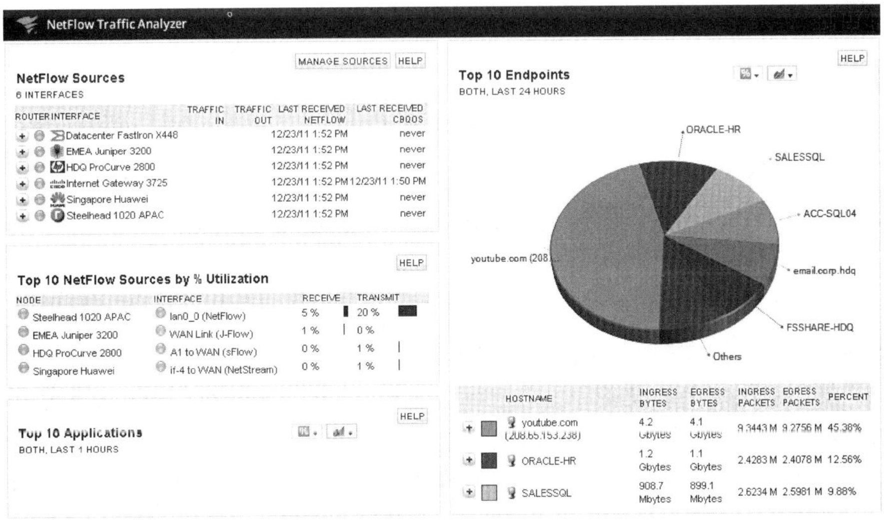

图 7-7　Orion 运行界面

7.2.8 StarView 网络管理系统★★★☆☆

StarView 是一个基于 Windows 平台的全中文用户界面的网络管理系统，具有集成度高、功能完善、实用性强、方便易用和全中文界面等优点。StarView 可以提供整个网络的拓扑结构，能够对以太网中的任何通用 IP 设备和 SNMP 管理设备进行管理，结合管理设备所支持的 SNMP 管理、Telnet 管理、Web 管理、RMON 管理等构成一个功能齐全的网络管理解决方案，实现从网络级到设备级的全方位的网络管理功能。

StarView 系统包含多个组件，包括拓扑管理器、事件管理器、性能管理器等组件。系统具有以下的特点。

1. 稳定的可扩展软件体系结构

StarView 软件采用多进程挂靠的方式进行设计，使得 StarView 具备了丰富的可扩展接口，为进一步扩展功能和升级提供了可靠的平台基础。

2. 增强的网络拓扑发现能力

StarView 集成了网络拓扑发现算法，可以高效地对三层网络连接（逻辑拓扑）和两层网络连接（物理拓扑）进行发现和描绘。StarView 还提供了全网拓扑视图，可以从全局角度对整个网络进行观察，使得用户可以掌握网络结构并发现网络故障。

3. 智能化的事件管理机制

智能化事件管理机制可以结合拓扑管理器和性能管理器于一体，集中管理各种 Trap 事件、拓扑管理事件、阈值报警事件等。事件管理器提供丰富的事件分类和存储功能，使得管理员可以迅速地在大量网络事件中查找并标识重要事件。事件报表功能和基于声音或电子邮件的事件告警机制也是事件管理机制的重要组成部分。

4. 性能监视和预警功能

StarView 的性能监视和预警功能可以提供各种组合的曲线统计方法、视图打印功能、主动式的阈值报警功能、多设备多性能视图对比监视功能和自动视图记忆功能。

5. 用户界面

StarView 采用全中文的用户界面和标准的 Windows 应用程序界面风格，用户可以快速掌握软件的使用方法，同时简化了软件的操作方式，使得系统各功能的操作更加简单清晰。

思考：常用的网络管理软件都有哪些？如何使用？

7.3 Cacti 图形化网络管理系统

Cacti（仙人掌）是一款跨平台，基于 Apache、MySQL、PHP、Net-SNMP、RRDTool 等技术的开源的网络管理系统，它几乎为各种数据提供了完整的图形显示和分析框架。Cacti 可以使用 SNMP 协议对网络上的设备和主机进行监控和管理，也可以使用服务器本地的 Perl 或者 PHP 脚本对远程设备进行监控和管理。

Cacti 在设计上分为三层构架：数据展现层、数据存储层、数据采集层。数据采集层通过 SNMP 协议或者自定义脚本进行数据采集。数据存储层将 Cacti 模板等数据保存到 MySQL

数据库。数据展现层通过 Web 方式将结果用图表展示给用户。

7.3.1 Cacti 系统特点★★★☆☆

Cacti 作为一款免费开源的网络管理系统具有以下的特点。

1. 免费开源

Cacti 是一款基于 GPL 开源并分发的免费软件,用户可以免费下载、安装和使用。相比于其他商业化付费网络管理软件,Cacti 是一款功能较强的用于中小型企业的低成本网络管理解决方案。

2. 跨平台

Cacti 基于 AMP(Apache-MySQL-PHP)构架开发的 RRDTool 前端系统,可以运行在具有 AMP 应用框架的各种操作系统之上,包括 Windows、Solaris、Suse Linux、RedHat Linux、Debian Linux 等操作系统。系统使用 PHP 语言开发,具有运行速度快的特点。

3. 界面友好

Cacti 作为一个 RRDTool 前端实现系统,可以创建和生成不限数量的各种图表,用来监视网络上的各种设备或管理主机的各种运行状态信息。

4. 多种数据采集方式

Cacti 支持多种方法采集数据用以生成不同的图表,包括对各版本 SNMP 协议的支持、对本地 Perl 脚本或 PHP 脚本语言的支持。Cacti 支持对各种操作系统的信息进程查询,包括但不限于 SNMP 协议数据。

5. 丰富的模板

Cacti 支持多种格式的图形显示模板,可以针对不同来源的数据采用不同的图形显示模板。通过扩展模板,可以个性化地生成所需要的各种图表。

6. 可扩展性

Cacti 支持通过插件进行功能扩展。由于 Cacti 是一款开源软件并且从结构上支持第三方插件扩展,因此 Cacti 可以支持数十种不同功能的插件,例如可以进行网络主机探查的 Discovery 插件、可以显示网络拓扑图和链路状态的 Weathermap 插件、可以监视设备在线的 Monitor 插件等。

7.3.2 Cacti 使用说明★★☆☆☆

Cacti 需要运行于一台安装了 Apache、PHP、MySQL 应用框架的服务器上,同时网络中被管理的设备和主机一般来说需要开启 SNMP 协议并运行进行远程的 SNMP 网络管理。Cacti 将根据配置,自动地探查、访问、监视目标网络设备和主机,并持续记录设备的运行状态。

Cacti 需要系统管理员下载程序源代码,生成运行文件并安装部署到服务器上,系统运行所需要的插件也需要管理员自行安装和配置。

7.3.3 拓扑管理器★★★☆☆

Cacti 本身不支持拓扑管理,对网络进行拓扑管理需要通过安装 Weathermap 插件来实现。Weathermap 是一个网络拓扑图绘制工具插件,使用 Weathermap 插件可以根据用户的需要自定义网络拓扑结构。同时,Weathermap 可以通过配置,调用 Cacti 创建的数据图表并进行显示。图 7-8 是 Weathermap 的运行界面。

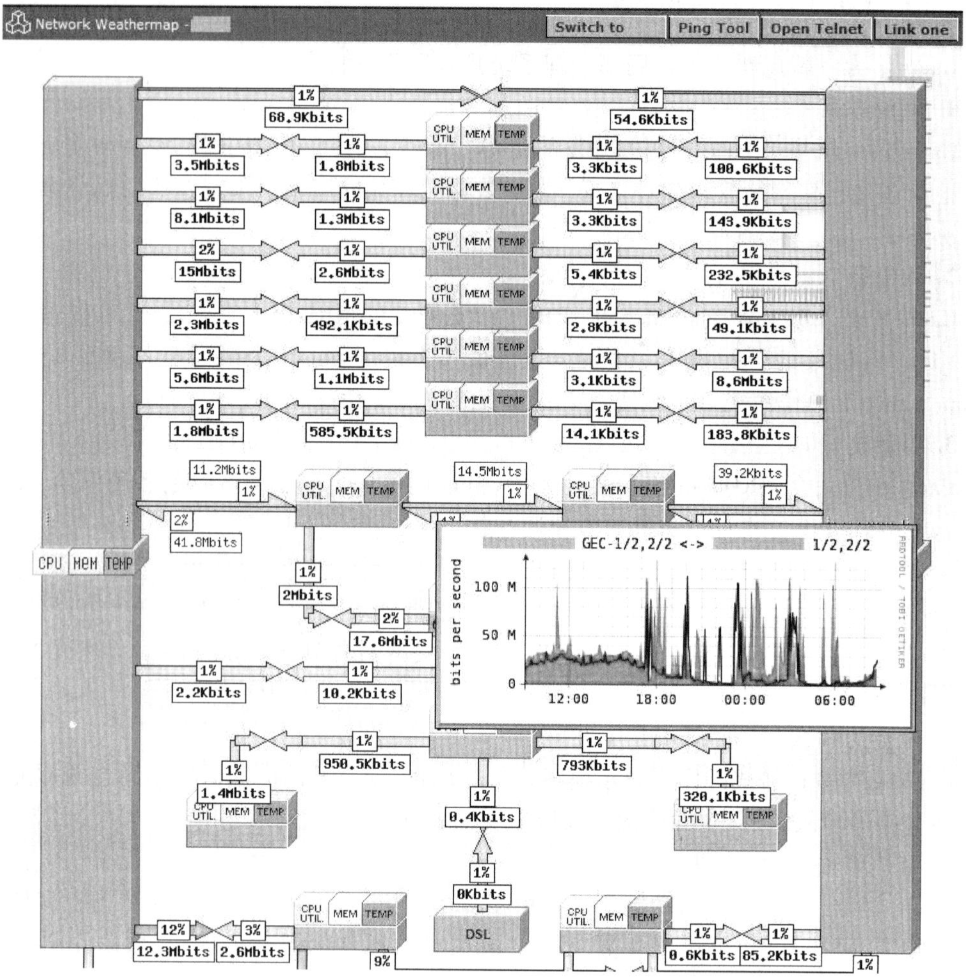

图 7-8 Weathermap 运行界面

7.3.4 事件管理器★★★☆☆

Cacti 在默认情况下会将所有的系统运行情况记录到系统日志之中。可以通过系统工具中的日志查看工具查看系统报警日志,或者安装 syslog 插件扩展系统日志功能。安装 settings 插件,Cacti 可以通过电子邮件发送报警信息。安装 thold 插件可以设置设备状态的报警阈值,从而进行报警触发设置。图 7-9 为 Cacti 系统日志查看界面。

7.3.5 性能管理器★★★☆☆

Cacti 可以针对网络设备的物理接口进行长期、定时的性能监视,并且根据用户配置绘制相应的图表。Cacti 可以同时监视多个网络设备或者网络设备的接口并绘制曲线走势图。图 7-10 为 Cacti 的网络设备接口流量走势图。

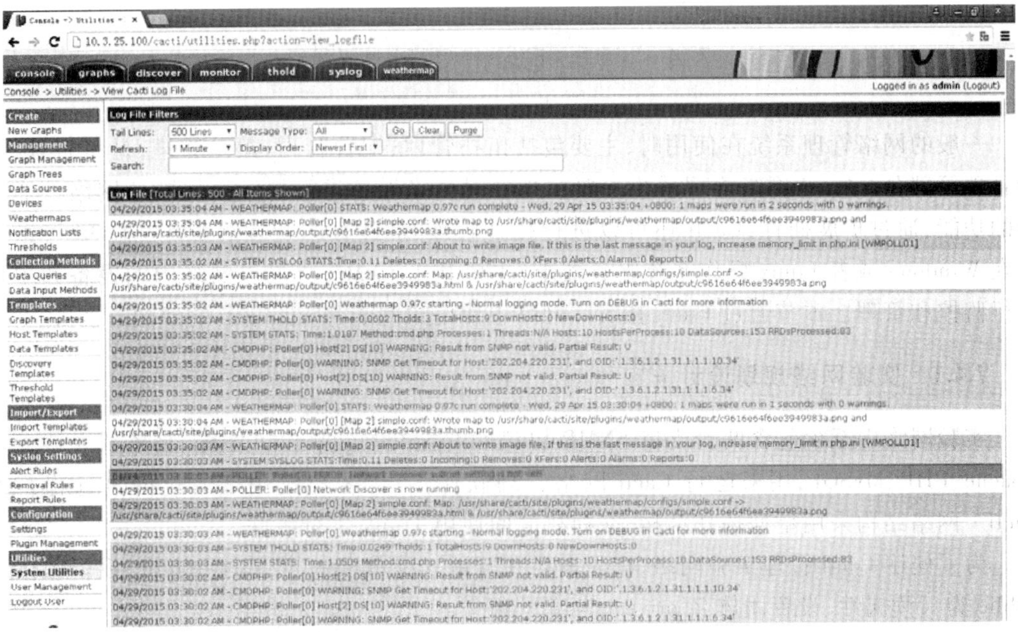

图 7-9　Cacti 系统日志查看界面

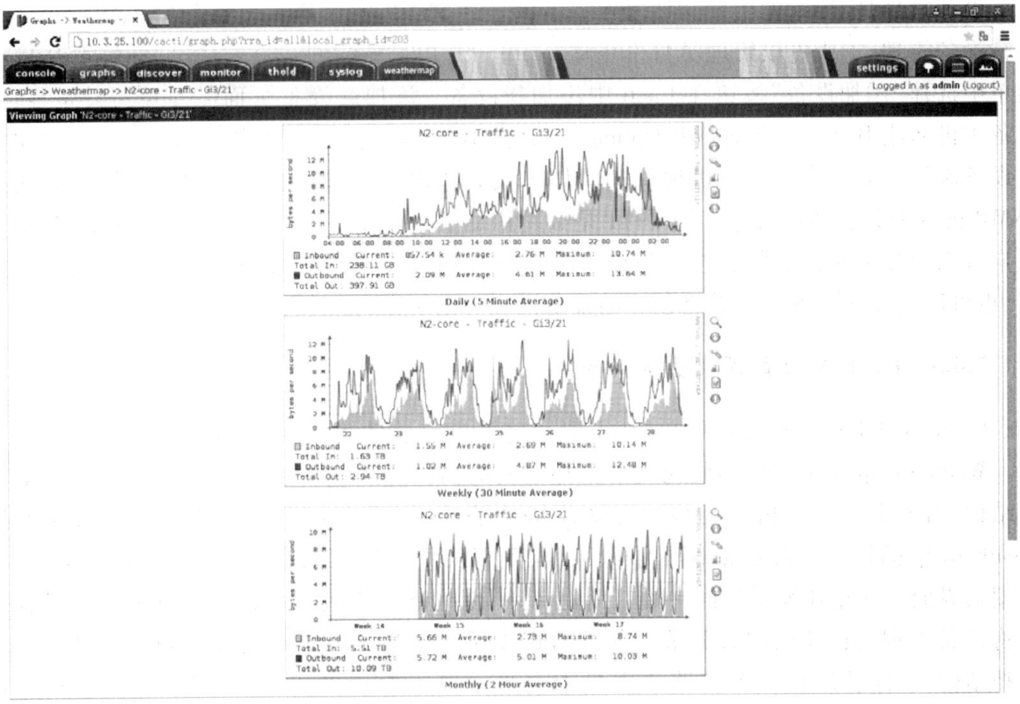

图 7-10　Cacti 网络设备接口流量走势图

思考：Cacti 有哪几个管理部分？

7.4 使用 Cacti 管理网络

一般的网络管理系统在使用时，主要包括拓扑管理、配置管理、故障管理、计费管理、性能管理等部分。Cacti 网络管理系统主要实现针对网络设备进行持续不间断的网络性能监视的功能，通过扩展插件，Cacti 还可以进行拓扑管理、事件日志管理等工作。Cacti 可以部署在 Windows 或者 Linux 操作系统服务器上，主要基于 SNMP 协议对网络中的设备和主机进行监控和管理。本节通过 Cacti 在实际网络中使用的例子，介绍 Cacti 的使用方法。

7.4.1 实验网络规划设计★☆☆☆☆

实验网络中至少包含两台支持 SNMP 协议的智能交换机，一台 Linux 服务器安装运行 Apache、PHP、MySQL，用来运行 Cacti 网络管理软件，一台客户机用来通过网页远程管理 Cacti。网络结构采用星型拓扑结构，交换机之间使用 Trunk 进行级联。

为了使用 Cacti 管理实验网络，首先需要在智能交换机上打开 SNMP 协议，设置团体名 public 为只读属性、设置团体名 private 为读写属性。

7.4.2 Cacti 设备管理实例★★☆☆☆

设备管理是 Cacti 的主要功能之一，Cacti 通过 SNMP 协议连接并访问特定的设备。要进行设备管理，需要先以管理员身份登陆 Cacti。登陆网管系统后，在 Console 标签下 Devices 菜单中选择“添加设备”按钮在 Cacti 中添加新设备。添加新设备页面需要填写设备描述、设备主机名或 IP 地址、在 SNMP Option 中的 SNMP 版本信息和团体名后选择 Create 按钮完成设备添加。如果输入的主机地址和团体名没有错误，在页面的左上角会显示 Cacti 通过 SNMP 读到的设备系统信息。图 7-11 是成功添加了一个设备后的界面。设备添加完成后，用户可以通过页面右上角的连接为设备创建图表用来监视网络设备上活动接口的活动图表，也可以选择图表列表查看已创建的设备图表。图 7-12 是设备创建图表后的图表列表。

7.4.3 Cacti 拓扑管理实例★★★☆☆

Cacti 本身不提供拓扑管理功能，需要通过第三方插件 Weathermap 来完成拓扑管理工作。Weathermap 用来维护和监视网络拓扑结构的插件。Weathermap 不会自主发现网络拓扑结构，需要手工设置拓扑结构。要修改拓扑结构，打开 Console 标签选择 Manager 下的 Weathermap 插件。点击需要编辑的拓扑结构配置文件后进入拓扑编辑界面，图 7-13 是拓扑编辑界面。在拓扑编辑界面中可以创建节点、创建链路连接网络设备。点击设备或者链路将设备管理时创建的图表和节点与链路相关联。在 Weathermap 标签中可以看到网络的拓扑结构，鼠标悬停在某个链路或主机上会显示对应的接口流量状态图表。如图 7-14 所示。

7.4.4 Cacti 性能管理实例★★★☆☆

Cacti 可以通过图表对设备的接口进行监控。用户可以在 Weathermap 拓扑管理界面中找到指定的主机或者链路。鼠标悬停可以读取该接口当天的流量分布图表。如果想看更加详细的图表,可以直接点击某条链路或主机,Cacti 将显示这个接口 5 分钟平均、30 分钟平均、2 小时平均和日平均图表。图 7-15 所示为 Cacti 的接口性能流量统计图表。

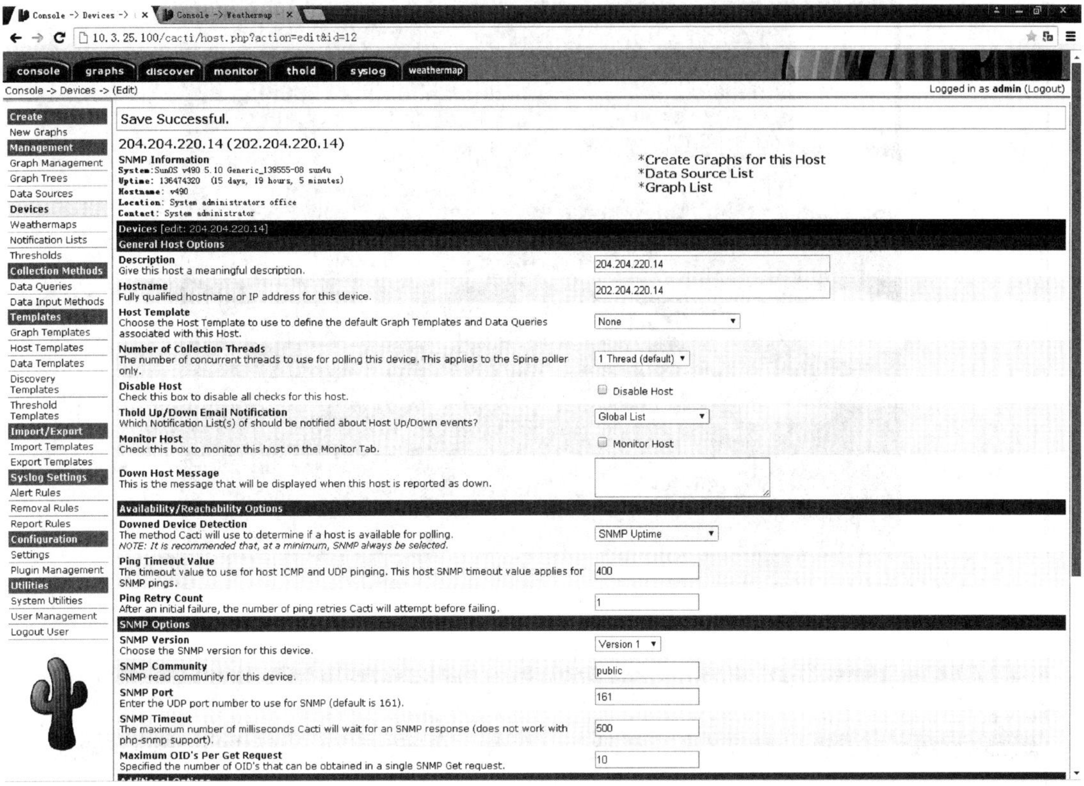

图 7-11　Cacti 添加设备成功界面

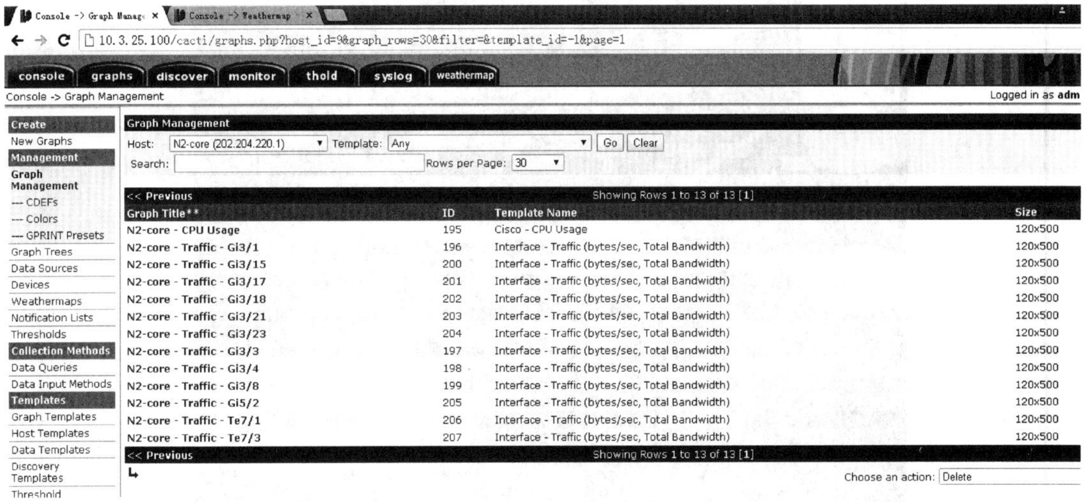

图 7-12　设备图表列表图

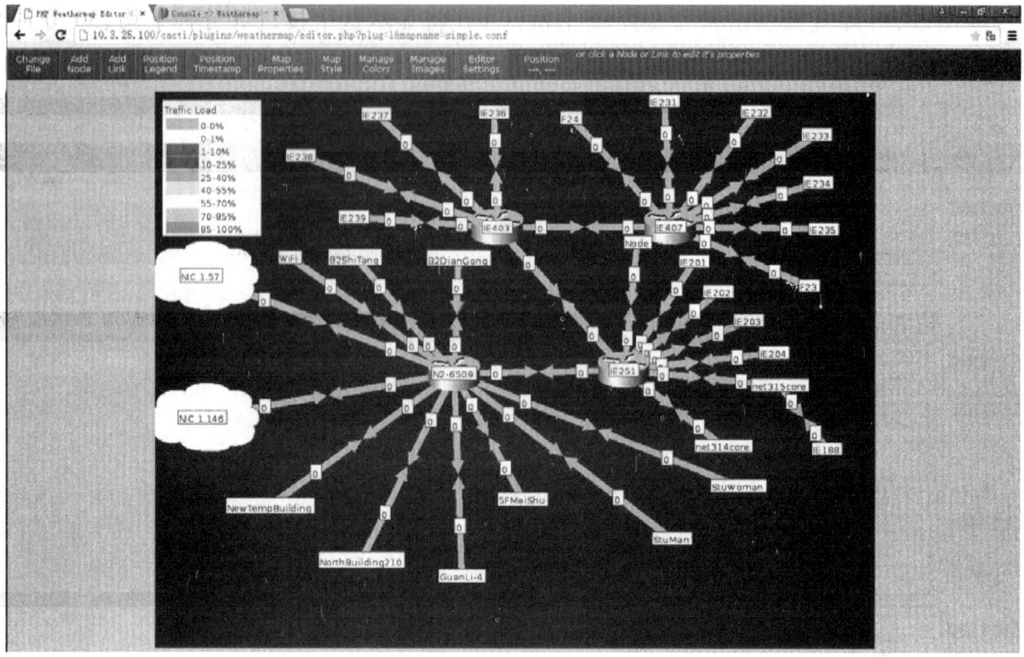

图 7-13 Cacti Weathermap 插件拓扑编辑界面

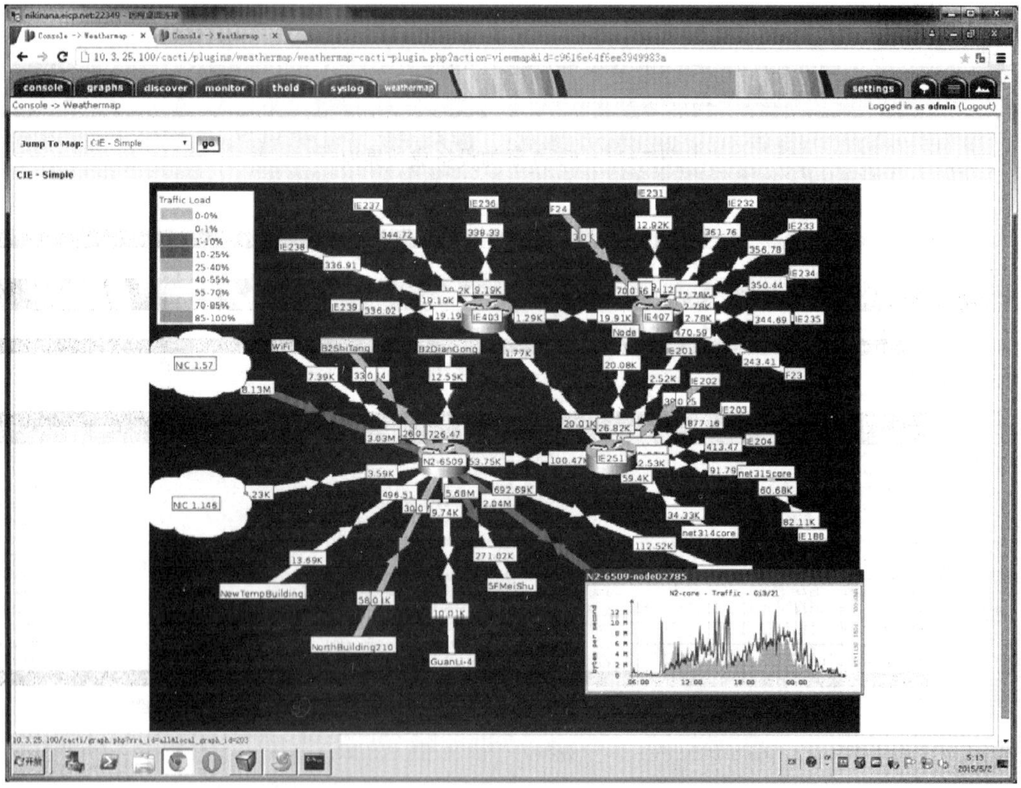

图 7-14 Weathermap 插件监控拓扑结构状态界面

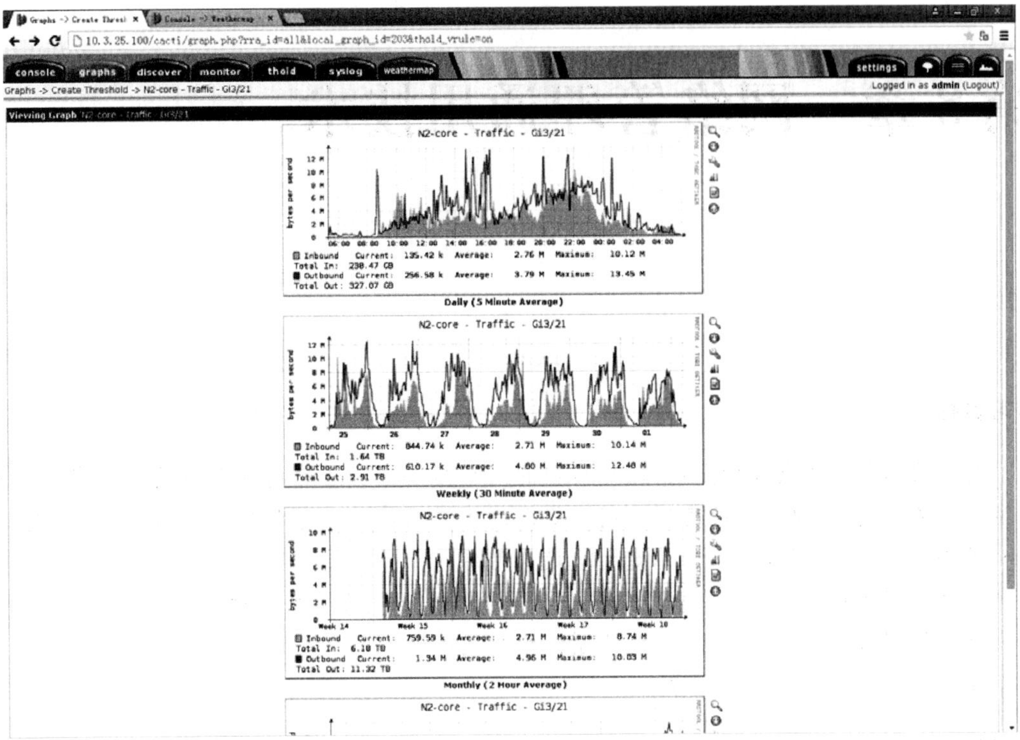

图 7-15　Cacti 接口性能流量图表显示界面

思考:如何配置和使用 Cacti?

小　结

网络管理系统是以提高网络服务质量为目标,以保证网络安全运行为前提,以管理网络事件为中心的网络服务质量管理体系。网络管理系统具有全面监控网络性能和对资源进行有效管理的能力,具有主动预警管理功能,支持全网联动,能够进行服务质量管理。

本章介绍了网络管理系统的基本功能和组成结构,并介绍了常见的网络管理系统的功能和特点,用户可以根据不同的网络的特点选择相应的网络管理系统实现高质量的网络管理。最后介绍了使用 Cacti 网络管理软件管理网络的实例。

习　题　7

7-1　简述网络管理系统的特点。

7-2　列举常见的网络管理系统软件。

7-3　使用 Cacti 管理实验网络。

第8章 网络管理通用技术

学习目标

对网络运行影响最大的是故障,运行中的网络频繁遭遇故障将对用户的使用产生不同程度的影响。因此,对故障的管理是网络管理的主要功能之一。如何迅速、准确地发现、处理和排查故障,对于保证网络的稳定运行极其重要。

计算机网络故障的维护:介绍计算机网络故障的分类、维护方法和步骤。

计算机网络测试命令及应用:讲述了网络测试命令。

局域网故障的诊断和排查方法。

建议学时

6学时。

学习方法

通过预习对本章的学习内容有初步了解;从整体着眼,理解和掌握网络故障的一般管理方法;完成课程后面相关的思考题和练习题。

8.1 网络故障维护

故障管理是网络管理中的基本功能之一。ISO 在 ISO/IEC 7498-4 标准中定义了网络管理的五大功能,排在第一位的就是故障管理(fault management)。在实际的网络管理过程中,用户都希望网络系统稳定可靠。当网络故障发生时,网络管理者必须迅速查找故障并及时进行处置和故障原因的排查。

8.1.1 网络故障的分类★★☆☆☆

网络故障的产生是多种多样的,故障产生的原因、位置以及造成的影响和受到影响的范围也各有不同。网络故障产生的原因通常情况下不是孤立存在的,一般都是由多方面的因素相互作用共同产生的。

通常根据网络故障的性质可以把网络故障分为物理故障和逻辑故障;根据引起网络故障的对象来进行划分,可把网络故障分为线路故障、路由器故障、交换机故障、主机故障和软件系统故障;根据 OSI 的7层模型来看,可以归纳为网络层故障、链路层故障等;按照网络故障的覆盖区域可以分为小范围故障、网段内故障、局域网故障和广域网故障。

1. 根据网络故障的不同性质分类

（1）物理故障。主要指的是网络设备或者网络传输介质引起的故障。网络设备的故障包括网络设备损坏、端口老化、电源系统故障或设备运行在恶劣环境下引起的设备故障。网络传输介质故障主要是指线路损坏、接插件或者配线架未严格按照工艺要求施工、线序错误、插头松动、接触不良、线路受到电磁干扰、线路或网络模块老化、端口接线错误等情况。

（2）逻辑故障。主要是由网络设备配置错误而造成的网络异常或者故障，是网络中最常见的故障。配置错误可能是路由器端口参数设置有误、路由器路由配置错误导致路由通信故障、路由器掩码设置错误、交换机 VLAN 划分时端口配置错误等。由于环境恶劣造成网络设备温度过高、网络设计不合理造成设备负载过重、网络上遭受病毒影响等因素都有可能造成逻辑故障。

不论是物理故障还是逻辑故障，都有可能造成网络上主机之间无法通信或者通信不稳定。

2. 根据网络故障的不同对象分类

（1）线路故障。这是最常见的网络故障，一般表现为线路不通。线路故障一般可以通过诊断命令或者专业的线路检查设备进行诊断和排查。

（2）路由器故障。路由器是网络中的重要设备，是跨子网通信的基础。路由器故障将直接导致跨子网网络通信故障。路由器故障一般可以通过网络分段排查诊断方法进行定位，使用路由器自身提供的诊断命令来进行故障定位和排除。一般路由器故障表现为路由表错误、端口流量异常、路由器负载异常、路由器过热、路由器内存不足等情况。

（3）交换机故障。主要发生在网络接入层面。一般交换机故障产生的原因是网络中产生广播风暴、端口受到恶意攻击、ARP 病毒导致的 ARP 攻击造成拒绝服务、链路层环路错误等。

（4）主机故障。常见原因是主机网络配置不当，具体表现为主机 IP 地址冲突、防火墙配置错误、主机感染病毒、主机路由配置错误等。

（5）软件系统故障。软件系统是主机通过网络对外提供服务的主体。由于设计上或者配置上的错误导致的网络服务工作不正常是软件系统故障的主要表现。软件在设计上存在的漏洞将导致主机系统被入侵或被病毒感染，从而间接地对网络造成影响。

3. 根据 OSI 参考模型各层中产生的故障分类

ISO 的 OSI 参考模型是网络中常用的参考模型，每一层在工作时都可能引发不同类型的网络故障。

（1）物理层故障。物理层是 OSI 分层模型中的最底层，它建立在通信介质的基础之上，提供系统信息传输的物理接口，在数据链路实体之间进行透明传输，为网络节点和网络之间的物理连接提供服务。物理层常见的故障一般为线路故障、设备电源故障、网络适配器故障等。

（2）数据链路层故障。数据链路层的主要任务是在不可靠的物理链路上进行可靠的数据传输，即在两个节点之间的线路上无差错地传送以帧为单位的数据，使之对上层网络层显示为一条可靠的链路，同时加强物理层传送原始比特数据的功能。数据链路层故障一般表现为链路层数据丢包、重发、包冲突、MAC 地址冲突等问题。

（3）网络层故障。网络层解决的是网络与网络之间的通信问题。网络层的主要功能是地址编址与路由选择，除此之外，网络层还要具备流量控制和拥塞控制能力。网络中的路由器和第三层交换机都工作在网络层。网络层故障主要有路由协议加载问题、路由设置错误、IP 地址和掩码配置错误等。排查网络层故障的一般方法是分段诊断排查的方法。

（4）传输层故障。传输层负责端到端的通信，传输层的功能包括多路复用与分割、提供可靠传输、差错控制和流量控制。

（5）应用层故障。应用层是开放系统的最高层，直接为应用程序进程提供服务。应用层确定进程间通信的性质以满足用户的需要。此外，操作系统的运行状态、系统资源管理、安全管理、用户管理等也都与应用层相关。应用层故障一般体现为软件系统故障。

8.1.2 网络故障的维护方法★★☆☆☆

在处理网络故障的过程中，可以采用多种方法，其中主要包括对比法、硬件替换法和排除法。

1. 对比法

对比法能够比较快速地解决网络故障。使用正常工作的设备或系统作为基准，与发生故障的设备进行对比，查找配置和诊断的差别，从而确定故障发生的原因。对比法在使用时要求能够在故障设备附近找到和故障设备近似的工作正常的设备。使用对比法进行比较时，如果需要对数据进行修改，应当先确认对正常设备作出的修改的可恢复性。在对网络关键配置进行修改时，需要确认是否会对第三方设备产生影响。

2. 硬件替换法

硬件替换法也是一种常见的故障排查方法。这种方法主要用于故障点位置基本确定而且故障规模不是十分巨大的情况下。硬件替换前需要先确定替换的设备是否工作正常，并且不能同时替换多个故障设备。

3. 排除法

根据故障的现象，罗列出故障发生的可能性，然后逐步排除。这是一种通过不断测试而得出故障原因的方法。在罗列故障发生的可能时要尽可能全面、不发生遗漏。排除原则为由简到繁，避免无效的操作。使用排除法对网络管理人员的知识要求比较高，需要具有较强的逻辑性，对于系统的使用有比较全面的了解。

以下情况可以采用排除法对故障进行排查：

（1）凭借工作经验可以确定可能产生故障的原因并能提出相应的解决办法。

（2）确保所作的修改都可以恢复。

（3）在不能更加科学地得出解决方案或没有其他可供参考资料的时候。

（4）与其他故障处理方法相比，排除法可以节约时间、减少耗费人力和物力的时候。

采用排除法一般需要遵循下列原则：

（1）在对设备配置进行修改前，应该对原有配置进行记录，以确保设备可以恢复到正常状态。

（2）对用户数据进行修改前，应该先备份用户数据。

（3）确保不会影响到其他正常工作的网络用户和网络设备。

（4）对测试进行的修改应该控制在最小的范围内，以确定修改是否有效。

在实际解决网络故障时,一般需要根据实际需要,将上述方法交替使用,目的是为了迅速地找出故障发生的位置。如果遇到较大规模的故障,应当将故障进行分割,进行局部故障排查,逐步将整个网络故障全部修复。

8.1.3 网络故障维护的步骤★★☆☆☆

为了保证网络能够稳定、可靠、高效地运行,必须制定一套有效的故障诊断和排查步骤,从而在故障发生时可以迅速、准确地发现和解决问题。虽然网络故障有很多的形式,但绝大部分故障的维护工作都有规律可循,都可以按照一定的步骤进行。

排除网络故障是网络管理人员的基本工作之一。想要排除网络故障,需要网络管理人员了解网络的拓扑结构、各节点处的网络设备配置情况、VLAN 的划分策略和方法、网络中提供的服务、各服务运行的软硬件环境、网络配置参数、结构化布线情况、系统用户的基本情况、一般情况下网络的运行状态等指标。在故障排查过程中,要特别注意保存或记录维护前的配置参数以便可以进行恢复。同时,网络管理员还需要知道故障设备正常工作时的状态,以便对故障情况进行分析和处理。

处理网络故障的一般步骤是:

(1) 识别故障现象,对故障现象进行描述是故障维护的第一步,它关系到分析网络故障的准确程度。故障的症状往往是故障潜在原因的表现,对判断造成这种故障现象的原因大有帮助。大多数情况下,网络管理员是从用户那里得知故障发生的消息,因此,管理人员应尽量多地向用户了解故障现象,甚至要亲自去查看故障现象,特别要了解故障现象发生时用户做了哪些操作,例如,是否修改了机器配置,故障发生时正在运行什么程序,该程序以前是否能正常运行,从最后一次成功运行起,哪些进程发生了改变等。

(2) 收集相关的信息,充分利用现有辅助工具确定问题的具体定义和影响范围。例如,操作系统自带的有关指令、网络管理系统、设备诊断命令以及网络测试仪表等,对故障区域进行检测,并从输出报告或软、硬件说明书中收集可能引起故障的信息,以便判断故障的原因、故障区域和影响。另外,网络管理员还应当特别留意一些容易被忽视的现象,如集线器、交换机、路由器以及网络适配器面板上的指示灯。通常情况下,绿灯表示连接正常,指示灯都不亮则表示无连接或线路不通。例如,Link 灯必须常亮,而 Action 灯必须闪烁,根据数据流量大小,指示灯会时快时慢地闪烁。这些现象都是捕捉网络运行状况的参考依据。

(3) 列举可能导致故障的原因,缩小搜索的范围。根据收集到的情况,考虑可能的故障原因,并根据情况排除某些不可能的故障原因,以缩小搜索的范围。例如,根据某些资料可以排除硬件故障,这时就可以把注意力放在软件原因上。因此设法减少可能的故障原因,能缩短故障诊断的时间。然后,根据出错的可能性大小进行排序,逐个先后排除,并隔离查找出来的故障。网管人员应对自己所有列出可能导致错误的原因逐一进行检查,不要根据一次测试,就断定某一区域的网络运行正常或异常。另外,也不要在认为已经确定了的第一个错误上就停下来,应该把所列出可能导致出错的原因全部检查一遍为止。经过一番检查后,才能基本上确定故障的部位。

(4) 设计诊断方案,应用诊断方案排除故障根据,最后判断可能的故障原因。首先建立一个诊断方案,然后执行诊断方案,认真做好每一步测试和观察,并分析结果,直到问题解决,故障症状消失为止。

(5) 对解决方案进行记录,设计预防措施。排除故障后,还必须搞清楚故障是如何发生的,是何原因导致了故障的发生,以后如何避免类似故障的发生。同时,做好相应的记录,以便以后再遇到相似故障时能快速解决,另外还要对可能发生类似故障的部分进行检查和维修。

思考:网络故障的发现和维护是如何进行的?

8.2 常用网络测试命令及应用

用户可以用许多网络工具来获取网络参数或者诊断网络问题。这些工具有的是操作系统的一些基本的网络测试命令,有的是附加的应用程序。利用这些网络工具有助于网络管理人员较快地检测到网络故障的原因,从而能节省时间,提高工作效率。

8.2.1 网络状态测试命令★★★★☆

不同的操作系统所带的网络状态测试命令有的相同,有些相似。常用的网络状态测试命令有:ipconfig、ping、nslookup、netstat、telnet 等。

1. ipconfig 命令及其应用

当网络主机发生网络故障时,应当首先检查该主机的网络配置是否正确。ipconfig 命令的主要作用是用来显示当前的 TCP/IP 网络配置状态、刷新动态主机配置协议和域名系统的设置。命令的使用方法如下:

(1) ipconfig

默认情况下,没有附加参数的 ipconfig 命令可以显示当前的网络适配器(网卡)的 IP 地址、子网掩码和默认网关。

(2) ipconfig /all

如果想查看完整的网络适配器配置信息,则需要使用"/all"参数来运行 ipconfig 命令。

(3) ipconfig /release 和 ipconfig /renew

在使用动态主机配置协议(DHCP)管理 IP 地址的网络中,可以使用"/release"参数释放当前获得的 IP 地址,再用"/renew"参数重新申请 IP 地址。

(4) ipconfig /displaydns 和 ipconfig /flushdns

在 DNS 解析不正常时,可以使用"/displaydns"参数查看本地是否有 DNS 缓存,也可以使用"/flushdns"参数清除本地的 DNS 缓存记录。

2. ping 命令及其应用

ping 命令可以用来验证本地计算机和网络主机之间是否通信正常,检查两台主机之间的路由情况、链路的连通情况并/和辅助分析网络速度。所有的操作系统、智能交换机、路由器都支持 ping 命令的使用。ping 命令的常用方法如下:

(1) ping a.b.c.d

一般情况下,ping 命令后面可以直接输入网络主机的 IP 地址或者域名。如果收到回复则说明本地主机和网络主机之间的通信正常。如果收到请求超时,则说明本地主机和网络主机之间的通信存在故障。图 8-1 是 ping 命令测试网络主机得到的回复和请求超时的界面。

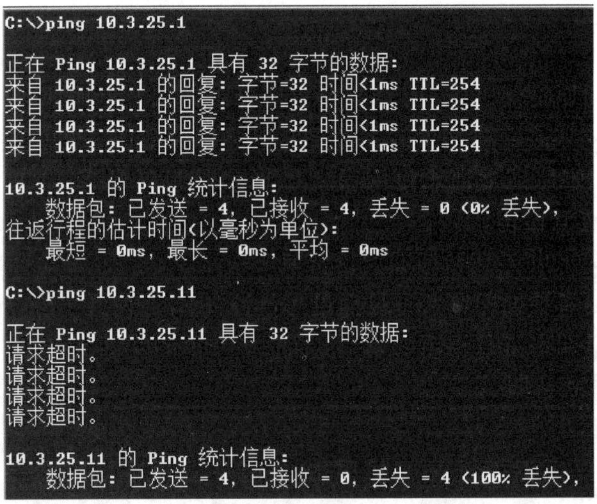

```
C:\>ping 10.3.25.1

正在 Ping 10.3.25.1 具有 32 字节的数据:
来自 10.3.25.1 的回复: 字节=32 时间<1ms TTL=254
来自 10.3.25.1 的回复: 字节=32 时间<1ms TTL=254
来自 10.3.25.1 的回复: 字节=32 时间<1ms TTL=254
来自 10.3.25.1 的回复: 字节=32 时间<1ms TTL=254

10.3.25.1 的 Ping 统计信息:
    数据包: 已发送 = 4, 已接收 = 4, 丢失 = 0 (0% 丢失),
往返行程的估计时间(以毫秒为单位):
    最短 = 0ms, 最长 = 0ms, 平均 = 0ms

C:\>ping 10.3.25.11

正在 Ping 10.3.25.11 具有 32 字节的数据:
请求超时。
请求超时。
请求超时。
请求超时。

10.3.25.11 的 Ping 统计信息:
    数据包: 已发送 = 4, 已接收 = 0, 丢失 = 4 (100% 丢失),
```

图 8-1 ping 命令测试网络主机得到回复和请求超时的界面

(2) ping -t a.b.c.d

默认情况下,ping 命令会向目标主机发送 4 个 ICMP 协议测试包。使用“-t”参数可以不停地向网络主机发送 ICMP 测试包,直到输入 Ctrl+C 为止。

(3) ping -n count a.b.c.d

需要对网络主机进行指定次数的测试时,可以使用“-n”参数指定测试的次数,count 应当是一个正整数,默认是 4。

(4) ping -l size a.b.c.d

默认情况下,测试用的 ICMP 数据包的数据内容的长度是 32 字节,如果想要进行大型数据包测试可以使用“-l”参数来指定测试数据包中数据内容的长度。一般来说,size 应当是一个正整数,数值不要超过 1 472,如果数值超过 1 472 将会在路由器层产生网络数据的分片。

(5) ping -i TTL a.b.c.d

使用 ping 命令进行测试时,可以使用“-i”参数修改发送数据包的 TTL 值。数据包每经过一台路由器,数据包的 TTL 值会减 1,如果 TTL 减少到 0,路由器会丢弃该数据包,并向本地主机发送 TTL 超时差错报告。TTL 值应该在 1 至 255 之间。如果将 TTL 设的很低,同时本地主机到达网络主机的距离较远,即当 TTL 值小于本地主机和网络主机之间的路由器数量时,本地主机可以得到距离本地主机为 TTL 值的路由器发回的差错报告,通过差错报告,本地主机可以获得这台路由器的 IP 地址。图 8-2 是 ping 命令使用“-i”参数运行的界面。

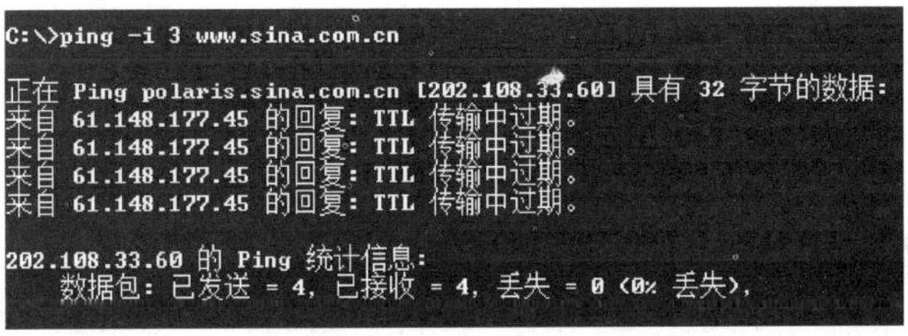

```
C:\>ping -i 3 www.sina.com.cn

正在 Ping polaris.sina.com.cn [202.108.33.60] 具有 32 字节的数据:
来自 61.148.177.45 的回复: TTL 传输中过期。
来自 61.148.177.45 的回复: TTL 传输中过期。
来自 61.148.177.45 的回复: TTL 传输中过期。
来自 61.148.177.45 的回复: TTL 传输中过期。

202.108.33.60 的 Ping 统计信息:
    数据包: 已发送 = 4, 已接收 = 4, 丢失 = 0 (0% 丢失),
```

图 8-2 带-i 参数执行 ping 命令的界面

（6）ping -f a.b.c.d

如果数据包大小超过所在网络的最大传输单元（MTU）限制，主机和路由器都会产生 IP 数据分片。ping 命令进行网络测试时，可以使用“-f”参数禁止进行 IP 分片。在使用“-f”时，如果要发送的数据包大于所处网络的 MTU，以太网默认 1 500 字节，本地主机将会收到不能分片的错误。图 8-3 是带-f 参数执行效果的界面。

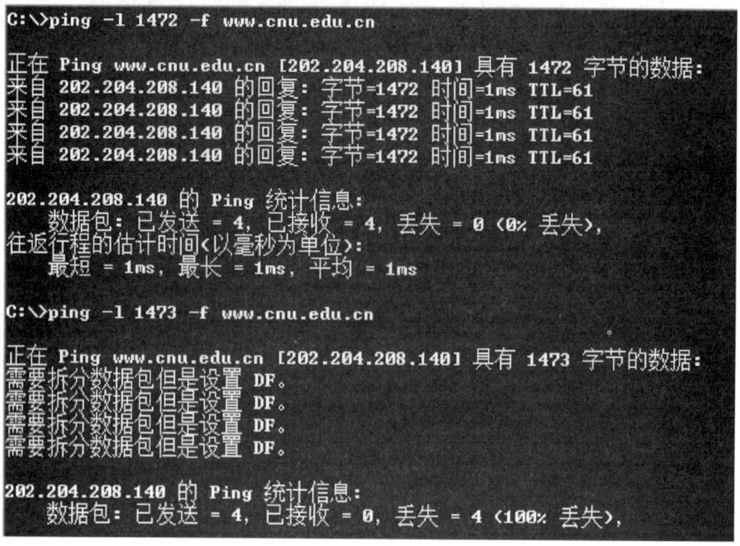

图 8-3　带-f 参数的 ping 命令运行界面

使用 ping 命令对网络主机进行测试，可能会遇到多种错误。常见的错误有请求超时、目标主机不可到达、目标网络不可到达、TTL 超时等错误。实际应用时，应当结合报告 ICMP 差错报告的主机 IP 地址综合分析，才能找到网络故障的位置。

3. nslookup 命令及其应用

nslookup 命令是一个检测网络中 DNS 服务器是否正常工作的命令行工具。它在 Windows、Linux、UNIX 系统中均可以使用。使用 nslookup 需要首先确定本地主机到 DNS 服务器之间的 TCP/IP 基础网络通信正常。

（1）nslookup your.domain.name

可以直接使用 nslookup 加要测试的域名的方法查看默认 DNS 服务器是否工作正常。默认的 DNS 是网络适配器上配置的首选 DNS 服务器地址。图 8-4 是 nslookup 的运行界面。

（2）nslookup 交互界面

运行 nslookup 时如果没有指定参数，将会进入 nslookup 交互界面。在 nslookup 交互界面中可以直接输入所要查询的域名进行解析，也可以输入 server a.b.c.d 切换默认的 DNS 服务器。图 8-5 是 nslookup 交互界面的运行界面。

4. netstat 命令及其应用

netstat 命令是用来监视本地主机网络端口状态的测试命令。Linux、UNIX、Windows 操作系统都支持 netstat 命令。一般情况下 netstat 命令都会添加“-na”参数使用，“-a”参数表示显示所有的链接和侦听端口，“-n”参数表示以数字形式显示地址和端口号。

图 8-4　nslookup 运行界面

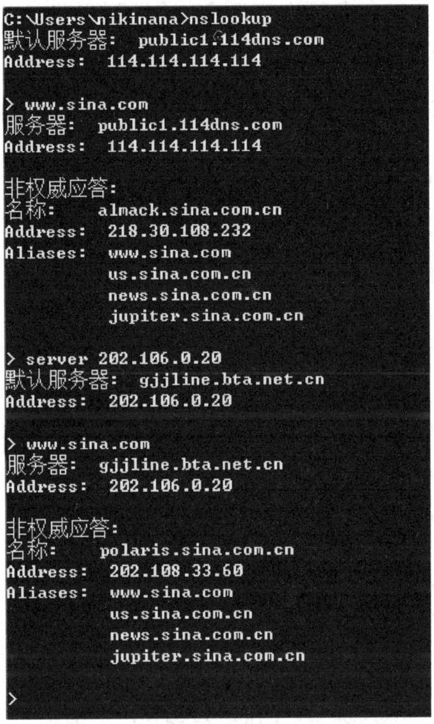

图 8-5　nslookup 交互界面的运行界面

可以使用“netstat -naP tcp”只显示 TCP 端口状态，或者使用“netstat -naP udp”只显示 UDP 端口状态。在 Windows 系统下使用“-o”参数可以显示打开这个端口的进程的 PID。

5. telnet 命令及其应用

telnet 命令原本被设计用来连接到网络主机上的 telnet 服务，使用 telnet 可以远程执行网络主机上的命令行命令。由于安全问题，telnet 服务现在基本已经被 SSH 服务所代替。从本质上讲，telnet 命令可以实现基本的 TCP 连接，并且提供可选的回显功能。在实际的网络管理中，经常使用 telnet 命令进行 TCP 协议的测试，尤其是可以使用 telnet 命令手工测试

Web 服务器、邮件服务器等基于 TCP 工作的协议。telnet 在特殊网络结构下，还可以用来进行 NAT 结构的测试。

8.2.2 网络流量监视命令★☆☆☆☆

Windows 上的网络流量监视命令只有 ping，它可以用来向网络主机发送不同流量的测试数据包。其他的网络流量监视命令基本都是基于 UNIX 或者 Linux 操作系统的。想要在 Windows 上监视网络流量，可以通过安装第三方协议分析软件来实现监视功能。

8.2.3 网络路由监视命令★★★★☆

路由选择是每台主机必须要了解的内容，路由器或者主机进行路由选择时需要依据路由表的内容进行。使用 netstat 命令或者 route 命令可以查看当前主机的路由表状态；使用 route 命令可以添加、删除路由表的内容；使用 pathping 和 tracert 命令可以检测本地主机到网络主机之间的路由；使用 arp 命令可以查看 IP 地址到主机地址的映射状态。

1. netstat -nr 和 route print

使用 netstat -nr 命令可以查看当前主机的路由表状态，此命令和 route print 命令的结果一致。

2. route add a.b.c.d mask e.f.g.h w.x.y.z

使用 route add a.b.c.d mask e.f.g.h w.x.y.z 可以向路由表添加一个目的网络地址为 a.b.c.d，掩码为 e.f.g.h，默认网关是 w.x.y.z 的表项。

3. pathping a.b.c.d 和 tracert -d a.b.c.d

网络上的每台主机都需要通过路由表进行路由选择，从而实现跨网段的通信。使用 pathping 或者 tracert 命令可以检测从本地主机到网络主机之间经过的所有路由器的 IP 地址。pathping 和 tracert 命令的工作原理和多次执行带“-i”参数的 ping 一样。

4. arp -a 和 arp -d

使用带“-a”参数的 arp 命令可以查看本地 arp 地址映射表。使用 arp -d 命令可以删除本地的 arp 缓存记录。

思考：常用的网络管理命令有哪些？

8.3 SNMP MIB 工具

SNMP 协议是专门进行网络管理的网络协议，SNMP 管理端程序可以和 SNMP 代理进行通信获得 MIB 结构内容和对应的值。SNMP 管理端程序一般都是网络管理系统软件，一些小工具也可以实现简单的 SNMP 管理端功能。

8.3.1 SNMP MIB 浏览器★★★☆☆

SNMP MIB 浏览器是一种界面友好的工具。所有的这类工具都可以从 SNMPv1 的 MIB-2中提取信息，有些工具也可以从 SNMPv2 中提取信息。一般情况下，在工具中指定主机名或者 IP 地址，并请求关于特定的 MIB 对象、MIB 群或者整个 MIB 的信息，从而获得返回对象中的值。

通常网络管理工具中都包含 MIB Browser 的功能，也有很多专用的 MIB Browser 可以查看交换机、路由器等设备的 MIB 库。典型的 MIB Browser 有 MG-SOFT MIB Browser、HiliSoft MIB Browser、OidView Pro MIB Browser、WinAgents MIB Browser、iReasoning MIB Browser 等。

8.3.2 SNMP 命令行工具★★★☆☆

除了图形化的 SNMP 工具外，用户可以使用 SNMP 命令查询不同的数据库。命令行工具一般都基于 SNMPv1 设计，包括 Get、GetNext 等方法。

snmputil 是微软开发的基于 Windows 的一款命令行 SNMP 工具软件。该软件最早集成在 Windows 2000 的资源包中。snmputil 的基本语法是：

snmputil [get | getnext | walk] agent community ObjectID [ObjectID …]

[get | getnext | walk] 为发送消息的类型。Agent 是指 SNMP 代理，即准备操作的网络设备的 IP 地址。community 是设备的团体名。ObjectID 是想要操作的 MIB 数据对象号，例如，1.3.6.1.2.1.1.5.0 是设备的主机名。图 8-6 是 snmputil 运行的界面。

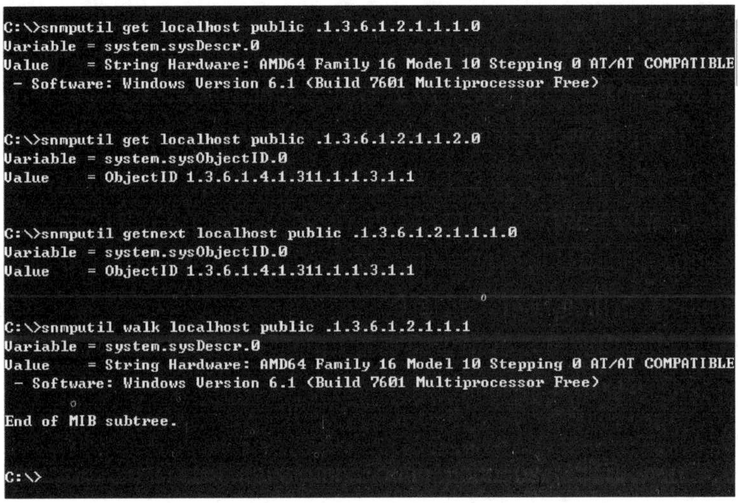

图 8-6 snmputil 运行界面

8.3.3 SNMP Sniff 工具★☆☆☆☆

SNMP Sniff 工具与工具 tcpdump 类似，是在 Linux/UNIX 中使用的工具软件。它可以捕获穿过网段的 SNMP 数据包，并将其存储起来以便后续分析。使用这种工具可以监视网络的状态、数据流动情况以及网络上传输的信息。

思考：SNMP MIB 工具是用来做什么的？

8.4 局域网中常见故障

网络故障诊断的目的是为了确定网络故障发生的地点，恢复网络的正常运行，发现网络规划和配置的不当之处，改善和优化网络性能，观察网络的运行状况，及时预测网络通信质量。

局域网网络故障诊断是以局域网网络原理、网络配置和网络运行知识为基础，从故障现象出发，以网络诊断工具为手段获取诊断信息，确定局域网网络故障点，查找问题的根源，排除故障，恢复网络正常运行。

8.4.1 局域网故障诊断技术★★★☆☆

诊断网络故障的过程应该沿着分层网络结构模型自下向上逐层进行。

1. 物理层诊断技术

局域网物理层故障主要表现在：网络设备的物理连接方式是否恰当；连接的电缆线是否工作正常；物理层设备的配置及操作是否正确。确定网络设备接口的方法是通过命令查看接口的工作状态；确定电缆线是否工作正常的方法是使用专用的电缆测试设备进行检测。

2. 数据链路层诊断技术

数据链路层的主要任务是使网络层无需了解物理层的特性而获得可靠的传输。数据链路层为通过链路层的数据进行打包和解包、差错检查和简单的校正，并协调共享介质。排除链路层故障需要通过命令查看网络设备各端口的链路协议工作状态，检查链路是否有环路产生，察看端口 MAC 地址映射是否正常。

3. 网络层诊断技术

网络层提供建立、保持和释放网络层连接的手段，包括路由选择、流量控制、传输确认、中断、差错及故障恢复等。

排除网络层故障的基本方法是沿着从源到目的地的路径，逐网段、逐路由器进行排查，分别检查主机和各路由器的接口 IP 地址是否配置正确、主机到路由器和路由器间同网段通信是否正常、路由器的路由表是否配置正确、动态路由协议是否配置正确等。

4. 传输层诊断技术

传输层常见的网络故障是传输层的设备性能问题或者拥塞问题。

telnet 客户端程序可以实现到指定主机的指定端口的 TCP 连接，因此，使用 telnet 对传输层的 TCP 协议进行测试是排查传输层故障的主要手段。

8.4.2 局域网常见故障分析与排除★★★☆☆

小型局域网是最常见的网络，是互联网的末端，也是最容易出现问题的位置。常见的局域网故障主要分为以下几种情况：

1. 网络不可用

网络不可用是系统最常见的故障之一。一般来说，造成网络不可用的情况有两种：IP 地址未配置或者 IP 地址配置错误。

IP 地址未配置一般出现在使用 DHCP 进行 IP 地址管理的局域网中。主要原因是 DHCP 服务器工作不正常，具体表现为网卡 IP 地址为 169 开始的 IP 地址。解决这种问题一般来说需要先排除 DHCP 服务器故障，然后使用 ipconfig /release 和 ipconfig /renew 尝试重新申请 IP 地址，最后还需要确认获得的 IP 地址是否是管理员规划中的 IP 地址。

IP 地址配置错误有两种情况，一种是网段地址配置错误，另一种情况是 IP 地址冲突。

网段地址错误会造成本机 IP 可以 ping 通而网关无法通信，IP 地址冲突会造成 TCP/IP 协议无法正常启动。

2. 路由表错误

路由表是每台具有网络层功能的主机设备进行路由转发的依据，即便是桌面计算机在进行网络通信时也需要查询本地路由表。路由表错误将直接导致网络通信故障，具体表现为同网段主机间通信正常，跨网段通信不正常。这类问题一般是默认网关设置错误造成的。

在拥有多块网卡的主机上，如果在多块网卡上都设置了不同的默认网关，则会造成存在多条默认路由的问题，也会导致路由表错误的发生。应当确保在多网卡计算机中只在一块网卡上配置默认网关。

3. DNS 配置错误

在进行网络通信时，如果发生 DNS 故障，则会造成使用 IP 地址通信正常而使用域名访问主机不正常的显现。一般来说这种情况主要发生在使用浏览器上网的情况下。解决这个问题的方法是首先使用 ipconfig /flushdns 清除本地 DNS 缓存记录，然后使用 nslookup 测试默认的 DNS 服务器、检查网卡的 DNS 服务器配置是否有冲突。

4. 网络速度问题

造成网络速度不正常的原因有很多，有可能是服务器负载过重拒绝服务，也有可能是线缆施工工艺或者线路老化造成的线路电气指标不合格，还有可能是本地主机或者网络中有网络病毒干扰。因此要解决网络速度问题，需要逐步排查硬件问题和软件问题，才可以解决问题。

思考：常见的网络故障有哪些？如何管理？

8.5　IPv6 环境下的网络管理

互联网协议版本 6（Internet Protocol Version 6，IPv6）是由 IETF 设计的网络层协议的第二代标准，目的是为了升级现有的 IPv4 协议。IPv6 和 IPv4 之间的最主要区别是 IP 地址的长度从 32 bit 变为 128 bit。IPv6 能够提供更充足的地址空间，包头更简洁，效率更高。下面介绍几个在 IPv6 环境下的网络管理技术。

8.5.1　IPv6 网络简介★☆☆☆☆

IPv4 是目前使用最广泛的互联网协议版本。但是随着互联网的发展，IPv4 在设计上的先天不足直接导致了地址空间不足和安全性不够强壮的问题。因此，迫切需要有个新的互联网协议来代替 IPv4 协议。

IPv4 协议是 TCP/IP 协议栈中的核心部分，自从 1981 年最初定义至今，已有 30 多年的历史。由于 IPv4 协议简单、易于实现、互操作性好的特点，使得 IPv4 协议逐渐成为互联网最广泛应用的协议。

早在 20 世纪 80 年代，网络专家、工程师们就发现 IPv4 面临的最严重问题：地址空间严重不足。地址空间不足的问题是 IPv4 协议设计上的问题，为了解决这个问题，网络专家们设计了很多解决地址不足问题的新技术，如网络地址转换（NAT）、专用网络地址的使用、使用动态主机配置协议等。但是真正能够一劳永逸地解决地址空间不足问题的方法是重新设计新的互联网协议,IPv6 也是带着这个目的诞生的。

IPv6 地址采用 128 位地址长度,几乎可以不受限制地提供地址。按保守方法估算,IPv6 实际可以分配的地址,整个地球每平方米面积上可以分配 1 000 多个地址,甚至可以让地球上的每一粒沙子都可以有一个 IP 地址。IPv6 设计时不但解决了 IPv4 地址空间不足的问题,还考虑了 IPv4 协议中的安全性和效率问题。

8.5.2 IPv6 地址管理★☆☆☆☆

IPv6 的地址由 128 位二进制数组成。为了方便人们记忆,又把 128 位分割为 8 个 16 位的组,将每组的 16 位数用 4 个 16 进制数字来表示,每段 16 进制数的范围是 0000—FFFF。每段地址之间使用冒号分隔。例如,一个 IPv6 地址可以被写成 fe80:0000:0000:0000:2d20:6f7a:d2f7:74fa。在某些条件下,IPv6 地址可以被简化,规则如下:

(1) 每个段中开头的 0 可以不写,但末尾的 0 不可以省略。例如,原始 IPv6 地址:fe80:0100:000a:0000:2d20:6f7a:d2f7:74fa,简化后为:fe80:100:a:0:2d20:6f7a:d2f7:74fa。

(2) 如果某段或连续几段均为 0,则可以使用"::"来代替,一个地址中"::"只能出现一次。例如,原始 IPv6 地址:fe80:0000:0000:0000:2d20:6f7a:d2f7:74fa,简化后为:fe80::2d20:6f7a:d2f7:74fa。

(3) 如果 128 位全部为 0,则可以使用一个"::"来表示。

IPv6 地址在实际使用时可以分为单播地址(Unicast)、多播地址(Multicast)和任播地址(Anycast)。其中任播是 IPv6 新引入的技术。

虽然 IPv6 和 IPv4 相比有很多优点,但是想要完全替换 IPv4 协议还需要一个漫长的过程,因此,目前 IPv6 协议主要以双栈方式或者以隧道方式和 IPv4 协议共存。

IPv6 地址在实际使用时也需要进行管理,不能随意使用。一般情况下,IP 地址由互联网数字分配机构(The Internet Assigned Numbers Authority,IANA)负责分配,IANA 通过逐级分配的方式向下分发地址。一般来说 IANA 会给一个机构或者团体分配一个较大范围的地址块,比如/48 或者/32 等("/"表示前缀长度)。目前中国的 IPv6 网络地址是以"2001::"及"3FFE::"开头的地址块。

IPv6 也有类似 IPv4 的私有地址块 FEC0::/10,这些地址可以作为内部实验地址使用。

与 IPv4 不同的是,IPv6 协议不使用 NAT 技术,因为 IPv6 有足够多的地址供用户使用。

一般情况下,IPv6 协议也不使用 DHCPv6 协议进行地址分配,而是使用无状态配置技术对主机进行地址分配。

由于 IPv6 改变了地址的结构,因此 DNS 服务也需要相应的修改才能通过 IPv6 协议进行互联网通信。互联网的根域名服务器已经可以同时支持 IPv4 和 IPv6 协议。因此不需要对 IPv6 设计独立的域名系统。目前互联网上最常用的 DNS 服务器程序 BIND 已经实现了对 IPv6 的支持。

在 DNS 服务器上,IPv6 的主机记录的资源记录类型为"AAAA"。

8.5.3 IPv6 路由管理★☆☆☆☆

IPv6 是对 IPv4 的革新。尽管大多数 IPv6 的路由协议都需要重新设计或者开发,但

IPv6 路由协议相对 IPv4 协议只有很小的变化。目前各种常用的单播路由协议和组播协议都已经支持 IPv6。

路由信息协议(Routing Information Protocol,RIP)是 IETF 组织开发的一个基于距离矢量算法的内部网关协议,具有配置简单、易于管理和操作的特点。在 IPv6 网络中,IETF 将 RIP 协议修改为 RIPng,在保留了 RIP 的优点的基础上针对 IPv6 的特点修改为 RIPng。RIPng 和 RIP2 相比的不同是:路由信息中的地址长度不同、报文长度不同、报文格式不同以及报文发送方式也不同。RIPng 的安全机制靠 IPv6 提供,RIPng 只能工作在 IPv6 网络中而不能工作在 IPX 网络中。

开放最短路径优先第三版(Open Short Path First Version 3,OSPFv3)在 OSPFv2 基础上主要提供针对 IPv6 的支持。除此之外,OSPFv3 还充分考虑了协议的网络无关性及可扩展性,进一步理顺了拓扑与路由的关系,使得 OSPF 的协议逻辑更加简单清晰,大大地提高了 OSPF 的可扩展性。

8.5.4　IPv6 安全管理★☆☆☆☆

IPv6 协议除了在地址长度上做了重大修改外,在安全性方面也做了很大的提高。IPv6 在网络层通过互联网协议安全 IPSec 和 QoS 实现了基本的安全功能。

互联网协议安全(Internet Protocol Security,IPSec)的目标是提供既可以用于 IPv4 也可以用于 IPv6 的安全机制,该服务由网络层提供。IPSec 在设计时考虑了诸多方面的安全性,主要体现在访问控制、无连接的完整性、数据源身份验证、对包重复攻击的防御、加密技术和有限的业务流机密性等方面。

服务质量(Quality of Service,QoS)是网络的一种安全机制,是用来解决网络延迟和阻塞等问题的一种技术。现在的路由器一般都支持 QoS。和 IPSec 一样,QoS 在 IPv4 网络中是可选的,但是在 IPv6 网络中是必需的。目前 QoS 实现机制主要包括报文分类、拥塞管理、拥塞避免、流量策略制订等。

思考:IPv6 的网络管理具有什么特点?

小　结

网络故障是网络管理中最常遇到的问题,网络故障的分析和排除对网络管理者来说是一项重要的工作。本章分别从理论上介绍了网络故障的分类,介绍了网络故障排查的基本方法,详细介绍了排查网络故障需要使用的工具和命令的使用,具体介绍了局域网中常见的故障及排查方法,最后简单介绍了有关 IPv6 的知识。

习　题　8

8-1　简述网络故障的分类方法。

8-2　简述 ping 命令的几种常用的用法。

8-3　简述查看 Windows 路由表的两种命令。

8-4 nslookup 如何切换默认 DNS 服务器?

8-5 snmputil 支持哪几种消息类型?

8-6 简述 IPv6 地址的简化写法。

附录　术语及缩略词汇

Analyzer:网络分析器

API:Application Programming Interface 应用程序编程接口

ARP:Address Resolution Protocol 地址解析协议

ASCII:American Standard Code for Information Interchange 美国信息交换标准代码

ASN.1:Abstract Syntax Notation One 抽象语法表示

ATM:Asynchronous Transfer Mode 异步传输模式

BER:Basic Encoding Rules 基本编码规范

CBC:Cipher Block Chaining 密码块链接

CCITT:Consultative Committee International Telegraph and Telephone 国际电报电话咨询委员会

CMIP:Common Management Information Protocol 公共管理信息协议

CMIS:Common Management Information Service 公共管理信息服务

CMOL:CMIP over LLC

CMOT:CMIS/CMIP Over TCP/IP,基于 TCP/IP 上的公共管理信息服务协议

DES:Data Encryption Standard 数据加密算法

DHCP:Dynamic Host Configuration Protocol 动态主机配置协议

DMTF:Desk Management Task Force 桌面管理任务组

DOD:Department Of Defense 美国国防部

EIA:Electronic Industry Association 美国电子工业协会

FTP:File Transfer Protocol 文件传输协议

GUI:Graphical User Interface 图形用户界面

HMAC:Keyed-Hash Message Authentication Code 哈希密钥消息认证码

HTTP:Hyper Text Transfer Protocol 超文本传输协议

IAB:Internet Architecture Board 因特网结构委员会

ICMP:Internet Control Message Protocol 网际控制报文协议

IEEE 802.5:Institute of Electrical and Electronics Engineering 美国电气与电子工程师协会制订的令牌环网技术

IETF:the Internet Engineering Task Force 互联网工程任务组

IP:Internet Protocol 网际协议

IPX:Internetwork Packet Exchange 网间数据包交换

ISO:International Organization for Standardization 国际标准化组织
JMAPI:Java Management Application Interface Java 管理应用程序接口
JMX:Java Management Extensions Java 管理扩展
LAN:Local Area Network 局域网
MAC:Media Access Control 介质访问控制
MD5:Message-Digest Algorithm 5 信息摘要算法
MIB:Management Information Base 管理信息库
MIME:Multipurpose International Mail Extensions 多用途 Internet 邮件扩展
MO:Managed Object 被管对象
MSP:Management Service Provider 管理服务提供商
NMP:Network Management Protocol 网络管理协议
NMS:Network Management System 网络管理系统
NNM:Network Node Manager 网络节点管理者
OID:Object Identifier 对象标识符
OSI:Open System Interconnection 开放系统互连
PDU:Protocol Data Unit 协议数据单元
PE:Protocol Entry 协议实体
PPP:Point to Point Protocol 点到点协议
QoS:Quality of Service 服务质量
RFC:Request For Comments 请求注解
RIP:Route Information Protocol 路由信息协议
RMON:Remote Network Monitoring 远程网络监控
RS-232:美国电子工业联盟制定的串行数据通信的接口标准
SCM:Service Control Manager 服务控制管理器
SGMP:Simple Gateway Monitoring Protocol 简单网关监视协议
SHA-1:Secure Hash Algorithm 安全散列算法
SLA:Service-Level Agreement 服务品质协议
SLIP:Serial Line Internet Protocol 串行线路网际协议
SMF:System Management Functions 系统管理功能
SMI:Structure of Management Information 管理信息结构
SMP:Simple Management Protocol 简单管理协议
SMS:System Management Service 系统管理服务
SMTP:Simple Mail Transfer Protocol 简单邮件传输协议
SNA:System Network Architecture 系统网络体系结构
SNMP:Simple Network Management Protocol 简单网络管理协议
SONET:Synchronous Optical Network 同步光纤网
SQL:Structured Query Language 结构化查询语言
S-SNMP:Secure Simple Network Management Protocol 安全简单网络管理协议
TCP:Transmission Control Protocol 传输控制协议

TMN：Telecommunications Management Network 电信管理网络

UDP：User Datagram Protocol 用户数据报协议

USM：User-Based Security Model 基于用户的安全模型

VACM：View-based Access Control Model 基于视图的访问控制模型

WAN：Wide Area Network 广域网

WBEM：Web-Based Enterprise Management 基于 Web 的企业管理

WBM：Web-Based Management 基于 Web 的管理

RFC 请求注解文件

RFC 1155：Structure and Identification of Management Information for TCP/IP- based Internets

RFC 1157：A Simple Network Management Protocol(SNMP)

RFC 1212：Concise MIB Definitions

RFC 1213：Management Information Base for Network Management of TCP/IP-based internets：MIB-II

RFC 1441：Introduction to version 2 of the Internet-standard Network Management Framework

RFC 1442：Structure of Management Information for version2 of the Simple Network Management Protocol (SNMPv2)

RFC 1443：Textual Conventions for version2 of the Simple Network Management Protocol (SNMPv2)

RFC 1444：Conformance Statements for version2 of the Simple Network Management Protocol (SNMPv2)

RFC 1445：Administrative Model for version2 of the Simple Network Management Protocol (SNMPv2)

RFC 1446：Security Protocols for version2 of the Simple Network Management Protocol (SNMPv2)

RFC 1447：Party MIB for version2 of the Simple Network Management Protocol(SNMPv2)

RFC 1448：Protocol Operations for version2 of the Simple Network Management Protocol (SNMPv2)

RFC 1449：Transport Mapping for version2 of the Simple Network Management Protocol (SNMPv2)

RFC 1450：Management Information Base for version2 of the Simple Network Management Protocol (SNMPv2)

RFC 1451：Manager-to-Manager Management Information Base

RFC 1452：Coexistence between version1and version2 of the Internet-standard Network Management Framework

RFC 1493：Definitions of Managed Objects for Bridges

RFC 1513：Token Ring Extensions to the Remote Network Monitoring MIB

RFC 1757:Remote Network Monitoring Management Information Base

RFC 1901:Introduction to Community-based SNMPv2

RFC 1902:Structure of Management Information for version2 of the Simple Network Management Protocol (SNMPv2)

RFC 1903: Textual Convention for version2 of the Simple Network Management Protocol (SNMPv2)

RFC 1904:Conformance Statements for version2 of the Simple Network Management Protocol (SNMPv2)

RFC 1905: Protocol Operations for version2 of the Simple Network Management Protocol (SNMPv2)

RFC 1906: Transport Mappings for version2 of the Simple Network Management Protocol (SNMPv2)

RFC 1907: Management Information Base for version2 of the Simple Network Management Protocol (SNMPv2)

RFC 1908: Coexistence between version1 and version2 of the Internet-standard Network Management Framework

RFC 2271:Architecture for Describing SNMP Management Frameworks

RFC 2272:Message Processing and Dispatching for the Simple Network Management Protocol (SNMP)

RFC 2273:SNMPv3Applications

RFC 2274: User-based Security Model (USM) for version3 of the Simple Network Management Protocol (SNMPv3)

RFC 2275: View-based Access Control Model(VACM) for Simple Network Management Protocol (SNMP)

RFC 2570:Introduction toversion3 of the Internet-standard Network Management Framework

RFC 2571:Architecture for Describing SNMP Management Frameworks

RFC 2572:Message Processing and Dispatching for the Simple Network Management Protocol (SNMP)

RFC 2573:SNMP Applications

RFC 2574:User-based Security Model (USM)for version3 of the Simple Network Management Protocol (SNMPv3)

RFC 2575:View-based Access Control Model (VACM)for the Simple Network Management Protocol (SNMP)

RFC 2576:Coexistence between version1, version2, and Version3 of the Internet-standard Network Management Framework

RFC 2578:Structure of Management Information version2 (SMIv2)

RFC 2579:Textual Conventions for SMIv2

RFC 2580:Conformance Statements for SMIv2

参考文献

[1] William Stallings. SNMP 网络管理[M]. 胡成松,汪凯,译. 北京:中国电力出版社,2001.

[2] Mani Subramanian. 网络管理:原理与实践[M]. 王松,周靖,孟纯城,译. 北京:高等教育出版社,2003.

[3] 雷振甲. 网络工程师教程[M]. 北京:清华大学出版社,2004.

[4] 雷雪梅,苏力萍,孙辰宇,等. 现代网络管理[M]. 北京:国防工业出版社,2005.

[5] Matthew J.Castelli. 网络工程师手册[M]. 袁国忠,译. 北京:人民邮电出版社,2005.

[6] 杨云江. 计算机网络管理技术[M]. 北京:清华大学出版社,2005.

[7] 雷振甲. 计算机网络管理[M]. 2 版. 北京:经济科学出版社,2006

[8] 武孟军,徐奠,任相臣. Visual C++开发基于 SNMP 的网络管理软件[M]. 北京:人民邮电出版社,2007.

[9] 李明江. SNMP 简单网络管理协议[M]. 北京:电子工业出版社,2007.

[10] 王相林. IPv6 技术:新一代网络技术[M]. 北京:机械工业出版社,2008.

[11] 杨云江. 计算机网络管理技术[M]. 2 版. 北京:清华大学出版社,2010.

[12] 张沪寅,吴黎兵,吕慧,等. 计算机网络管理实用教程[M]. 2 版. 武汉:武汉大学出版社,2012.

[13] 彭海深. 网络故障诊断与实训[M]. 2 版. 北京:科学出版社,2012.

[14] 云红艳,高磊,杜祥军,等. 计算机网络管理[M]. 2 版. 北京:人民邮电出版社,2014.

后 记

经全国高等教育自学考试指导委员会同意，由全国考委电子电工与信息类专业委员会负责计算机网络专业教材的审定工作。

本教材由首都师范大学孙卫真副研究员负责编写。具体分工如下：第6章至第8章由刘羽编写，其他章节由孙卫真编写。全书由孙卫真统稿。

全国考委电子电工与信息类专业委员会在北京组织了本教材的审稿工作。参与本教材审稿的有北京航空航天大学李云春教授、中国科学技术大学张信明副教授，谨向他们表示诚挚的谢意。

全国考委电子电工与信息类专业委员会最后审定通过了本教材。

全国高等教育自学考试指导委员会
电子电工与信息类专业委员会
2016年1月